高等院校计算机及人工智能专业教材

AIGC新媒体技能应用与实战

赵永嘉　宁志莹　于湧朋　黄　敏　编著

北京航空航天大学出版社

内 容 简 介

作为一本面向高等院校学生和数字内容创作者、媒体从业者以及相关领域专业人士设计的实践教材,本书系统地介绍了人工智能生成内容(AIGC)在新媒体领域的应用与发展。随着人工智能技术的迅速发展,AIGC 正在改变内容生产、传播和消费的方式。本书涵盖 AIGC 的基础理论、技术应用以及实战技能,重点介绍如何利用 AIGC 技术高效地生成创意内容、优化用户体验,并探讨了未来可能的发展趋势与挑战。全书内容共分为 14 章,包括 AIGC 技术的背景与发展现状、新媒体行业中的 AIGC 应用场景、文本生成、图像创作、视频制作、虚拟人技术等。各章节均配有实际案例和操作指导,以帮助读者掌握从理论到实践的转化过程。

本书既可作为高等院校新媒体、数字营销、人工智能等相关专业的高年级本科生、硕士研究生的教学用书,也可作为研究机构和企业研发人员的参考用书。

图书在版编目(CIP)数据

AIGC 新媒体技能应用与实战 / 赵永嘉等编著.
北京:北京航空航天大学出版社,2025.4. -- ISBN 978 - 7 - 5124 - 4661 - 8
Ⅰ.G206.2-39
中国国家版本馆 CIP 数据核字第 2025F0D573 号

版权所有,侵权必究。

AIGC 新媒体技能应用与实战

赵永嘉 宁志莹 于湧朋 黄敏 编著
策划编辑 冯颖 责任编辑 龚雪

*

北京航空航天大学出版社出版发行

北京市海淀区学院路 37 号(邮编 100191) http://www.buaapress.com.cn
发行部电话:(010)82317024 传真:(010)82328026
读者信箱:goodtextbook@126.com 邮购电话:(010)82316936
北京时代华都印刷有限公司印装 各地书店经销

*

开本:787×1 092 1/16 印张:16.75 字数:429 千字
2025 年 4 月第 1 版 2025 年 4 月第 1 次印刷 印数:2 000 册
ISBN 978 - 7 - 5124 - 4661 - 8 定价:59.00 元

若本书有倒页、脱页、缺页等印装质量问题,请与本社发行部联系调换。联系电话:(010)82317024

本书编委会

主　任：赵永嘉　宁志莹　于湧朋　黄　敏

委　员：（按姓氏笔画排序）
　　　　王晓启　牛海波　闪　耀　孙洪军
　　　　杜建军　何　翔　何平基　张　曼
　　　　张晓磊　陈　志　赵安柱　荣　彬
　　　　柳苏洋　郭澎涛　涂理锋　黄　娜
　　　　寇东旭　彭秋艳　彭笑一　韩　岩
　　　　蒙志君　蔡　明　滕裕薇

前 言

在数字化和智能化浪潮的推动下,人工智能生成内容(AIGC)正在迅速改变新媒体行业的格局,使得作为信息传播主力军的新媒体行业从业者面临着前所未有的技术革新和挑战。本书紧跟 AIGC 的前沿技术,基于新媒体中的实际应用场景,结合理论与实践,展示 AIGC 技术如何赋能新媒体内容生成并优化用户体验。

近年来,AIGC 技术在自然语言处理、图像生成、视频制作等领域取得了长足进步,特别是在新媒体行业,AIGC 已经成为提升创作效率、丰富内容形式、增强用户互动体验的核心驱动力。因此,我们深感有必要编写一本涵盖 AIGC 在新媒体中的应用理论与实操技巧的书籍,以帮助行业从业者全面掌握该技术,推动其在内容生产中的实际应用。同时,我们也希望本书能够帮助读者深入理解 AIGC 技术的基础理论、应用场景及未来发展趋势。

本书的编写依托于近年来 AIGC 技术在新媒体行业中的广泛应用和发展。我们搜集了大量来自学术界、产业界的最新研究成果,并结合一线新媒体从业者的实操经验,经过多次的内容打磨和专家审校,力求使本书具有理论深度和实践指导性。同时,编写过程中,我们广泛参考了国内外相关领域的经典文献与研究报告,确保本书内容具有前沿性和国际视野。

全书共分 14 章,较为系统地介绍了 AIGC 新媒体应用的基础理论、应用分类和实践技巧,其内容涵盖了从 AIGC 技术背景与发展现状,到在新媒体中如何应用文本生成、图像创作、视频制作及虚拟人技术,每章都配有实际案例和操作指南,帮助读者从理论到实践循序渐进地掌握技能。第 1 章课程导论,概述了人工智能与人工智能生成内容(AIGC)的定义、背景、发展历程及其在产业生态中的应用,并探讨了 AIGC 未来的挑战与核心能力;第 2 章 AI 基础理论与 AIGC 核心技术,介绍了 AI 的基础理论,包括机器学习、深度学习、自然语言处理等,探讨了 AIGC 在文本、图像、音频、视频和 3D 模型生成领域的主要技术应用;第 3 章 AIGC 文生文,讨论了大语言模型的类型与应用,特别是在文本生成方面的提示词设计及写作技巧;第 4 章 AIGC 文生图,介绍了通过文本生成图像的应用场景与主流工具,并讲解了如何使用 AIGC 影像处理技术;第 5 章文生图软件布局及基本使用,介绍了 Stable Diffusion(SD)界面的不同分类及其主要功能,讲解了如何通过 SD 生成图像的基础流程;第 6 章文生图 Stable Diffusion 提示词,介绍了 Stable Diffusion 提示词的使用逻辑及正、反向提示词的作用;第 7 章文生图 Stable Diffusion 模型介绍,详细介绍了 Stable Diffusion 基础大模型及其他模型在生成式 AI 中的应用;第 8 章文生图采样器,阐述了采样器的基本概念、工作原理与作用,并探讨了如何选择适合的采样器和调度器;第 9 章文生图 ControlNet,详细介绍了 ControlNet 插件及其在图像生成中的功能和应用,包括不同模型的使用场景;第 10 章 Stable Diffusion 图生图,探讨了图生图（img2img）功能的使用场景与操作方法，涵盖局部绘制、批量处理等功能；第 11 章 AIGC 文生音频，介绍了 AI 音频生成的技术基础、生成方法及主要工具，探讨了其应用场景；第 12 章 AIGC 文生视频，讲解了 AIGC 视频生成的概念、技术与应用场景，介绍了主要的视频生成工具与功能；第 13 章 AIGC 生成 3D 模型，介绍了 AI 生成 3D 模型的基础概念、主要工具与平台，并讨论了其在游戏、虚拟现实和工业设计中的实际应用；第 14 章 AI 数字人，分析了数字人的发展历程、关键技术与应用场景，讲解了不同类型的数字人生成工具及其优势。本书的特点在于结构清晰，内容系统，既适合理论学习，又能为实际操作提供详细指导。

作为一本实践型教材，本书不仅适用于新媒体、数字营销、人工智能等领域的本科生、研究生及在职从业者，也为研究机构的科研人员和企业研发团队提供了系统的参考资料。本书通过案例分析和实操指导，帮助读者快速理解并掌握 AIGC 技术的实际应用，具有较高的学术价值和实际操作意义。我们相信，随着 AIGC 技术的持续迭代演进，本书将为从业者和科研工作者夯实专业知识体系，并赋能其提升实践应用能力，从而使他们在技术浪潮中获得更坚实的发展支撑。

在书中，我们深入探讨了 AIGC 技术对新媒体行业的影响，认为 AIGC 不仅是提升内容生产效率的工具，更是推动新媒体产业创新的动力之一。我们提出，新媒体从业者应主动拥抱这一技术变革，在内容创作中灵活应用 AIGC 技术，并与传统内容生产方式相结合，达到效率与创意的双赢。此外，我们认为，AIGC 的发展将为新媒体行业带来新的商业模式、创意形式和用户体验，同时也需要警惕技术应用过程中可能带来的伦理与法律挑战。

对于初学者，我们建议按照书中内容的章节顺序，先了解 AIGC 的基础理论和应用场景，再逐步进行各项实际操作，以便系统掌握相关技能。对于有一定技术基础的读者，可以根据自己的兴趣和需求，选择特定的章节进行深入学习。本书提供了大量的实操案例，建议读者在学习过程中结合实际项目进行操作，以加深理解和掌握。

本书由团队内多位深耕行业的专家学者联合编撰。赵永嘉、宁志莹、于涌朋、黄敏等核心编写人员在各自专长领域具有深厚造诣，在技术应用与实践层面积淀了丰富经验，以专业视角与匠心精神共同完成了本书的创作。同时彭笑一、柴琳、牛欣宇、宋明阳、郝占杰、冯方方、李颖、郑昊东在材料收集、部分案例制作、图表绘制方面完成了大量的工作。整个团队紧密合作，力求为读者提供一部高质量、系统性强的实用教材。

在此，我们衷心感谢为本书编写和出版提供帮助的所有单位和个人，特别是北航虚拟现实技术与系统全国重点实验室和北航出版社编辑们的大力支持。同时，感谢参与审阅的专家学者和在编写过程中给予宝贵意见的业内人士，以及文中引用的参考文献作者，正是他们的帮助使得本书更加完善、实用。我们希望本书能成为新媒体从业者学习 AIGC 技能的重要参考资料，助力行业创新与发展。

受限于笔者之能力，书中难免有不妥之处，恳请读者批评指正，以完善提高。

作　者

2024 年 10 月 16 日于北京

※ 本书特色

- 理论＋实操双轨并行——紧跟 AIGC 技术前沿，14 章系统架构，从大语言模型到数字人技术，每章配真实案例与操作指南，新手能落地，老手有启发。
- 全场景覆盖，无死角赋能——文本生成、图像创作、视频制作、3D 建模、数字人应用五大核心领域全打通，新媒体内容生产全流程一本搞定。
- 产学研深度融合——汇聚学界热点研究与一线从业者经验，精析 Stable Diffusion、ControlNet 等工具底层逻辑，兼顾技术深度与行业适配性。
- 瞄准靶向人群，精准适配——新媒体从业者的效率提升器、高校师生的教研参考书、企业团队的技术蓝皮书，覆盖内容生产、营销传播、产品设计全链路需求。

※ 特别提示

- 版本更新——本书编写时的内容基于当时 AI 工具版本的界面操作截图。然而，由于从编辑到出版存在一定时间差，所使用工具的界面和功能可能会发生变化。因此，建议读者在阅读时灵活应对，根据书中的思路进行延展学习。
- 硬件要求及性能优化——Stable Diffusion 的运行效率与硬件配置息息相关，特别是显卡的性能对生成速度和质量有直接影响。读者可以根据自身设备调整生成参数，如分辨率或步数，以确保生成过程顺畅。本书还提供了在低配置设备上优化性能的相关建议。
- 社区资源与支持——Stable Diffusion 的开源性质使其拥有广泛的用户社区，读者可以通过这些社区获取最新的插件、模型以及技术支持。书中鼓励读者积极参与这些社区，分享经验、解决问题，以拓展学习和创作资源。
- 法律合规与伦理考量——在使用 AI 工具进行创作时，务必遵守相关的版权法规，避免侵犯他人知识产权，尤其是在商业应用中。本书还提供了有关 AI 生成内容法律框架的最新信息，以确保用户在创作过程中符合法律规定。
- 创意与应用场景拓展——AI 工具不仅适用于新媒体领域及个人艺术创作，还广泛应用于广告设计、游戏开发和影视制作等领域。书中鼓励读者探索更多应用场景，将 AI 技术应用于实际项目中，以激发更多的创意灵感。
- 实践的重要性——掌握 AI 工具的核心在于持续的实践操作。通过反复的尝试和探索，读者可以深入理解提示词和模型的互动，逐步提升图像生成质量和效率。读者应重视实践中的学习积累，以更好地运用本书所介绍的技巧和方法。

目 录

第1章 课程导论 ... 1

1.1 人工智能与人工智能生成内容概述 ... 3
- 1.1.1 AI 与 AIGC 定义 ... 3
- 1.1.2 AI 与 AIGC 产生的背景 ... 3
- 1.1.3 AIGC 的特征 ... 3
- 1.1.4 AI 与 AIGC 的关系 ... 4

1.2 AI 与 AIGC 的发展历程 ... 4
- 1.2.1 先民的追求和探索 ... 4
- 1.2.2 智能生命与思维机械化的历史演进 ... 5
- 1.2.3 AI 的发展历程 ... 6
- 1.2.4 AIGC 的发展历程 ... 8

1.3 AIGC 现阶段的产业生态和应用 ... 9
- 1.3.1 AI 产业生态系统 ... 9
- 1.3.2 AIGC 的产业链布局 ... 11
- 1.3.3 AIGC 的应用介绍 ... 13

1.4 信息传达方式与内容生成模式演变的四个时代 ... 18
- 1.4.1 1.0 时代:文字为主的传统信息传达 ... 18
- 1.4.2 2.0 时代:文字与图像的融合 ... 19
- 1.4.3 3.0 时代:音视频的兴起 ... 19
- 1.4.4 4.0 时代:合成媒体与交互时代 ... 19

1.5 AIGC 的未来展望和挑战 ... 20
- 1.5.1 AIGC 的未来展望 ... 20
- 1.5.2 问题与挑战 ... 21

1.6 AI 时代的核心能力 ... 22

本章小结 ... 23

练习与思考 ... 23

第2章 AI 基础理论与 AIGC 核心技术 ... 24

2.1 AI 基础理论 ... 24
- 2.1.1 机器学习基础 ... 25
- 2.1.2 深度学习 ... 28
- 2.1.3 自然语言处理 ... 33
- 2.1.4 计算机视觉 ... 34

2.2 AIGC 在不同内容生成领域的主要技术应用 … 36
2.2.1 AIGC 文本生成 … 36
2.2.2 AIGC 图像生成 … 37
2.2.3 AIGC 音频生成 … 38
2.2.4 AIGC 视频生成 … 38
2.2.5 AIGC 3D 模型生成 … 39
2.2.6 AIGC 多模态生成 … 40
2.2.7 AIGC 综合技术挑战 … 40
本章小结 … 41
练习与思考 … 41

第 3 章 AIGC 文生文 … 43
3.1 AIGC 文生文的基本原理和技术 … 43
3.1.1 AIGC 文生文 … 43
3.1.2 AIGC 文生文的基本原理和技术 … 44
3.2 大语言模型工具 … 44
3.2.1 大语言模型类型 … 44
3.2.2 主流大语言模型 … 45
3.3 对话应用大语言模型 … 53
3.3.1 基于 API 的功能 … 53
3.3.2 App 的功能 … 54
3.3.3 网页端的基本功能 … 55
3.4 AIGC 文生文提示词及写法 … 56
3.4.1 AIGC 中的 Prompt 设计策略 … 56
3.4.2 Prompt 设计的基本原则 … 58
3.4.3 Prompt 设计技巧 … 59
3.4.4 如何评估和优化 Prompt … 59
3.4.5 提示词结构 … 61
本章小结 … 63
练习与思考 … 63

第 4 章 AIGC 文生图 … 65
4.1 文生图应用场景 … 65
4.2 主流工具介绍 … 66
4.2.1 App 端主要工具 … 66
4.2.2 网页端主要工具 … 67
4.2.3 PC 端主要工具 … 69
4.2.4 传统制作软件主要工具 … 71
4.2.5 AI 影像处理 … 73

| 本章小结 | 78 |
| 练习与思考 | 78 |

第 5 章 文生图软件布局及基本使用 79

5.1 为什么选用 Stable Diffusion? 79
5.1.1 现有 AI 绘图软件概况 79
5.1.2 选用 Stable Diffusion 的理由 80

5.2 Stable Diffusion 用户界面分类 81
5.2.1 SD WebUI 81
5.2.2 ComfyUI 81
5.2.3 Fooocus 83

5.3 Stable Diffusion 软件布局与界面介绍 83
5.3.1 模型调用菜单 83
5.3.2 主要功能面板 85
5.3.3 正反向提示词输入区 85
5.3.4 生成及模型载入区 86
5.3.5 参数调整区 86
5.3.6 插件功能区 88
5.3.7 提示词预设、加载及生成按钮 94
5.3.8 生成后图像的处理设置 94

5.4 Stable Diffusion 基础流程 95
5.4.1 明确生图需求 95
5.4.2 选择相关模型和插件 96
5.4.3 拟定相关提示词 96
5.4.4 控制生成图像 97
5.4.5 生成图像后期处理 97

| 本章小结 | 97 |
| 练习与思考 | 98 |

第 6 章 文生图 Stable Diffusion 提示词 99

6.1 Stable Diffusion 提示词 99
6.1.1 Stable Diffusion 提示词的定义 99
6.1.2 Stable Diffusion 提示词的种类 100

6.2 Stable Diffusion 提示词的基本书写规则 101
6.2.1 Stable Diffusion 提示词的权重与调整 102
6.2.2 Stable Diffusion 提示词的常用语法 103
6.2.3 Stable Diffusion 提示词的结构 107

6.3 正、反向提示词的作用 112
6.3.1 正向提示词 112

	6.3.2 反向提示词	113
	6.3.3 提示词参考	114
本章小结		115
练习与思考		116

第 7 章 文生图 Stable Diffusion 模型介绍 … 117

7.1 Stable Diffusion 模型的由来和演变 … 117
7.2 Stable Diffusion Checkpoint 模型 … 120
7.3 Stable Diffusion 辅助型 … 122
7.4 Stable Diffusion 模型使用建议 … 124
本章小结 … 125
练习与思考 … 125

第 8 章 文生图采样器 … 127

8.1 采样器的基本概念 … 127
    8.1.1 采样的作用与工作原理 … 127
    8.1.2 调度计划与采样器的协同 … 129
    8.1.3 采样步数的影响 … 130
    8.1.4 扩散模型的深入解析 … 130
8.2 认识采样器 … 131
    8.2.1 始祖级采样器 … 131
    8.2.2 经典 ODE 求解器 … 132
    8.2.3 DPM 采样器 … 132
    8.2.4 新派采样器 … 134
    8.2.5 过时采样器 … 135
8.3 调度器 … 135
8.4 选择合适的采样器 … 138
    8.4.1 如何选择采样器和调度器 … 138
    8.4.2 画面收敛与不收敛 … 140
    8.4.3 采样器使用推荐 … 141
本章小结 … 141
练习与思考 … 141

第 9 章 文生图 ControlNet … 143

9.1 ControlNet 插件 … 143
    9.1.1 ControlNet 核心基础 … 144
    9.1.2 ControlNet 插件安装 … 144
    9.1.3 ControlNet 插件界面功能 … 146
    9.1.4 ControlNet 控制模型分类 … 151

9.2 ControlNet 控制器使用 ·· 153
　9.2.1 Canny 使用 ·· 153
　9.2.2 MLSD 使用 ·· 155
　9.2.3 Lineart 使用 ·· 156
　9.2.4 SoftEdge 使用 ·· 159
　9.2.5 Scribble 使用 ·· 162
　9.2.6 Recolor 使用 ·· 165
　9.2.7 Tile 使用 ·· 167
　9.2.8 Depth 使用 ·· 168
　9.2.9 NormalMap 使用 ·· 173
　9.2.10 Segmentation 使用 ·· 174
　9.2.11 Inpaint 使用 ·· 177
　9.2.12 OpenPose 使用 ·· 178
　9.2.13 Shuffle 使用 ·· 184
　9.2.14 Reference – only 使用 ·· 184
　9.2.15 IP – Adapter 使用 ·· 187
　9.2.16 T2I – Adapter 使用 ·· 189
　9.2.17 Revision 使用 ·· 190
　9.2.18 Instant – ID 使用 ·· 192
　9.2.19 InstryctP2P 使用 ·· 193
　9.2.20 SparseCtrl 使用 ·· 195
本章小结 ·· 197
练习与思考 ·· 198

第 10 章 Stable Diffusion 图生图

10.1 图生图界面介绍 ·· 199
10.2 图生图具体功能 ·· 202
　10.2.1 图生图 ·· 202
　10.2.2 涂鸦绘制 ·· 203
　10.2.3 局部绘制 ·· 203
　10.2.4 局部绘制之涂鸦蒙版 ·· 205
　10.2.5 局部绘制之上传蒙版 ·· 205
　10.2.6 批量处理 ·· 206
10.3 TAG 反推- WD1.4 标签器 ·· 207
　10.3.1 WD1.4 标签器概述 ·· 207
　10.3.2 WD1.4 标签器的主要功能 ·· 207
本章小结 ·· 208
练习与思考 ·· 209

第 11 章 AIGC 文生音频 ... 210

11.1 AIGC 音频生成概述 ... 210
11.2 AIGC 音频生成工具基本使用方法 ... 212
11.3 AIGC 音频生成的应用及展望 ... 217
11.3.1 AIGC 音频生成的应用 ... 217
11.3.2 AIGC 音频生成的发展和挑战 ... 219
本章小结 ... 220
练习与思考 ... 220

第 12 章 AIGC 文生视频 ... 222

12.1 AIGC 视频生成概述 ... 222
12.2 AIGC 视频生成的流程 ... 223
12.3 AIGC 视频生成应用场景 ... 224
12.4 AIGC 视频生成功能与工具 ... 226
12.4.1 AIGC 视频生成的功能 ... 226
12.4.2 AIGC 视频生成工具 ... 228
本章小结 ... 233
练习与思考 ... 233

第 13 章 AIGC 生成 3D 模型 ... 235

13.1 AIGC 生成 3D 模型概述 ... 235
13.2 AIGC 生成 3D 模型操作流程 ... 236
13.3 AIGC 生成 3D 模型的工具与平台 ... 239
13.3.1 传统制作软件 AI 3D 建模 ... 239
13.3.2 云端 AI 3D 建模平台 ... 239
13.4 AIGC 生成 3D 模型的应用 ... 241
本章小结 ... 241
练习与思考 ... 242

第 14 章 AI 数字人 ... 243

14.1 数字人的概述 ... 243
14.2 数字人应用的关键技术 ... 246
14.3 AIGC 数字人视频生成工具 ... 247
14.3.1 AIGC 数字人视频生成工具按技术平台分类 ... 248
14.3.2 AIGC 数字人视频生成工具按应用场景分类 ... 250
14.4 数字人应用解决方案 ... 250
本章小结 ... 251
练习与思考 ... 251

参考文献 ... 253

第 1 章　课程导论

教学目标

① 掌握人工智能(AI)和人工智能生成内容(AIGC)的定义、背景、特征及其相互关系。
② 熟悉 AI 与 AIGC 的发展历程,以及 AIGC 在当前产业生态中的应用和产业链布局。
③ 了解信息传达从内容生产演变的四个时代,从文字到合成媒体与交互的发展过程。
④ 探讨 AIGC 的未来展望,包括潜在的发展机遇和面临的技术、伦理以及社会挑战。
⑤ 培养 AI 时代所需的核心能力,包括技术素养、数据分析、创新思维、批判性思维、道德伦理意识以及沟通协作等关键技能。

当前数字化时代,人工智能(AI)技术正以前所未有的速度改变着我们的生活和工作,尤其在内容创作领域,人工智能生成内容(AIGC)技术的崛起引发了深刻的变革。随着数据科学、机器学习、深度学习等技术的快速发展,AIGC 技术已经在全球范围内得到了广泛的关注和应用。读者将在本课程中探索 AI 技术如何推动生产力、创新力的发展,并理解它在多个行业中的实际应用。

加快发展人工智能是形成国际竞争新优势的战略抓手。习近平总书记指出:"谁能把握大数据、人工智能等新经济发展机遇,谁就把准了时代脉搏。"党的二十大报告提出,推动战略性新兴产业融合集群发展,构建包括人工智能在内的一批新的增长引擎。党的二十届三中全会审议通过了《中共中央关于进一步全面深化改革、推进中国式现代化的决定》①,提出要完善推动人工智能在内的一些战略性产业发展政策和治理体系。继续实施"一带一路"科技创新行动计划,加强人工智能等领域的多边合作平台建设。完善生成式人工智能发展和管理机制。加强网络安全体制建设,建立人工智能安全监管制度。

2023 年,中共中央、国务院印发了《数字中国建设整体布局规划》②,数字中国建设按照 "2522" 的整体框架进行布局,即夯实数字基础设施和数据资源体系"两大基础",推进数字技术与经济、政治、文化、社会、生态文明建设"五位一体"深度融合,强化数字技术创新体系和数字安全屏障"两大能力",优化数字化发展国内、国际"两个环境"。人力资源社会保障部、中共中央组织部、中央网信办、国家发展改革委、教育部、科技部、工业和信息化部、财政部、国家数据局九部门印发《加快数字人才培育支撑数字经济发展行动方案(2024—2026 年)》的通知③,紧贴数字产业化和产业数字化发展需要,扎实开展数字人才育、引、留、用等专项行动,增加数字人才有效供给,形成数字人才集聚效应。

随着全球竞争的加剧,各国政府和企业都在积极布局人工智能领域,以把握新一轮科技革命和产业变革的机遇。美国在人工智能领域一直处于全球领先地位,政府通过各种研究计划

---

① 新华网 http://www.news.cn/politics/20240721/cec09ea2bde840dfb99331c48ab5523a/c.html。
② 新华网 https://www.news.cn/2023-02/27/c_1129401407.htm。
③ 新华网 http://www.news.cn/politics/20240417/d8d3c92e48e84231a52f9743d6d054a4/c.html。

和政策支持AI技术的发展,如国家人工智能研发战略计划。美国科技公司如Google、Amazon、Microsoft、IBM和Apple等在AI领域投入巨大,推动了从基础研究到商业应用的全方位发展。欧洲各国通过欧盟的地平线计划等项目,大力支持人工智能的研究与应用。同时,欧洲也在加强对AI伦理和法律框架的建设,以确保技术的健康发展。日本政府推出了"社会5.0"战略[1],将人工智能作为实现超智能社会的核心驱动力,重点发展自动驾驶、机器人和智能医疗等领域。印度政府推出了国家人工智能战略,旨在推动AI技术在农业、医疗、教育等多个领域的应用,并培养AI领域的专业人才。

我国政府高度重视人工智能产业的发展,将其视为战略性新兴产业,并出台了一系列政策以支持其快速成长,加速构建一个以人工智能为核心的新型产业生态,旨在推动经济的高质量发展,并在全球人工智能领域占据领导地位。华为、阿里巴巴、百度等企业在人工智能产业的基础层、技术层和应用层都在积极部署,显示出综合性企业在人工智能产业中的竞争优势。

AIGC作为AI的一个重要分支,涵盖了机器学习、深度学习等一系列与AI相关的技术。AIGC技术能够根据给定的主题、关键词、格式、风格等条件,自动生成文本、图像、音频、视频等内容,应用于3D模型、数据分析等。AIGC不仅显著提升了内容生产的效率和质量,拓展了智能交互等多种形式,而且为创意和生产提供了更多可能性。

AIGC技术正在广泛应用于多个领域,深刻影响着各行业的创新与升级。在内容创作领域,AIGC极大提升了生产效率,使广告、媒体、娱乐等行业能够快速生成高质量的文本、图像和视频内容,降低了人工成本并缩短了创作周期。在电商和营销领域,AIGC通过自动生成个性化文案、产品图片和推广视频,进一步提高了用户体验与转化率。在智能制造领域,AIGC能够通过大数据分析和机器学习,自动生成生产流程优化方案、设备故障预测和维护计划等,帮助制造企业提升生产线的智能化水平。AIGC不仅能够实时生成最优生产策略,优化资源配置,还能降低能耗和成本,为制造行业带来显著的效率提升。同时,通过AIGC生成的行为模式和任务执行方案,能够更灵活地适应复杂操作环境,实现人机协作与智能生产。此外,AIGC还为机器人设计提供了3D模型、虚拟仿真环境和训练场景,使其在不同应用场景下自主学习、优化操作。AIGC技术正在推动各领域的智能化升级和产业焕新,释放出巨大的经济价值和创新潜力。

AIGC技术将在未来深刻改变社会的各个层面。随着算法的不断优化和计算能力的提升,AIGC将大幅提升内容创作的效率与质量,助力影视、音乐、文学等创意产业实现突破性发展。同时,在教育领域,AIGC能够提供个性化的学习资源,支持教师精准教学,满足不同学生的学习需求。在商业应用方面,AIGC将推动市场营销、客户服务等环节的智能化转型,帮助企业更好地理解和满足消费者需求,提升竞争力。更为重要的是,AIGC将促进信息的民主化,使更多人能够轻松获取和创造高质量的内容,缩小数字鸿沟,推动社会整体的知识共享与进步。在国家和政府的有效引导下,AIGC有望成为推动经济增长和社会发展的重要引擎,助力实现科技强国的战略目标,创造一个更加智能、高效和包容的未来社会。

然而AIGC的迅猛发展也伴随着一系列亟待突破的挑战。首先,内容生成的自动化可能引发知识产权保护问题,侵权风险上升,亟须完善相关法律法规。其次,虚假信息和恶意内容的生成与传播问题日益严峻,可能对社会稳定和公共安全构成威胁。此外,AIGC对劳动市场的冲击不可忽视,部分传统岗位可能被自动化取代,导致就业结构变化和再就业压力增大。隐私保护也是一个重要议题,即如何在享受AIGC带来的便利的同时,保障个人数据的安全与隐私。尽管如此,未来在国家和政府的指导下,通过制定科学合理的监管政策、加强技术伦理建设以及完善法律体系,AIGC的潜力将得到充分释放,社会将能够有效应对这些挑战。

1.1 人工智能与人工智能生成内容概述

1.1.1 AI 与 AIGC 定义

1. 人工智能定义

人工智能(Artificial Intelligence,AI),亦称机器智能,既指由人制造出来的机器在执行任务时所表现出来的与智能生物相关的能力(比如自然语言理解、图像识别、从经验中学习等),也指与人工智能相关的计算机技术。在研究这样的智能是否能够实现以及如何实现的过程中,随着医学、神经科学、机器人学及统计学等交叉学科的进步,这一定义将会随着人类的认知不断更新和调整,AI的一个经典定义是:"智能主体可以理解数据及从中学习,并利用知识实现特定目标和任务的能力。"[2]

2. 人工智能生成内容定义

人工智能生成内容(Artificial Intelligence Generated Content,AIGC),是指基于生成式对抗网络、大型预训练模型等人工智能的技术方法,通过已有数据的学习和识别,以适当的泛化能力生成相关内容的技术。

1.1.2 AI 与 AIGC 产生的背景

AI与AIGC的产生源于技术的快速发展和对自动化与智能化需求的增加。自20世纪中叶以来,随着计算能力的提升、数据量的激增和算法的进步,AI技术逐渐成熟。尤其是深度学习的兴起,使得机器在自然语言处理、图像识别等领域表现出色。与此同时,数字化内容的需求急剧增加,尤其是在社交媒体、在线教育和娱乐行业。这促使研究人员和企业探索如何利用AI生成高质量的内容,包括文本、图像、视频等。AIGC应运而生,成为AI在内容创作领域的重要应用,它不仅提高了内容生产的效率,还降低了成本,推动了创意产业的变革。

1.1.3 AIGC 的特征

AIGC是基于多模态技术的人工智能应用,其核心特征在于单一模型能够同时理解和处理语言、图像、音频和视频等多种信息。这一特性使得AIGC能够完成单模态模型无法实现的复杂任务,也能解析图像和视频信息。目前,国内的AIGC多以单模型应用的形式存在,主要分为文本生成、图像生成、音频生成和视频生成,其中文本生成被视为其他内容生成的基础。

1. 文本生成(AI Text Generation)

人工智能文本生成是使用人工智能(AI)算法和模型来生成模仿人类书写内容的文本。它涉及在现有文本的大型数据集上训练机器学习模型,以生成在风格、语气和内容上与输入数据相似的新文本。

2. 图像生成(AI Image Generation)

人工智能(AI)可用于生成非人类艺术家作品的图像。这种类型的图像被称为"人工智能生成的图像"。人工智能图像可以是现实的或抽象的,也可以传达特定的主题或信息。

3. 音频生成(AI Audio Generation)

AIGC 的音频生成技术可以分为两类,分别是文本到语音合成和语音识别。文本到语音合成需要输入文本并输出特定说话者的语音。目前,文本转语音技术已经相对成熟,未来将向更具情感的语音合成和小样本语音学习方向发展;语音识别以给定的目标语音作为输入,然后将输入语音或文本转换为目标说话人的语音。

4. 视频生成(AI Video Generation)

AIGC 已被用于视频剪辑处理以生成预告片和宣传视频。工作流程类似于图像生成,视频的每一帧都在帧级别进行处理,然后利用 AI 算法检测视频片段。AIGC 生成引人入胜且高效的宣传视频的能力是通过结合不同的 AI 算法实现的。凭借其先进的功能和日益普及,AIGC 可能会继续革新视频内容的创建和营销方式。

1.1.4　AI 与 AIGC 的关系

AI 是一个广泛的概念,涵盖了多个技术和应用领域。AIGC 作为 AI 的一个子领域,专注于利用 AI 技术进行内容的自动生成和优化。可以理解为,AIGC 是 AI 在内容创作方面的具体体现和应用延伸。人工智能生成内容是人工智能 1.0 时代进入 2.0 时代的重要标志。在人工智能发展的浪潮中,AIGC 正逐步成为 AI 领域中的一个重要分支。

1.2　AI 与 AIGC 的发展历程

1.2.1　先民的追求和探索

在人类文明的发展历程中,中国古代的神话、传说、故事以及早期的自动机制作实践为今天的人工智能提供了历史和文化背景,展示了人类对自动化、智能化装置的幻想与实践。表 1-1 所列为中国神话与传说中关于"智能生命"或"自动化装置"的经典案例,它们可以被看作是 AI 技术在古代的早期萌芽。

表 1-1 所列的发明在现代标准下并不真正属于"人工智能"或"机器人",但它们在设计理念上已经开始探索如何通过机械和装置模拟或替代人的某些功能。

表 1-1　中国古代关于"智能生命"或"自动化装置"的经典案例

序号	人物	故事
1	鲁班与木鸟[3]	鲁班(公输班)是中国古代著名的工匠和发明家,相传他不仅发明了多种工具,还制作了一种能飞的木鸟。据传,这只木鸟可以飞行三天三夜不落地。这个传说展示了古代人对飞行器的想象力,以及对制造自动化装置的探索。这在一定程度上可以看作是古人对"自动化"与"人工智能"的早期幻想
2	诸葛亮与木牛流马	木牛流马是三国时期蜀国丞相诸葛亮发明的一种运输工具,主要用于军用物资的运送。相传木牛流马能够自行行走,节省了人力物力。虽然现代研究认为木牛流马可能是一种机械推车,但在古代的描述中,它带有某种"自动运行"的特质。木牛流马的故事反映了古代人对机械自动化的早期构想

续表 1-1

序号	人物	故事
3	墨子与木鸢	墨子制作木鸢的记载来源于《韩非子·外储说左上》，据传墨子在鲁山制作的木鸢(飞行器雏形)仅仅飞翔一日便宣告失败，但是其设计和制作体现了早期的飞行器思想，也反映了战国时期人类对飞行技术的探索
4	偃师的机械人	根据《列子·汤问》中的记载，周穆王时期有一位叫偃师的工匠，他为周穆王制造了一个会唱歌、跳舞的木制机械人。这个机械人栩栩如生，表现出高度的智能化。周穆王最初惊讶于它的真实感，但得知它只是由木头和其他机械部件组成后才放心下来。这是中国最早的关于"智能仿真人"的记载之一，反映了古人对机械和人工智能的幻想
5	黄帝与指南车	黄帝是中国传说中的古代帝王，相传他发明了指南车，用于辨别方向。指南车的核心原理类似于现代的自动导航装置，它通过机械结构指示方向，无论车怎么转动，其指南针(或指向人物)都始终朝向固定的方向。这种"自动导航"设备不仅展示了古代机械制造技术的高度发达，也可以视为古代对智能技术的一种探索
6	天工开物与机械装置	明朝科学家宋应星所著的《天工开物》一书中，详细描述了当时的机械技术和自动化装置。展示了古代人类对机械的深入理解和利用。在某些领域，如水利工程、纺织业等，古代中国已经使用了部分自动化机械设备，例如水力驱动的纺织机、自动灌溉系统等，这些可以看作是自动机的早期形式
7	鬼谷子与傀儡术	鬼谷子是中国战国时期著名的谋略家，相传他不仅擅长权谋策略，还精通傀儡术。传说鬼谷子能够制作逼真的人偶，这些人偶可以按他的意图行动，像现代的机器人一样听从指令。这种对傀儡的掌控和自动化操作的想象，在一定程度上预示了后世对人工智能的兴趣
8	僧人一行与水运仪象台	唐代僧人一行与梁令瓒合作设计了一种复杂的天文仪器——水运仪象台。这台仪器使用水力作为动力，能够自动运转，通过复杂的机械结构实现自动化天文观测，可以看作是古代自动化技术的代表之一

1.2.2 智能生命与思维机械化的历史演进

在人类对"智能生命"和"自动化装置"探索的基础上，后世通过对形式逻辑、数学推理的深入研究，逐步推动了"人类思维可以机械化"的演进。这一进程不仅奠定了现代人工智能的理论基础，也激发了关于机器能否模拟人类智能的深入思考。

从亚里士多德的形式逻辑到图灵的可计算性理论，再到现代的机器学习，形式推理和数学研究不断证实着"人类思维可以机械化"的假设。这一过程展示了人类对智能和自动化的探索，从早期对自动机和神话中"仿真人"的幻想，到后世基于数学和逻辑的严谨推理，推动了人工智能的发展。通过将思维的某些过程形式化和机械化，人类逐渐打开了理解和模拟自身智能的大门，也为当今的人工智能技术奠定了坚实的理论基础。

1.2.3　AI 的发展历程

计算机的发明乃至发展为一门独立学科,标志着人类在 20 世纪 40 年代和 50 年代的科技进步取得了重大突破。在此期间,来自多个学科的科学家开始共同探讨"制造人工大脑"的可能性,这一跨学科的探索奠定了人工智能(AI)领域的基础。数学家通过形式化逻辑和可计算性理论(如图灵机)证明了某些思维过程可以通过算法模拟;心理学家试图理解大脑如何处理信息,进而影响了计算模型;工程学家在设计计算机硬件时推动了计算能力的增强;经济学家与政治学家则为人工智能的应用场景提供了实际需求的指导,特别是在自动化、决策与社会系统中的应用。

1956 年,在达特茅斯会议上,人工智能被正式确立为一门独立学科,标志着这一跨学科合作终于结出果实。该会议集合了一批来自不同领域的科学家,共同提出了"机器可以表现出智能行为"的假设。这个重要的时刻为之后的人工智能研究铺平了道路,推动了这一领域在计算理论、认知科学,以及自动化系统中的广泛应用。从早期的形式推理系统到后来的神经网络与机器学习,AI 逐渐演变为一个融合多学科的庞大领域。

人工智能的发展历史大致可以划分为五个重要阶段[4],每个阶段都反映了这一领域技术、理论、应用的重大变化与转折。

1. 人工智能概念的出现(1950—1974)

这一阶段是人工智能(AI)作为一个学术领域和概念诞生的时期。

1950 年,艾伦·图灵(Alan Turing)发表了《计算机器与智能》,并提出了著名的"图灵测试",测试机器是否能够表现出类似人类智能的行为,这标志着 AI 思想的诞生。

1956 年,达特茅斯会议被认为是 AI 正式成为学术研究领域的起点,约翰·麦卡锡(John McCarthy)首次提出了"人工智能"(Artificial Intelligence)的概念,并设想开发一种能模拟人类认知的机器。

这一时期,研究集中在符号主义方法上,专家们试图用计算机处理逻辑推理和决策问题。早期的成就包括纽厄尔和西蒙(Newell and Simon)开发的"逻辑理论家"(Logic Theorist)和"通用问题解决器"(General Problem Solver),这两个系统旨在解决数学推理和通用问题。

1958 年由麦卡锡发明的 LISP 编程语言成为 AI 领域的主要编程工具,为后续的 AI 研究打下了基础。然而,尽管早期成果令人鼓舞,但 AI 的实际应用受限于计算能力和算法的复杂性,未能达到预期的高度。

2. 神经网络遇冷,研究经费减少(1974—1980)

这一阶段标志着 AI 发展的"第一次寒冬"。

20 世纪 60 年代,人工智能领域引入了神经网络(Neural Networks)的概念,模仿生物神经系统来进行计算。然而,由于感知机(Perceptron,1958 年由弗兰克·罗森布拉特提出)被证明无法解决一些简单的非线性问题(如 XOR 问题),对神经网络的 AI 研究热情逐渐冷却。

1973 年,英国著名的《莱特希尔报告(Lighthill Report)》对 AI 研究成果进行了严格评估,认为 AI 发展过于缓慢,远未达到承诺的水平。这导致英国政府减少了对 AI 的资金投入,其他国家也相继削减了对 AI 研究的经费。

计算机硬件能力和算法的局限性也进一步限制了 AI 的发展,使许多原本雄心勃勃的 AI 项目陷入困境。

3. 专家系统流行并商用(1980—1987)

随着计算技术的发展和应用需求的增加,AI 研究在 20 世纪 80 年代初迎来了一个新的阶段——专家系统的兴起。专家系统是基于规则的推理系统,它们将专家的知识编码成规则,用以模拟专家在某一特定领域的决策能力。这一概念使 AI 从理论迈向了应用。

代表性的专家系统包括 MYCIN(诊断医疗疾病)和 DENDRAL(化学结构分析)。这些系统在其特定领域表现出色,能够解决高度专业化的知识问题。

商业应用方面,XCON(由 DEC 开发的配置计算机系统的专家系统)展示了专家系统在工业领域的巨大潜力。专家系统帮助企业提升了生产效率和决策能力,因而受到了广泛关注。

日本的第五代计算机计划(1982 年启动)是这一时期 AI 研究的代表性项目,旨在通过并行计算技术开发具有推理能力的机器。

这一阶段,人工智能在商业和工业领域的应用推动了专家系统的流行,AI 重新赢得了投资者和研究者的热情。

4. 专家系统溃败,研究经费大减(1987—1993)

随着时间的推移,专家系统的局限性逐渐显现,导致了 AI 的"第二次寒冬"。

专家系统虽然在一些专业领域取得了成功,但其维护成本高、扩展性差、处理复杂问题时能力有限等问题逐渐暴露出来。例如,专家系统需要手动编码大量规则,当规则增加时,系统变得不稳定且难以维护。

1987 年,计算机工作站和个人计算机的快速发展降低了对昂贵专家系统的需求。同时,由于系统硬件性能的提升,传统编程技术能够更有效地解决很多实际问题,企业逐渐失去了对专家系统的兴趣。

这些问题导致 AI 领域再次遭遇信任危机,研究资金大幅减少,AI 研究再次进入低谷。

5. 深度学习理论和工程突破(1993 年至今)

20 世纪 90 年代以来,AI 领域迎来了新的变革和突破,尤其是在深度学习(Deep Learning)和计算能力提升的推动下。

支持向量机(SVM)和隐马尔可夫模型(HMM)等新兴方法开始取代专家系统在机器学习中的地位。AI 研究重点从基于规则的系统转向数据驱动的方法,标志着机器学习成为 AI 发展的核心。

2006 年,杰弗里·辛顿(Geoffrey Hinton)等人提出了深度信念网络(Deep Belief Networks),这是深度学习的一个早期突破。深度学习通过多层神经网络来提取数据中的复杂特征,表现出色。

2010 年后,GPU 技术的发展显著加速了深度学习的进展。2012 年,Hinton 团队通过使用深度学习技术赢得了 ImageNet 竞赛,大幅提升了图像分类的准确率,标志着 AI 技术迎来新的发展高潮。

近年来,自然语言处理(如 GPT 模型)、图像识别、自动驾驶、智能助手等领域的 AI 应用取得了显著进展。深度学习和大数据技术成为 AI 发展的核心驱动力。

强化学习(如 2017 年 AlphaGo 战胜人类围棋冠军)和生成式对抗网络(GAN)等技术进一步推动了 AI 的应用与发展。这一阶段,AI 技术逐渐渗透到社会的各个层面,并成为工业、医疗、金融等众多领域的重要工具。2024 年,AI 技术继续取得了显著进展,尤其是在大型语言模型(LLM)、生成式人工智能以及多模态预训练大模型等方面。OpenAI 相继发布了 GPT -

4o 系列模型,进一步提升了自然语言处理的能力。

此外,生成式人工智能在艺术、音乐等创意领域也展现出强大的潜力,例如披头士乐队利用 AI 技术发布了新歌《Now and Then》,成功再现了已故成员约翰·列侬的声音。在医疗领域,AI 驱动的诊断工具和药物发现平台显著提高了癌症检测率和药物研发效率。

2024 年,AI 领域迎来了一个重要的里程碑事件。瑞典皇家科学院将诺贝尔物理学奖授予了美国普林斯顿大学的约翰·霍普菲尔德(John J. Hopfield)和加拿大多伦多大学的杰弗里·辛顿(Geoffrey E. Hinton),以表彰他们在人工神经网络和机器学习方面的奠基性发现和发明。辛顿因其在深度学习和反向传播算法方面的贡献,被誉为"AI 教父",他的研究为现代 AI 技术的发展奠定了基础。

人工智能的发展从最初的理论探索,经过数次技术高潮与低谷,最终进入了深度学习与大规模应用的时代。当前,AI 技术已经从学术研究转变为能够改变各行业的核心科技,未来其发展仍然充满挑战与机遇。

1.2.4 AIGC 的发展历程

使用计算机生成内容的想法自 20 世纪 50 年代就已经出现,早期的尝试侧重于通过让计算机生成照片和音乐来模仿人类的创造力,生成的内容也无法达到高水平的真实感。结合人工智能的演进改革,AIGC 的发展可以大致分为以下三个阶段[5]。

1. 早期萌芽阶段(20 世纪 50 年代——20 世纪 90 年代)

受限于科技水平,AIGC 仅限于小范围实验。1957 年,莱杰伦·希勒(Lejaren Hiller)和伦纳德·艾萨克森(Leonard Isaacson)通过将计算机程序中的控制变量变为音符,完成了历史上第一部由计算机创作的音乐作品——弦乐四重奏《依利亚克组曲(Illiac Suite)》。1966 年,约瑟夫·韦岑鲍姆(Joseph Weizenbaum)和肯尼斯·科尔比(Kenneth Colby)共同开发了世界上第一个机器人"伊莉莎(Eliza)",其通过关键字扫描和重组来完成交互式任务。20 世纪 80 年代中期,IBM 基于隐马尔可夫链模型创造了语音控制打字机"坦戈拉(Tangora)",可识别的词汇量高达两万个。

2. 沉积积累阶段(20 世纪 90 年代——21 世纪 10 年代)

AIGC 从实验性向实用性逐渐转变,深度学习算法、图形处理单元(GPU)、张量处理器(TPU)和训练数据规模等都取得了重大突破,受到算法瓶颈的限制,效果有待提升。2007 年,纽约大学人工智能研究员罗斯·古德温(Ross Goodwin)装配的人工智能系统通过对公路旅行中的所见所闻进行记录和感知,撰写出世界上第一部完全由人工智能创作的小说《1 The Road》。

3. 快速发展阶段(21 世纪 10 年代至今)

深度学习模型不断迭代,AIGC 取得突破性进展。尤其在 2022 年,算法获得井喷式发展,底层技术的突破也使得 AIGC 商业落地成为可能。其中主要集中在 AI 绘画领域:2012 年,微软公开展示了一个全自动同声传译系统,通过深度神经网络(DNN)可以自动将英文演讲者的内容通过语音识别、语言翻译、语音合成等技术生成中文语音。2014 年 6 月,生成式对抗网络(Generative Adversarial Networks,GAN)被提出。2021 年 2 月,OpenAI 推出了 CLIP(Contrastive Language - Image Pre - Training)多模态预训练模型。2022 年,扩散模型 Diffusion Model 逐渐替代 GAN。扩散模型在生成高质量图像方面表现卓越,并逐渐成为 AIGC 的主流技术。近年来，Stable Diffusion通过开源社区的持续优化，显著提升了生成速度和资源效率，使得AI绘画技术更加普及和易用。同时，扩散模型在视频生成、音频合成等领域的应用也在快速扩展，推动了多媒体内容生成的创新。OpenAI的CLIP和DALL-E 3进一步增强了文本与图像的理解与生成能力，使得生成的内容更加符合用户的意图和上下文。此外，Meta的多模态模型通过融合不同模态的信息，实现了更复杂和更富有创意的内容生成。多模态模型能够同时处理文本、图像、音频等多种类型的数据，显著提升了AIGC的生成质量和应用广度。Swin Transformer和Vision Transformer（ViT）在图像理解和生成任务中表现出色。高效Transformer模型通过减少计算复杂度和内存占用，使得在大规模数据集上的训练和推理更加高效，为AIGC提供了更强大的计算支持。新的神经网络架构不断涌现，旨在提升模型的效率和性能。混合专家模型（Mixture of Experts，MoE）通过动态选择子网络，提高了模型在处理复杂任务时的灵活性和效率。此外，稀疏神经网络和模块化网络等架构创新，也为AIGC提供了更高效的计算方案和更强的生成能力。随着模型规模的不断扩大，高效的训练和优化技术显得尤为重要。分布式训练和模型并行化技术的发展，使得训练超大规模模型成为可能。同时，量化、剪枝和知识蒸馏等模型压缩技术，显著减小了模型的计算和存储需求，提升了AIGC模型在边缘设备和实时应用中的可用性。大语言模型由基础生成类模型过渡到推理性模型，Agent智能体初具规模，能够处理多个模态模型协同的流程化任务。

1.3 AIGC现阶段的产业生态和应用

1.3.1 AI产业生态系统

AI产业链作为推动人工智能技术发展的关键框架，通常划分为基础层、技术层和应用层三大层次。每一层次在整个产业链中承担着独特且不可或缺的角色，协同推动AI生态系统的持续进化与创新[6]。

1. 基础层

基础层是AI产业链的基石，负责搭建和维护支撑整个AI生态系统运作的基础设施和平台。其核心组成部分包括传感器、AI芯片、数据服务和计算平台。

(1) 传感器

传感器作为数据采集的前端设备，负责将物理世界的信息转化为数字信号，为AI系统提供高质量的数据输入。传感器包括图像传感器、声学传感器、环境传感器等，不断提升感知精度和多样性，以满足不同AI应用的需求。如，索尼、三星等在高性能图像传感器领域具有领先优势。

(2) AI芯片

AI芯片是专为加速AI算法计算而设计的硬件，能显著提升模型训练和推理的效率与性能。

AI芯片包括GPU、TPU、FPGA和ASIC等多种架构，能够优化计算能力、能效比和可扩展性。如，NVIDIA、AMD、英特尔以及中国的寒武纪、华为昇腾等。

(3) 数据服务

数据是AI模型训练和优化的核心资源，数据服务涵盖数据采集、清洗、存储、管理和分析等环节,涉及大数据平台、数据湖、数据仓库和实时数据处理技术,确保数据的高可用性和高质量。如,阿里云、腾讯云、AWS、Google Cloud 等提供的全面数据服务解决方案。

(4) 计算平台

计算平台提供了高性能计算资源,支持大规模 AI 模型的训练与部署,包括分布式计算架构、云计算平台、边缘计算设施等,满足不同场景下的计算需求。如,Amazon Web Services (AWS)、Microsoft Azure、Google Cloud Platform (GCP)、阿里、腾讯、华为、浪潮等全球领先的云服务提供商。

2. 技术层

技术层聚焦于核心 AI 技术的研发与创新,涵盖算法模型、基础框架和通用技术等关键领域,驱动 AI 能力的持续提升。

(1) 算法模型

AI 算法模型是实现智能功能的核心,决定了系统的理解、推理和决策能力,包括深度学习、强化学习、迁移学习、生成式对抗网络(GAN)等先进算法的研究与应用。代表性机构如 OpenAI、DeepMind、Facebook AI Research (FAIR)、百度研究院等。

(2) 基础框架

基础框架为 AI 模型的开发、训练和部署提供标准化的平台和工具,提升开发效率和模型性能,涵盖深度学习框架(如 TensorFlow、PyTorch)、分布式训练框架(如 Horovod、Megatron)、自动机器学习(AutoML)工具等。代表性企业如 Google(TensorFlow)、Facebook(PyTorch)、微软(ONNX)等。

(3) 通用技术

通用技术包括自然语言处理(NLP)、计算机视觉(CV)、语音识别、知识图谱等,作为多种 AI 应用的基础能力,不断优化算法性能,提升模型的泛化能力和跨领域适应性。代表性企业如 Google(在 NLP 领域的 BERT 模型)和微软(在计算机视觉领域的 ResNet 模型)等。

3. 应用层

应用层致力于将 AI 技术转化为实际的产业应用,涵盖行业解决方案服务、硬件产品和软件产品,推动 AI 在各行业的深度渗透与应用落地。

(1) 行业解决方案服务

提供针对特定行业需求的定制化 AI 解决方案,助力企业提升运营效率、优化业务流程和创新商业模式。应用领域包括智能制造、金融科技、智慧医疗、智能零售、自动驾驶等。代表性企业如 IBM(Watson 在医疗和金融领域的解决方案)和华为(在智慧城市和智能制造的应用)等。

(2) 硬件产品

将 AI 技术集成到具体的硬件设备中,实现智能化功能,提升用户体验和产品附加值。应用领域包括智能家居设备、机器人、无人机、智能安防设备等。代表性企业如戴尔、惠普(在智能硬件设备上的布局)及 DJI(在无人机领域的创新)等。

(3) 软件产品

开发面向终端用户和企业的 AI 驱动软件,提供智能化功能和服务,广泛应用于各类应用场景。应用领域包括智能助手、推荐系统、自动驾驶软件、医疗诊断软件、金融分析软件等。代表性企业如 Google(智能助手)、Salesforce(Einstein AI)、Tesla(自动驾驶软件)等。

AI产业链的基础层、技术层和应用层相互依存、协同发展,共同构建了一个高度集成且动态演进的生态系统。基础层提供坚实的硬件和数据支撑,技术层推动核心算法和框架的创新,应用层则实现技术的商业化和广泛应用。随着技术的不断突破和应用场景的日益丰富,AI产业链将持续深化,驱动各行各业的数字化转型与智能化升级。

1.3.2 AIGC的产业链布局

人工智能生成内容(Artificial Intelligence Generated Content,AIGC)作为人工智能领域的重要分支,近年来在全球范围内迅速发展,形成了完善且多样化的产业链布局。本书将综合分析国外与国内的AIGC产业链布局,探讨其结构、主要参与者及发展趋势。

1. AIGC产业链的构成

目前AIGC结合市场需求已覆盖全球很多领域,在技术研发和应用层面取得了显著进展,主要涵盖基础大模型、行业/场景中模型、业务/领域小模型、AI基础设施及AIGC配套服务五大部分。

(1) 基础大模型

基础大模型是AIGC产业链的核心技术支撑,通常由大规模预训练模型组成。这些模型以Transformer等深度学习架构为基础,通过对海量的文本、图片、视频等多类型数据资源进行训练,从而具备强大的多领域内容生成能力。

国外主要基础大模型包括OpenAI GPT系列(包括最新的GPT-4o),它是全球最具影响力的基础大模型之一,广泛应用于文本生成、对话系统等领域。Google DeepMind开发了Gemini系列和PaLM模型,推动了生成式AI技术的前沿研究。微软与OpenAI深度合作,将GPT模型集成到Azure云平台和Office 365中,促进AIGC技术的商业化应用。Meta(Facebook)开发了开源大语言模型LLaMA系列,推动基础模型的开放化与社区协作。Anthropic和Cohere致力于开发各自的生成式AI基础模型,丰富市场选择。

国内基础大模型代表性的如百度的"文心一言"系列模型,其具备强大的自然语言处理和生成能力。阿里巴巴的"通义千问"系列模型致力于多领域内容生成。华为的"盘古大模型"覆盖包括自然语言处理、多模态交互、视觉识别、预测分析和科学计算在内的多个领域。字节跳动的豆包大模型具备强大的多模态能力,涵盖了语言、视觉、语音、音乐、视频、3D等不同模态的生成式AI模型。腾讯公司全链路自研的腾讯混元大模型在高质量内容创作、数理逻辑、代码生成和多轮对话方面的性能表现卓越,处于业界领先水平。混元API支持AI搜索联网插件,通过整合腾讯优质的内容生态(如微信公众号、视频号等),提供强大的时新、深度内容获取和AI问答能力。智谱华章的清言GLM大模型除了具有常规的文字处理,图像、视频生成功能外,智谱清言App还支持视频通话功能。深度求索公司的推理型DeepSeek大模型,以其卓越的深度思考能力脱颖而出,降低了训练和推理成本,通过创新的训练技术及开源策略,打破了技术壁垒,大幅降低了应用门槛,迅速在国内金融、电信等多领域广泛落地,为国内AIGC应用的发展开启了崭新篇章。

(2) 行业/场景中模型

行业/场景中模型在基础大模型的基础上,针对特定行业或应用场景进行微调和优化,具备更强的专业适应性。国外如IBM Watson长期专注于医疗、金融等高附加值行业,提供专业化的模型解决方案。NVIDIA不仅提供强大的AI硬件基础,还推出了针对医疗影像处理、自动驾驶等领域的专用模型。Salesforce Einstein AI 专注于客户关系管理(CRM)领域,将 AIGC 技术应用于营销、销售等业务场景。国内代表性企业如在教育、医疗等领域推出专业化模型的科大讯飞,专注于医疗影像处理模型开发的依图科技,还有提供智能安防、自动驾驶等行业的中模型解决方案的商汤科技。

(3) 业务/领域小模型

业务/领域小模型针对更加具体的业务需求和细分场景开发,通常具有较小的参数量,适用于特定的业务流程或应用场景。由微软和 OpenAI 联合推出的 GitHub Copilot,专为代码生成优化的小模型,提升开发者的编程效率。专注于法律文书生成的 Harvey,提供精准的法律文本自动化服务。Runway 致力于设计领域的小模型开发,为设计师提供智能化的设计辅助工具。国内企业如上海数祈,提供企业专属大模型训练等数字化解决方案;稀宇科技,专注文生图像、视频领域;网易天工,专注音频生成领域。

(4) AI 基础设施

AI 基础设施为 AIGC 模型的训练、推理和应用提供必要的硬件和软件支持,是产业链的重要基石。国外如 NVIDIA 提供的 A100/H100 GPU 是全球 AI 训练和推理的核心硬件,广泛应用于各类 AI 计算任务。Google 提供的 TPU(Tensor Processing Unit)支持大规模 AI 模型的高效训练,同时其 Google Cloud AI 平台提供强大的 AI 计算和模型服务。而亚马逊 AWS 和微软 Azure 作为全球领先的云服务平台,提供丰富的 AI 训练和部署支持,成为众多企业开发和部署 AIGC 模型的首选平台。国内的云计算平台包括阿里云、腾讯云、华为云等。算力芯片包括华为昇腾、寒武纪、摩尔线程等 AI 专用芯片,支持高效的模型训练和推理。星环科技、达观数据等企业开发的数据管理平台,提供数据存储、管理和处理解决方案,确保数据的高效利用。

(5) AIGC 配套服务

AIGC 配套服务涵盖开发、优化、部署和治理等多个方面,支持 AIGC 技术的全生命周期。在开发工具和平台上,OpenAI API 提供灵活的 API 接口和模型调优服务,帮助开发者快速开发、部署和优化 AIGC 应用。DeepMind、Google 等企业和机构致力于研究 AI 伦理、安全框架和透明性,确保 AIGC 技术的安全和合规应用。Hugging Face 和 GitHub 为开发者提供丰富的模型和代码资源,推动 AIGC 技术的普及和社区协作。国内开发平台和工具如百度飞桨、阿里达摩院等,提供模型开发、训练、调优和部署工具,通过剪枝、量化等技术优化和压缩模型,适应不同的部署环境。依图科技、商汤科技等企业提供相关服务,确保 AIGC 模型在数据隐私、算法公平性和安全性方面的合规性,为企业和研究机构提供深度伪造检测、模型可解释性研究等解决方案。

国外的 AIGC 产业布局以美国为主导,其凭借先进的技术研发能力和广泛的商业化应用,在全球占据了重要地位。基础大模型由 OpenAI、Google 等科技巨头领衔,行业中模型和领域小模型涵盖金融、医疗、法律等关键行业。AI 基础设施的领先地位进一步强化了其产业优势,配套服务在开发工具、治理、安全等方面实现了全面覆盖。整体来看,国外 AIGC 产业链更注重技术的通用性和行业落地,未来的发展趋势可能集中在开源合作、技术标准化、AI 治理等方向。

国内的 AIGC 产业链从基础大模型、行业中模型、业务小模型,到 AI 基础设施和配套服务,已经形成了较为完整的生态体系。代表性企业在各环节均有布局,推动了 AIGC 技术的快速发展和广泛应用。随着技术的不断进步和应用场景的拓展,国内 AIGC 技术将进一步渗透到更多行业,促进产业升级与创新发展。未来,优化基础设施、开发行业定制化模型、轻量化业务模型以及完善配套服务,将成为推动国内 AIGC 产业链持续发展的关键因素。

2. 国内外 AIGC 产业链布局的对比与启示

通过对比国外与国内的 AIGC 产业链布局,可以发现以下几点主要差异。

(1) 技术领导力

① 国外尤其是美国企业在基础大模型的研发方面处于领先地位,拥有 OpenAI、Google 等世界级科技巨头作为主要推动力量。

② 国内企业近年在基础大模型的研发方面取得显著进展,百度、阿里、华为等企业在多模态和行业适配方面表现突出。

(2) 行业应用深度

① 国外 AIGC 产业链更加注重技术的通用性和跨行业应用,涵盖广泛的行业领域。

② 国内 AIGC 产业链在特定行业如金融、医疗、教育等领域实现了更深层次的定制化应用,满足本土市场的特定需求。

(3) 基础设施建设

① 国外在 AI 基础设施方面,尤其是云计算和 AI 芯片领域,具有成熟和领先的技术支撑。

② 国内在 AI 基础设施方面迅速崛起,依托本土企业在云计算和 AI 芯片上的投入,逐步缩小与国际领先水平的差距。

(4) 配套服务与生态系统

① 国外 AIGC 产业链的配套服务体系更加成熟,在开发工具、模型优化、安全治理等方面均有完善的解决方案。

② 国内在配套服务方面也在快速发展,逐步建立起完善的开发平台和治理机制,推动 AIGC 技术的规范化应用。

通过对比国内外 AIGC 产业链布局的差异,可以得到以下几点启示:

① 技术创新与合作:国内企业应继续加强基础大模型的研发,提升技术创新能力,同时借鉴国外在通用模型和开源合作方面的经验,促进技术交流与合作。

② 深化行业应用:结合本土市场需求,开发更多定制化的行业中模型和业务小模型,提升 AIGC 技术的实际应用价值,满足不同产业的具体需求。

③ 优化基础设施:加快 AI 基础设施建设,优化云计算和 AI 芯片的研发与应用,提升整体计算能力和数据处理效率,支撑更大规模的 AIGC 模型训练与部署。

④ 完善配套服务:推动开发工具、模型优化和安全治理的标准化与规范化,建立完善的 AIGC 配套服务体系,确保 AIGC 技术的安全、合规和高效应用。

AIGC 作为人工智能的重要应用方向,正在全球范围内迅速发展并形成完善的产业链布局。通过对国内外 AIGC 产业链的综合分析可以看出,AIGC 技术的持续进步和应用的深入将进一步推动各行各业的数字化转型与智能化升级。

1.3.3 AIGC 的应用介绍

AIGC 技术的广泛应用正在深刻改变各行各业的运营模式和商业模式。AIGC 通过自动生成内容,提高生产效率,降低成本,创造新的商业机会。以下将详细介绍 AIGC 在多个关键领域的应用,以进一步全面理解其实际应用场景和影响。

1. 内容创作

内容创作是 AIGC 技术最直观的应用之一,涵盖文本、图像、音频、视频、3D 模型等多种内容形式。AIGC 新媒体内容创作分类如表 1-2 所列。

表 1-2 AIGC 新媒体内容创作分类

类别	应用内容	详细描述
文本生成	自动撰写新闻报道	新闻机构利用 AIGC 生成实时报道,特别是在突发事件发生时,AIGC 可以快速生成初步报道,节省记者的时间。这种应用可以提高新闻报道的速度和效率,确保新闻的时效性
	市场分析报告	企业使用 AIGC 编写详细的市场分析报告,通过对比大量数据分析,生成有价值的商业洞察分析。这种应用可以帮助企业快速获取市场动态,做出更加精准的商业决策
	技术文档编写	技术团队借助 AIGC 生成技术文档、用户手册和开发指南,提高文档编写效率。这种应用可以加快技术文档的产出速度,确保文档的准确性和一致性
图像生成	艺术创作	艺术家利用 AIGC 工具创作独特的数字艺术作品,探索新的艺术表现形式。这种应用可以激发艺术家的创造力,开拓艺术的新领域
	设计图纸	设计师借助 AIGC 快速生成多样化的设计方案,加速产品设计流程。这种应用可以帮助设计师快速迭代设计思路,提高工作效率
	广告素材制作	广告公司使用 AIGC 生成高质量的视觉内容,提高广告制作效率。这种应用可以降低广告制作的成本,同时提高广告内容的吸引力和创新性
音频生成	声音设计	在电影、游戏和虚拟现实制作中,AIGC 技术可以用来创建各种环境音效、角色语音和背景音乐,增强沉浸感和情感表达。通过 AIGC,声音设计师可以更高效地实现创意,快速迭代和修改声音效果
	语音合成	AIGC 技术能够将文本转换为自然听起来的语音,应用于智能助手、有声书阅读、语音导航等场景。这种技术的发展极大地提高了语音合成的自然度和准确性,使得机器生成的语音更加贴近真人发音,提升用户体验
	音乐创作	AIGC 技术可以根据音乐风格和节奏生成旋律和伴奏,帮助音乐家和制作人探索新的音乐创意。这种应用在音乐产业中越来越受欢迎,因为它可以快速生成大量不同风格的音乐素材,为音乐创作提供灵感
视频生成	影视制作	AIGC 技术可以根据剧本自动生成视频内容,包括角色动作、场景切换等。这种应用可以加速影视内容的创作流程,降低制作成本,使得独立制作人和小型工作室也能制作出高质量的影视作品
	虚拟直播	AIGC 技术可以创建虚拟主播,用于新闻播报、网络直播等,提供更加灵活和多样化的表现形式。虚拟主播可以 24 小时不间断地进行直播,为观众提供持续的内容输出
	教育和培训	在教育领域,AIGC 技术可以生成教学视频,模拟真实场景,提供互动式学习体验。这种应用可以帮助学生更好地理解和掌握复杂的概念和技能

续表 1-2

类别	应用内容	详细描述
3D模型生成	产品设计	设计师可以利用AIGC技术快速生成3D模型，加速产品原型设计和迭代过程。这种应用可以帮助设计师快速验证设计方案，缩短产品开发周期
	虚拟试衣	AIGC技术可以生成逼真的3D服装模型，用户可以在虚拟环境中试穿衣服，为在线购物平台提供更加直观和互动的购物体验
	游戏开发	在游戏行业，AIGC技术可以用于生成游戏角色、武器、建筑等3D模型，提高游戏开发的效率和灵活性。这种应用可以帮助游戏开发者快速构建游戏世界，提升游戏的视觉效果和玩家体验

2. 智能客服

智能客服系统利用AIGC技术提升客户服务的效率和用户体验，广泛应用于各类企业和平台，智能客服功能与应用及优势体现如表1-3所列。

表1-3 智能客服功能与应用及优势体现

类别	应用内容	详细描述
功能与应用	自动应答	智能客服系统能够自动回答客户的常见问题，提供即时的服务支持
	多语言支持	AIGC驱动的客服系统支持多种语言，满足全球客户的需求
	个性化服务	通过分析客户的历史数据，智能客服可以提供个性化的服务建议和解决方案
优势	24/7服务	智能客服系统无需休息，能够全天候为客户提供支持，提升客户满意度
	个性化学习	智能客服系统具备个性化学习能力，可根据不同客户的需求和交互情况，不断优化服务内容和方式，进一步提升服务质量和客户体验
	快速响应	AIGC系统能够即时处理大量客户请求，避免客户等待

3. 数据分析

数据分析是企业决策的重要依据。AIGC技术在自动生成数据报告和分析文档方面可发挥重要作用。数据分析功能与应用及优势体现如表1-4所列。

表1-4 数据分析功能与应用及优势体现

类别	应用内容	详细描述
功能与应用	自动生成报告	AIGC工具能够根据数据自动生成详细的分析报告，节省人工编写时间
	趋势预测	通过分析历史数据，AIGC可以预测未来趋势，辅助企业制定战略决策
	数据可视化	AIGC技术能够生成直观的数据可视化图表，帮助管理层更好地理解数据
优势	提高效率	自动生成报告和分析，显著提升数据处理效率
	减少错误	减少人工操作，降低数据分析中的人为错误风险
	辅助决策	提供准确的数据分析，支持企业做出更明智的决策

4. 教育培训

教育培训领域通过AIGC技术实现个性化学习、智能辅导和教学内容的自动生成，提升教育质量和效率。教育培训功能与应用及优势体现如表1-5所列。

表 1-5 教育培训功能与应用及优势体现

类 别	应用内容	详细描述
功能与应用	智能导师	AIGC 驱动的智能导师能够根据学生的学习进度提供个性化的辅导和建议
	自动生成教学内容	教育平台利用 AIGC 自动生成教学材料和练习题,丰富教学资源
	个性化学习计划	根据学生的学习情况,AIGC 技术可以制定个性化的学习计划,提升学习效果
优势	提升教学效率	自动生成教学内容,减少教师的工作负担
	个性化学习	根据学生的需求和进度提供个性化的学习计划,提升学习效果
	丰富教育资源	AIGC 技术能够快速生成多样化的教学材料,丰富教育资源库

5. 医疗健康

医疗健康领域利用 AIGC 技术提升诊断准确性、优化治疗方案和提高医疗服务效率。医疗健康功能与应用及优势体现如表 1-6 所列。

表 1-6 医疗健康功能与应用及优势体现

类 别	应用内容	详细描述
功能与应用	辅助诊断	AIGC 工具能够通过对医学影像数据的分析和识别,辅助医生进行快速准确的疾病诊断
	生成医学报告	自动生成详细的医学影像分析报告,减少医生的书写时间
	个性化治疗方案	根据患者的具体情况,AIGC 技术可以制定个性化的治疗方案,提高治疗效果
优势	提高诊断准确性	通过深度学习和大数据分析,AIGC 技术能够发现人类医生可能忽略的细微病变
	优化医疗流程	自动生成报告和分析,减少医生的工作量,提高医疗服务效率
	个性化医疗	根据患者的具体情况制定个性化治疗方案,提升治疗效果和患者满意度

6. 金融服务

金融服务领域通过 AIGC 技术提升金融分析、投资建议和风险管理的智能化水平。金融服务领域功能与应用及优势体现如表 1-7 所列。

表 1-7 金融服务领域功能与应用及优势体现

类 别	应用内容	详细描述
功能与应用	生成金融分析报告	AIGC 工具能够根据市场数据自动生成详细的金融分析报告,帮助投资者做出决策
	智能投顾	利用 AIGC 技术提供个性化的投资建议,根据用户的风险偏好和投资目标制定投资策略
	风险评估	AIGC 技术能够分析大量数据,进行信用评估和风险预测,提升金融机构的风险管理能力
优势	提升分析效率	自动生成报告和分析,显著提升金融分析的效率
	个性化服务	根据用户的需求和偏好提供个性化的投资建议,提高用户满意度
	风险管理	通过深度数据分析,提升金融机构的风险评估和管理能力,降低金融风险

7. 制造业

制造业利用 AIGC 技术实现生产流程的优化、产品设计的创新和维护需求的预测,提升制造效率和产品质量。制造业功能与应用及优势体现如表 1-8 所列。

表 1-8 制造业功能与应用及优势体现

类 别	应用内容	详细描述
功能与应用	自动设计	AIGC 工具能够根据设计要求自动生成产品设计方案,缩短产品开发周期
	优化生产流程	通过分析生产数据,AIGC 技术可以优化生产线布局和工艺流程,提升生产效率
	预测维护需求	利用 AIGC 技术分析设备运行数据,预测维护需求,减少设备故障和停机时间
优势	提高设计效率	自动生成设计方案,缩短产品开发周期,加快产品上市速度
	优化生产流程	通过数据分析优化生产流程,提高生产效率和资源利用率
	减少停机时间	预测设备维护需求,减少设备故障和停机时间,提升生产连续性

8. 智能家居

智能家居领域通过 AIGC 技术实现设备的智能化管理、语音控制和个性化推荐,提升用户的生活体验。智能家居功能与应用及优势体现如表 1-9 所列。

表 1-9 智能家居功能与应用及优势体现

类 别	应用内容	详细描述
功能与应用	语音控制	AIGC 技术支持智能音箱的语音识别和响应,实现语音控制家居设备
	自动化管理	通过分析用户习惯,AIGC 技术可以自动调整家居设备的运行模式,提高家居管理的智能化水平
	个性化推荐	根据用户的偏好和行为,AIGC 技术能够提供个性化的设备设置和推荐服务
优势	提升用户体验	通过语音控制和自动化管理,提升家居设备的便捷性和智能化水平
	个性化服务	根据用户的需求和偏好提供个性化的设备设置和推荐,满足不同用户的个性化需求
	提升准确性	通过智能化管理优化设备运行,降低能源消耗,促进节能环保

9. 法律服务

法律服务领域利用 AIGC 技术提升法律文书的生成效率、合同审查的准确性和法律咨询的智能化水平。法律服务功能与应用及优势体现如表 1-10 所列。

表 1-10 法律服务功能与应用及优势体现

类 别	应用内容	详细描述
功能与应用	自动生成法律文书	AIGC 工具能够根据法律要求自动生成合同、诉讼文件和其他法律文书,减少律师的工作量
	合同审查	通过分析合同条款,AIGC 技术能够自动检测潜在的法律风险,提升合同审查的效率和准确性
	法律咨询	AIGC 驱动的智能法律咨询系统能够回答常见法律问题,提供初步的法律建议

续表 1-10

类别	应用内容	详细描述
优势	提高效率	自动生成法律文书和合同审查，减少律师的工作量，提高法律服务的效率
	降低成本	通过自动化工具降低法律服务的成本，使更多人能够获得法律支持
	提升准确性	AIGC 技术能够自动检测合同中的潜在法律风险，提高合同审查的准确性

10. 零售电商

零售电商领域通过 AIGC 技术实现个性化推荐、库存管理和营销策略的优化，提升用户体验和运营效率。零售电商功能与应用及优势体现如表 1-11 所列。

表 1-11 零售电商功能与应用及优势体现

类别	应用内容	详细描述
功能与应用	个性化推荐	AIGC 技术分析用户行为和偏好，提供精准的商品推荐，提升用户购物体验和转化率
	库存管理	通过预测销售趋势，AIGC 技术优化库存管理，减少库存积压和缺货现象
	营销策略优化	利用 AIGC 生成个性化的营销内容和广告，提高营销活动的效果和 ROI（投资回报率）
优势	提升用户体验	通过个性化推荐和营销，满足用户的个性化需求，提升用户满意度和忠诚度
	优化运营效率	通过智能化的库存管理和营销策略优化，提高运营效率，降低运营成本
	增加销售额	精准的商品推荐和营销活动能够提升销售额和客户转化率，推动业务增长

1.4 信息传达方式与内容生成模式演变的四个时代

信息传达方式经历了巨大的变革，每一次技术革新都深刻影响了社会的运营模式和商业模式。近年来，生成式人工智能的兴起正在推动信息传达进入一个全新的时代。本节将信息传达的演变划分为 1.0 到 4.0 四个时代[7]，结合 AIGC 的概念，详细探讨其特点。随着 AI 技术的迅猛发展，AIGC 开始崭露头角，人工智能逐渐成为内容创作的重要力量，极大提升了创作效率和个性化体验。这一过程中，技术进步、用户需求、商业模式的不断演变推动了内容生态的繁荣，也为未来的内容生产模式指明了方向。

信息传达方式的演变不仅反映了技术的进步，也展示了内容生成模式的变化。从最初的文字为主，到多媒体的融合，再到如今的合成媒体与高度交互的时代，内容生成模式从专业驱动（Professionally‐generated Content, PGC）、用户驱动（User‐generated Content, UGC），逐步走向人工智能驱动（AIGC）。这些变化不仅提升了信息传达的效率和多样性，也极大地影响了内容的创作和消费方式。

1.4.1 1.0 时代：文字为主的传统信息传达

1.0 时代是信息传达的初级阶段，主要依靠文字进行交流和记录。这个时代的核心在于书写和印刷技术的发展，推动了知识的广泛传播。

(1) 主要媒介

书籍、报纸、杂志、信件。

(2) 关键技术

印刷机、打字机、手写记录。

(3) 内容生成模式

PGC：内容主要由专业人士如作家、记者、学者等创作，确保内容的专业性和准确性。

UGC：极少，主要限于个人信件和手写笔记，内容生成几乎由个人自发完成。

1.4.2　2.0时代：文字与图像的融合

2.0时代标志着信息传达方式的多样化，文字与图像的结合成为主流。这一时期，数字技术的进步使得图像创作和传播变得更加便捷。

(1) 主要媒介

杂志、广告、网页、社交媒体。

(2) 关键技术

摄影、图像编辑软件（如 Photoshop）、数字出版。

(3) 内容生成模式

PGC：专业设计师、摄影师和内容创作者利用先进的图像编辑工具创作高质量的视觉内容。

UGC：随着社交媒体平台（如 Instagram、Pinterest、新浪微博、QQ 空间）的兴起，普通用户也开始生成和分享自己的图像内容，推动了用户生成内容的爆发式增长。

1.4.3　3.0时代：音视频的兴起

3.0时代是音频和视频成为主要信息传达手段的时期。随着互联网和移动设备的普及，音视频内容的消费量大幅增加，成为人们获取信息和娱乐的重要方式。

(1) 主要媒介

电视、电影、在线视频平台（如腾讯视频、B 站、抖音、快手）、播客。

(2) 关键技术

视频录制与编辑软件、流媒体技术、音频处理。

(3) 内容生成模式

PGC：电影制作公司、电视台和专业播客制作人生成高质量的音视频内容。

UGC：抖音、快手等平台的兴起，使得普通用户也能轻松生成和分享音视频内容，UGC 量级激增。

1.4.4　4.0时代：合成媒体与交互时代

1. 时代背景与特征

4.0时代是信息传达进入合成媒体与高度交互的阶段。虚拟现实（Virtual Reality，VR）、增强现实（Augmented Reality，AR），以及实时交互技术的发展，使得用户能够更加沉浸和互动地体验内容。

(1) 主要媒介

虚拟现实设备、增强现实应用、交互式媒体平台、智能助手。

(2) 关键技术

合成媒体技术、实时渲染、自然语言处理、交互式 AI、AIGC。

(3) 内容生成模式

PGC：专业团队利用 VR/AR 技术创作沉浸式内容，推动高质量合成媒体的发展。

UGC：用户通过 VR/AR 设备生成互动内容，增强了用户参与度和创造力。

AIGC：AIGC 技术成为内容生成的核心驱动力，能够自动生成高度逼真的虚拟人物和交互式内容。

2. AIGC 在 4.0 时代的应用

AIGC 在 4.0 时代成为合成媒体与交互技术的核心驱动力，推动信息传达方式的进一步革新。

① 合成媒体生成：AIGC 技术能够生成高度逼真的虚拟人物、环境和情节，应用于电影制作、游戏开发和虚拟社交平台。

② 实时内容生成与交互：AIGC 支持实时生成和调整内容，根据用户的交互行为即时响应，提升互动体验。

③ 个性化与智能化服务：通过分析用户数据，AIGC 提供高度个性化的内容和服务，如定制化的虚拟导师、个性化的学习计划和健康管理方案。

④ 智能虚拟助理：AIGC 驱动的虚拟助理能够理解并响应复杂的用户需求，提供智能化的服务和支持。

AIGC 技术不仅是信息传达方式演变的催化剂，更是未来信息生态系统的重要组成部分。通过不断的技术创新，AIGC 将进一步推动信息传达的多样化和智能化，创造更加丰富和互动的用户体验。

1.5　AIGC 的未来展望和挑战

1.5.1　AIGC 的未来展望

人工智能生成内容作为人工智能领域的重要分支，已经在多个行业中展现出巨大的应用潜力和商业价值。随着技术的不断进步，AIGC 将在未来进一步深化和扩展其应用范围。同时，AIGC 的发展也伴随着一系列的挑战和问题。

1. 技术突破与创新

未来 AIGC 将进一步发展多模态生成能力，不仅能够生成文本、图像、音频和视频，还能实现跨模态内容的无缝融合。例如，AIGC 可以根据一段文字描述生成相应的视频内容，或根据一幅图像生成详细的文字说明。AIGC 将提升对人类情感的理解和表达能力，使生成的内容更加贴近人类情感和需求。这将使得 AIGC 在心理健康、个性化推荐等领域有更广泛的应用。

随着计算能力的提升，AIGC 将能够实现更高效的实时内容生成与动态响应，支持更加流畅和自然的人机交互。例如，在虚拟现实（VR）和增强现实（AR）环境中，AIGC 能够根据用户的实时动作和反馈生成相应的内容,提升沉浸感和互动性。

2. 生态建设与合作

构建开放的 AIGC 生态系统,促进企业、研究机构和开发者之间的协同创新。通过共享数据、模型和技术,推动 AIGC 技术的快速发展和应用普及。制定 AIGC 技术的标准和规范,确保技术的安全、合规和高效应用。标准化有助于提升 AIGC 技术的互操作性和可持续发展,推动行业的健康发展。

3. 政策支持与伦理治理

政府应制定相关政策,支持 AIGC 技术的研发和产业化应用,同时规范 AIGC 技术的伦理、安全与隐私使用,确保技术在法律和社会规范框架内发展。加强对 AIGC 技术的教育和培训,提高公众和专业人士对 AIGC 的理解和应用能力,促进技术的广泛接受和合理利用。

1.5.2 问题与挑战

尽管 AIGC 技术具有广阔的应用前景,但其发展过程中也面临着诸多挑战和问题,需要引起高度重视。

1. 伦理与道德问题

AIGC 技术能够生成高度逼真的内容,如深度伪造(Deepfake)[8],可能被用于制造虚假信息、欺诈和诽谤,严重威胁信息的真实性和社会信任。在生成内容时可能涉及大量的个人数据和敏感信息,如何在内容生成过程中保护用户隐私,防止数据滥用,是亟须解决的问题。生成的内容涉及原创性和版权归属问题,需要明确 AIGC 生成内容的知识产权归属,避免侵权纠纷。

2. 技术挑战

AIGC 模型在训练过程中可能会继承和放大训练数据中的偏见,导致生成内容存在性别、种族等方面的歧视和不公平现象。AIGC 模型通常需要大量的计算资源进行训练和推理,导致高昂的成本和能源消耗,限制了其在资源有限环境中的应用。如何有效控制 AIGC 生成内容的质量和安全性,防止生成有害、不当或违法的内容,是技术发展的重要挑战。

3. 社会与经济影响

AIGC 技术在内容创作、客服等领域的应用可能替代部分传统工作岗位,导致就业结构的变化和就业压力的增加。AIGC 技术的发展可能加剧数字鸿沟,资源丰富的企业和个人能够更好地利用 AIGC 技术,而资源匮乏的群体可能被边缘化,导致社会不平等的加剧。

过度依赖 AIGC 技术可能削弱人类的创造力和创新能力,导致内容创作和决策过程中的自主性和多样性下降。

4. 法律与监管问题

AIGC 技术的发展速度远超法律法规的制定速度,现有法律体系难以全面应对 AIGC 带来的新型问题,需要及时更新和完善相关法律法规。AIGC 技术的应用具有全球性和跨国性,如何在不同国家和地区之间协调监管,形成统一的治理框架,是一个复杂的挑战。

1.6 AI时代的核心能力

1. 技术素养与编程能力

随着AI的广泛应用,基本的技术素养将成为必备技能。这不仅指会使用计算机和智能设备,还包括对AI相关技术的基本理解,如机器学习、数据分析和算法原理等。在AI时代,编程能力将成为一项重要的技能。掌握编程语言(如Python、R等)不仅能让我们更好地理解和应用AI技术,还能帮助我们开发和定制AI工具,提升工作效率和创新能力。

2. 数据分析与处理能力

AI依赖于数据,数据分析能力将变得至关重要。人们需要培养数据意识,能够从海量数据中提取有价值的信息,识别模式并做出决策。除了数据分析的能力,数据处理能力也是不可或缺的,包括数据清洗、数据转换,以及使用数据工具进行分析和可视化的能力。

3. 创新与创造性思维

AI的自动化和标准化使得重复性工作被机器取代,这要求我们在人类擅长的领域(如创造性思维和创新)中发挥优势。创新能力不仅包括提出新想法的能力,还包括将这些想法转化为实际应用的能力。创新往往来自不同领域的交叉点,AI时代要求我们具备跨学科的思维方式,能够将不同领域的知识融合,创造出新的解决方案和产品。

4. 批判性思维与问题解决能力

面对AI生成的大量信息,批判性思维变得尤为重要。我们需要能够评估信息的真实性、准确性和相关性,避免被错误或有偏见的信息误导。AI虽然强大,但并非万能。面对复杂的问题,我们仍然需要具备分析问题、寻找解决方案的能力,这包括从多个角度思考问题、识别潜在的挑战,并利用现有资源和工具找到最佳解决办法。

5. 道德与伦理意识

AI的发展伴随着伦理问题的产生,如隐私、数据安全、算法偏见等。我们需要具备道德意识,能够识别并应对这些问题,确保AI技术的应用符合社会的伦理标准。除了理解道德问题,我们还需要能够在实践中做出伦理决策,这包括在AI应用中考虑公平性、透明性和可解释性,确保技术的发展造福于全人类。

6. 适应能力与持续学习

AI时代变化迅速,新技术、新工具层出不穷。我们需要具备高度的适应能力,能够快速学习和应用新知识,适应不断变化的环境。传统的教育方式可能无法满足未来的需求,我们需要培养持续学习的能力,保持终身学习的态度,不断更新自己的知识和技能,以应对未来的挑战。

7. 沟通与协作能力

随着AI在各个领域的应用,跨领域和跨文化的沟通变得越来越重要。我们需要具备清晰表达想法、与他人有效沟通的能力,尤其是在技术与非技术领域之间架起沟通的桥梁。AI时代的工作往往是团队合作的结果。我们需要具备与AI系统协作的能力,理解AI的工作方式,并能够与同事协同工作,实现最佳的工作成果。

8. 领导力与决策能力

AI可能会改变传统的管理和领导方式。未来的领导者需要具备引领变革的能力,能够在AI的辅助下做出更明智的决策,并带领团队应对新的挑战。AI可以提供大量数据和分析支持,但最终的决策仍然需要人类来做出。我们需要具备决策能力,能够在复杂多变的环境中做出符合组织和社会利益的决策。

本章小结

本章深入探讨了人工智能(AI)与人工智能生成内容(AIGC)的基本概念、发展历程、产业生态、应用场景以及未来展望。AIGC 作为 AI 的一个重要分支,通过深度学习和大型预训练模型,能够自动生成文章、图像、音频等内容。本章从 AI 与 AIGC 的定义入手,揭示了它们产生的背景和 AIGC 的独特特征,并阐述了 AI 与 AIGC 之间的紧密关系。

在发展历程方面,本章追溯了人类对智能生命的追求和思维机械化的历史演进,概述了 AI 和 AIGC 的演变过程。接着,探讨了 AIGC 在当前产业生态中的地位,包括 AI 产业生态系统和 AIGC 的产业链布局,展示了 AIGC 技术在不同领域的应用潜力。

信息传达的演变被划分为四个时代:从 1.0 时代的传统文字传达,到 2.0 时代的图文融合,再到 3.0 时代的音视频兴起,直至 4.0 时代的合成媒体与交互时代。这一演变过程不仅反映了技术的进步,也预示着 AIGC 在未来信息传达中的关键作用。

本章对 AIGC 的未来进行了展望,并指出了发展过程中可能遇到的问题与挑战,如伦理、法律、版权等。最后强调了在 AI 时代,个人需要具备的核心能力,包括技术素养、数据分析、创新思维、批判性思维、道德伦理意识、适应能力、沟通协作以及领导力和决策能力。在 AIGC 技术不断进步的今天,这些能力对于把握机遇、应对挑战至关重要。通过本章学习可以对 AIGC 技术有一个全面的认识,并为未来的学习和实践打下坚实的基础。

练习与思考

练习题

① 简述 AIGC 与传统 AI 的主要区别是什么?
② 请列举至少两种 AIGC 技术在实际生活中的应用场景,并简要说明其带来的优势。
③ AIGC 技术在推动新媒体行业发展的同时,也面临哪些伦理和法律挑战?
④ 你认为未来 AIGC 技术与人类创意的关系应如何平衡?
⑤ 在 AIGC 技术快速发展的背景下,教育系统应该如何调整以培养未来所需的人才?
⑥ 设想一个 AIGC 技术在新媒体领域的新应用场景,并描述其潜在的商业模式。

思考题

① 随着 AIGC 技术的进一步发展,你认为哪些行业将最先受到影响?为什么?
② 在 AIGC 生成的内容中,如何确保内容的真实性和可信度?你认为应该采取哪些措施来防止虚假信息的传播?
③ 在 AIGC 时代,人类与 AI 的角色如何分配?你认为在未来的内容创作中,人类的创意和 AI 的效率之间应如何平衡?
④ AIGC 可能会替代某些岗位,但也可能创造新的就业机会。你认为在技术快速发展的背景下,如何保障劳动者的就业权利和职业发展?
⑤ 在 AIGC 技术的帮助下,新媒体平台如何提升用户体验和互动性?

第 2 章 AI 基础理论与 AIGC 核心技术

教学目标

① 掌握 AI 基础理论,包括机器学习、深度学习、自然语言处理(NLP)和计算机视觉的基本概念及其关键算法。

② 理解并掌握 AIGC 核心技术在文本、图像、音频、视频、3D 模型和多模态内容生成领域的应用。

③ 分析 AIGC 技术在不同行业的应用案例,探讨其对行业发展的影响和创新潜力。

④ 识别 AIGC 技术在实施过程中可能遇到的技术、伦理和社会挑战,并讨论相应的解决方案。

⑤ 通过实践项目和案例研究,加深对 AIGC 技术应用的理解,提升解决实际问题的能力。

第 1 章为我们深入探讨人工智能(AI)与人工智能生成内容(AIGC)的广阔应用领域提供了一个坚实的基础,内容涵盖了 AI 和 AIGC 的定义、背景、特征及其与 AI 的紧密关系。我们追溯了 AI 和 AIGC 的发展历程,从先民的追求和探索,到智能生命与思维机械化的历史演进,再到 AI 和 AIGC 的产业生态系统和产业链布局。此外,我们还了解了信息传达的演变,从 1.0 时代的传统文字传达,到 2.0 时代的图文融合,3.0 时代的音视频兴起,直至 4.0 时代的合成媒体与交互。同时,我们也探讨了 AIGC 的未来展望和挑战,以及 AI 时代所需的核心能力。

在这一基础上,第 2 章我们将深入探讨 AI 基础理论和 AIGC 核心技术,学习机器学习、深度学习、自然语言处理(NLP)和计算机视觉等基础理论,并探索 AIGC 在不同内容生成领域的主要技术应用,包括文本、图像、音频、视频、3D 模型以及多模态生成技术。这些技术不仅构成了 AIGC 的基石,也是推动其未来发展的关键动力。

通过这一章的学习,我们不仅能够理解 AIGC 的核心技术,还将掌握如何将这些技术应用于实际问题解决中,为未来的技术挑战和创新奠定坚实的基础。让我们开始这一探索之旅,深入了解 AI 和 AIGC 的核心技术,以及它们如何塑造我们的世界。

2.1 AI 基础理论

人工智能(AI)的发展依赖于多种基础理论的支撑,这些理论涵盖了从数据处理到智能行为模拟的广泛领域。每项基础理论的构建不仅依靠计算机科学自身的发展,还融合了其他多个学科的知识和方法。其中计算机科学提供了核心算法和编程技术;数学和统计学为数据分析与模型优化奠定了坚实基础;认知科学和神经科学通过研究人类认知和大脑机制,启发了智能系统的设计与学习方法;语言学支持自然语言处理的发展,使机器能够理解和生成语言内容;哲学则在逻辑推理和伦理规范方面提供了理论指导。此外,工程学和电气工程在硬件设计与机器人技术上发挥了关键作用;经济学通过博弈论和决策理论优化多智能体系统;而生物学则通过模拟自然进化过程促进算法的创新。这些学科的协同合作,共同推动了人工智能技术的持续进步与广泛应用。

在人工智能的研究与应用领域中，AI 通常被划分为强人工智能(Strong AI)和弱人工智能(Weak AI)两大类[9]。强人工智能也称为通用人工智能(GAI)。强人工智能与弱人工智能的分类主要基于 AI 系统的功能和智能水平的不同。通过比较 AI 在理解、学习、推理和自主决策等方面的能力，可以区分出两种不同类型的智能系统。强人工智能旨在全面复制或超越人类的认知能力，而弱人工智能则专注于特定任务的智能表现。

人工智能的基础理论涵盖多个关键领域，这些领域相互交织，共同构建了现代 AI 系统的核心。人工智能基础理论涵盖的主要领域包括机器学习(Machine Learning，ML)、深度学习(Deep Learning，DL)与神经网络(Neural Networks)、自然语言处理(Natural Language Processing，NLP)以及计算机视觉(Computer Vision，CV)，它们之间的相互关系如图 2.1 所示。

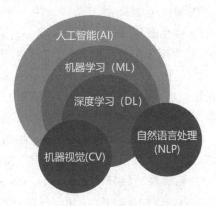

图 2.1 人工智能各领域关系图

2.1.1 机器学习基础

机器学习(Machine Learning)是人工智能的一个核心分支，旨在通过数据驱动的方法，使计算机系统能够自动从经验中学习和改进，而无需明确的编程指令。机器学习算法通过识别数据中的模式和规律，建立输入与输出之间的映射关系，以实现预测、分类、聚类等任务。

根据学习过程和数据类型的不同，机器学习主要分为以下几种类型。

(1) 监督学习

监督学习(Supervised Learning)是一种基于标注数据进行训练的机器学习方法。训练数据集中的每个样本都包含输入特征(Feature)和对应的输出标签(Label)。模型通过学习输入与输出之间的映射关系，能够对新数据进行预测。

1) 示范应用

① 分类(Classification)：预测离散的类别标签，如垃圾邮件识别(邮件是垃圾邮件还是正常邮件)、图像分类(识别图像中的物体类别)。

② 回归(Regression)：预测连续的数值输出，如房价预测、股票价格预测、气温预测。

2) 分类主要算法

① 逻辑回归(Logistic Regression)：尽管名字中含有"回归"，但逻辑回归实际上是一种用于二分类问题的线性模型，通过 sigmoid 函数将线性组合的输入映射到概率值，应用于垃圾邮件检测、疾病预测(如是否患有某种疾病)。

② 决策树(Decision Tree)：通过一系列的决策规则将数据分割成不同的类别，易于理解和解释，应用于客户分类、信用风险评估。

③ 朴素贝叶斯(Naive Bayes)：基于贝叶斯定理，假设特征之间相互独立，适用于高维数据，应用于文本分类(如垃圾邮件过滤)、情感分析。

④ 随机森林(Random Forest)：集成多棵决策树，通过投票机制提高分类的准确性和鲁棒

性,应用于图像分类、市场营销中的客户细分。

⑤ 支持向量机(Support Vector Machines,SVM):通过寻找最优分隔超平面,将不同类别的数据点分开,适用于高维数据,应用于文本分类、人脸识别。

⑥ k近邻算法(k-Nearest Neighbors,k-NN):基于距离度量,将输入样本分配给其k个最近邻居中出现频率最高的类别,应用于推荐系统、手写数字识别。

⑦ 神经网络(Neural Networks):通过多层非线性变换进行特征提取和分类,适用于复杂的模式识别任务,应用于图像识别、语音识别、自然语言处理。

3) 回归主要算法

① 线性回归(Linear Regression):通过拟合输入特征的线性组合来预测输出值,简单且易于解释,应用于房价预测、销售额预测。

② 岭回归和套索回归(Ridge Regression & Lasso Regression):在线性回归的基础上加入正则化项,防止过拟合,岭回归使用L2正则化,套索回归使用L1正则化,应用于特征选择、复杂模型的稳定性提升。

③ 决策树回归(Decision Tree Regression):通过一系列决策规则将数据分割成不同的区域,并在每个区域内进行预测,应用于预测股票价格、能源消耗。

④ 随机森林回归(Random Forest Regression):集成多棵回归树,通过平均或加权平均的方式提高预测的准确性,应用于气象预测、经济指标预测。

⑤ 支持向量回归(Support Vector Regression,SVR):是一种基于支撑向量机(Support Vector Machine,SVM)的回归方法。它利用SVM的原理解决回归问题,通过构建一个模型来预测输出,应用于时间序列预测、工程问题中的变量预测。

⑥ k近邻回归(k-Nearest Neighbors Regression,k-NN Regression):通过取最近k个邻居的输出值的平均或加权平均来进行预测,应用于房地产估价、交通流量预测。

⑦ 神经网络回归(Neural Network Regression):利用多层神经网络进行非线性回归,能够捕捉复杂的模式和关系,应用于复杂系统的建模、经济指标预测。

(2) 无监督学习

无监督学习(Unsupervised Learning)是一种基于未标注数据进行训练的机器学习方法。训练数据集中仅包含输入特征,没有对应的输出标签。模型通过发现数据中的潜在结构和模式,进行数据的聚类、降维等任务。

1) 示范应用

将数据集划分为若干组或簇,使得同一簇内的数据点相似度高,不同簇之间相似度低,如客户细分、图像分割、社交网络分析。减少数据的维度,简化数据表示,同时尽量保留原始数据的主要信息,如数据可视化、噪声过滤、特征提取。

2) 主要算法

① k-means:将数据分为k个簇,通过迭代优化簇中心位置,最小化簇内方差。

② 层次聚类(Hierarchical Clustering):构建层次结构的聚类树,不需要预先指定簇数。

③ 主成分分析(Principal Component Analysis,PCA):线性降维方法,通过保留主要成分来减少数据维度。

④ 自编码器(Autoencoder):基于神经网络的降维方法,通过编码器和解码器学习数据的低维表示。

(3) 半监督学习

半监督学习(Semi-Supervised Learning)结合了监督学习和无监督学习的特点,利用少量标注数据和大量未标注数据进行训练。它在标注数据获取成本高的情况下,能够有效提升模型性能。

1) 示范应用

如利用少量标注文本和大量未标注文本进行分类任务。结合少量标注图像和大量未标注图像进行物体识别。

2) 主要算法

① 半监督支持向量机(Semi-Supervised SVM):在支持向量机的基础上,结合未标注数据优化边界。

② 自训练(Self-Training):模型使用自身预测的高置信度样本进行训练。

③ 共训练(Co-Training):利用多个视图或特征集进行训练,互相提供高置信度样本。

(4) 强化学习

强化学习(Reinforcement Learning)是一种基于奖励机制的机器学习方法,智能体(Agent)通过与环境的交互,采取动作以最大化累积奖励。强化学习强调试错学习和策略优化。

1) 示范应用

自主导航和操作任务。资源管理中的网络带宽分配、库存管理等。

2) 主要算法

① Q-learning:基于值迭代的方法,学习状态-动作价值函数(Q 值)。

② 策略梯度方法:直接优化策略函数,通过计算策略参数的梯度来提升策略性能。

③ 深度强化学习:结合深度学习,通过深度神经网络逼近价值函数或策略函数,处理高维状态和动作空间。

(5) 自监督学习

自监督学习(Self-Supervised Learning)是一种特殊的无监督学习方法,通过构建辅助任务从未标注数据中生成伪标签,自行进行监督训练。它在自然语言处理和计算机视觉中广泛应用,能够有效利用大量未标注数据。

1) 示范应用

通过预测被遮蔽的词语进行训练。图像恢复任务中的图像填充、图像去噪。

2) 主要算法

① 对比学习:通过比较样本间的相似性和差异性进行特征学习。

② 生成式对抗网络:通过生成器和判别器的对抗训练,生成逼真的数据样本。

(6) 迁移学习

1) 定义与特点

迁移学习(Transfer Learning)通过利用在一个任务上学到的知识,提升在另一个相关任务上的学习效果。它特别适用于目标任务数据不足的情况,能够显著减少训练时间和提高模型性能。

2) 示范应用

利用在大规模数据集(如 ImageNet)上预训练的模型,进行特定领域的图像分类,如使用预训练的语言模型进行情感分析、问答系统等。

3) 主要算法

① 微调(Fine-Tuning)：在预训练模型的基础上，针对目标任务对模型的部分或全部参数进行重新训练，以适应新任务的需求。通过微调，模型可以在保留预训练模型所学到的通用知识的同时，快速学习目标任务的特定特征，从而提高在目标任务上的性能。

② 特征提取(Feature Extraction)：使用预训练模型提取特征，能够利用其在大规模数据上学习到的通用特征表示，然后在目标任务上仅需训练一个简单的分类器，就可以快速实现对目标数据的分类。这种方式可以减少计算量，提高训练效率，尤其适用于目标任务数据量较小的情况。

机器学习通过多种方法和算法，能够在不同类型的数据和任务中实现智能化的决策和预测。监督学习适用于有明确标签的数据，能够进行精确的分类和回归；无监督学习擅长发现数据的潜在结构和模式；半监督学习结合了两者的优势，充分利用有限的标注数据；强化学习通过奖励机制优化策略，适用于动态和决策类任务；自监督学习和迁移学习则进一步拓展了机器学习在数据利用和知识迁移方面的能力。理解和掌握这些不同类型的机器学习，有助于在实际应用中选择合适的方法，提升人工智能系统的性能和效果。

2.1.2 深度学习

深度学习(Deep Learning)是机器学习的一个子领域，旨在通过构建和训练多层次的神经网络模型，从大量数据中自动提取和学习复杂的特征表示。深度学习利用多层(即"深度")的网络结构，使模型能够捕捉数据中的层级化模式和抽象特征，从而在诸如图像识别、自然语言处理、语音识别等任务中取得显著的性能提升[10]。

1. 神经网络

神经网络(Neural Networks)是深度学习的基础和核心。深度学习可以看作是建立在神经网络之上的一种更为复杂和高级的机器学习方法[11]。它们之间的具体关系如下：

(1) 基础关系

神经网络是受人脑结构启发而设计的计算模型，包含多个相互连接的神经元(节点)，用于模拟人脑的处理方式。深度学习则是指使用具有多层隐藏层(通常超过两层)的神经网络来进行特征提取和模式识别的技术。

(2) 层数与复杂度

浅层神经网络通常只有1~2层隐藏层，适用于简单的任务。深层神经网络拥有多层隐藏层，能够学习和表示更加复杂和抽象的数据特征，这是深度学习能够处理复杂任务的关键所在。

(3) 特征学习

传统神经网络往往依赖手工设计的特征，特征提取过程需要大量的相关知识。深度学习通过多层网络结构，能够自动从原始数据中学习多级别的特征表示，减少对人工特征工程的依赖。

2. 神经网络模型

深度学习是以多层神经网络为基础，通过大规模数据和先进算法，自动学习和提取数据中的复杂特征和模式的一种强大技术。神经网络作为深度学习的核心构建模块，决定了深度学习模型的结构和功能。两者相辅相成，共同推动了人工智能在各个领域的快速发展和广泛应用。神经网络模型主要包括以下模型[12]：

（1）前馈神经网络

前馈神经网络（Feedforward Neural Networks，FNN）是最基本的神经网络结构，信息在网络中单向流动，从输入层经过隐藏层到输出层，不存在循环连接，如图2.2所示。

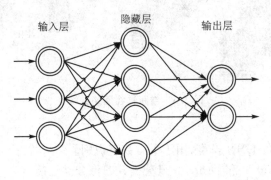

图 2.2　前馈神经网络

神经网络的基本组成单元是神经元。一个神经元接收多个输入，通过加权求和后经过激活函数输出结果。基于神经元构建的多层感知器（Multilayer Perceptron，MLP）是一种典型的人工神经网络，能处理复杂的非线性问题，在图像识别、语音识别等领域应用广泛。多层感知器的结构组成与工作原理如下：

1）结构与组成

多层感知器由多个层级的神经元组成，通常包括输入层、隐藏层和输出层。隐藏层的增加使得模型能够学习更复杂的特征表示。每一层的神经元与前一层的所有神经元全连接，通过权重矩阵传递信息。

2）工作原理

① 前向传播：输入数据通过各层神经元的加权求和和激活函数的处理，逐层传递至输出层。

② 反向传播：计算输出误差，通过梯度下降法调整权重，最小化损失函数。

应用于图像分类中基础的手写数字识别任务（如 MNIST 数据集）；回归分析中预测房价、股票价格等连续变量；分类任务中垃圾邮件检测、疾病诊断等。

其他前馈模型除了 MLP，前馈神经网络还包括一些变种（如径向基函数网络（RBFN）等）用于特定任务（如函数逼近、模式识别等）。

（2）卷积神经网络

卷积神经网络（Convolutional Neural Networks，CNN）专门用于处理具有网格结构的数据，如图像。其核心在于卷积操作，能够有效提取空间局部特征。卷积神经网络结构如图2.3所示。

1）基本结构

① 卷积层：使用多个滤波器（卷积核）对输入数据进行卷积操作，提取特征图。

② 激活函数：常用 ReLU，增加网络的非线性。

③ 池化层：如最大池化、平均池化，进行降维，减少计算量，防止过拟合。

④ 全连接层：将高维特征图展平，进行分类或回归。

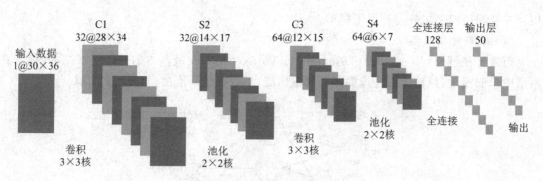

图 2.3 卷积神经网络结构

2）经典架构

① LeNet-5：早期的 CNN 模型，用于手写数字识别。
② AlexNet：引入 ReLU 和 Dropout 显著提升图像分类性能。
③ VGGNet：通过增加网络深度、使用小卷积核（3×3）提高模型表现。
④ ResNet：引入残差连接（Skip Connections）解决深层网络的退化问题。
⑤ Inception：采用多尺度卷积优化计算资源利用率。

应用于图像分类（如 ImageNet 挑战赛中的物体识别）、目标检测（如 YOLO、Faster R-CNN）、实时物体检测、图像分割（如 U-Net 用于医学影像分析）。

(3) 循环神经网络

循环神经网络(Recurrent Neural Networks，RNN)是一种深度学习模型，经过训练后可以处理顺序数据输入，并将其转换为特定的顺序数据输出。顺序数据是指单词、句子或时间序列数据之类的数据，其中的顺序分量根据复杂的语义和语法规则相互关联。RNN 是一种由许多相互连接的组件组成的软件系统，这些组件模仿人类转换顺序数据的方式，如图 2.4 所示。

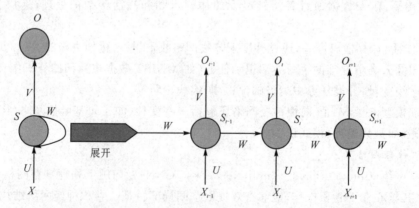

注：X_t 是时间 t 处的输入；S_t 是时间 t 处的"记忆"，$S_t=(UX_t+WS_{t-1})$，f 可以是 tanh 等；O_t 是时间 t 处的输出，比如预测下个词的话，可能是 softmax 输出的属于每个候选词的概率，$O=\text{softmax}(VS_t)$。

图 2.4 循环神经网络

1）基本结构

RNN 在隐藏层中引入循环连接，使得当前时刻的隐藏状态依赖于前一时刻的状态，适合处理时间序列、文本等数据。

2）长短期记忆网络(LSTM)与门控循环单元(GRU)

LSTM通过引入门控机制(输入门、遗忘门、输出门)有效解决了传统RNN的梯度消失和爆炸问题，能够捕捉长期依赖关系，LSTM结构如图2.5所示。

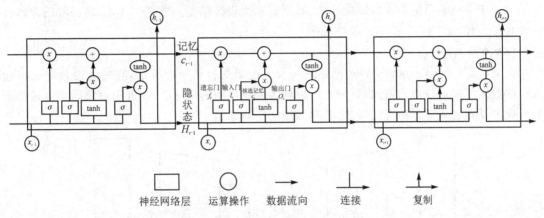

图2.5 长短期记忆网络(LSTM)结构

GRU是LSTM的简化版本，将输入门和遗忘门结合为更新门，减少了计算复杂度，同时保持了类似的性能。

应用于自然语言处理(如机器翻译、文本生成、情感分析)、时间序列预测(如股票价格预测、气象预报)、语音识别(如将语音信号转化为文本)。

(4) 生成式对抗网络

生成式对抗网络(Generative Adversarial Networks，GAN)是通过训练两个神经网络相互竞争，从而从给定的训练数据集生成更真实的新数据。GAN之所以被称为对抗网络，是因为该架构训练两个不同的网络并使其相互对抗，对抗过程如图2.6所示。

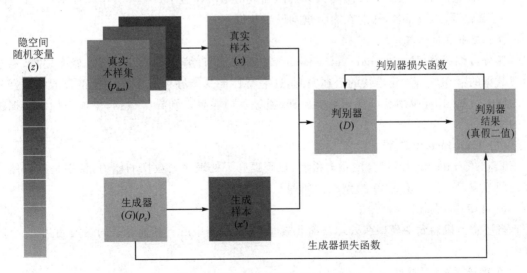

图2.6 生成式对抗网络的对抗过程

GAN基本结构如下：

① 生成器(Generator)：接受随机噪声，生成伪造的数据样本。
② 判别器(Discriminator)：区分真实数据与生成器生成的伪造数据。

生成器和判别器通过博弈过程共同优化，生成器试图欺骗判别器，生成尽可能真实的数据。判别器不断提升识别真假的能力。

应用于生成高质量的虚拟图像（如人脸生成）；为训练模型生成更多样本；将一种图像风格转换为另一种（如将照片转换为画作风格）。

（5）自编码器

自编码器(Autoencoders)神经网络是一种无监督的机器学习算法，它的主要目的是将输入层的数据压缩成较短的格式，我们也可以称为潜在空间的特征表示，并通过解码将上述特征解码成与原始输入最为相近的形式，流程如图2.7所示。

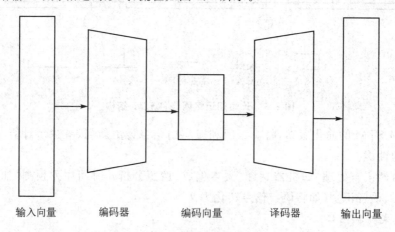

图2.7 自编码器流程

自编码器基本结构如下：
① 编码器(Encoder)：将高维输入数据压缩成低维潜在表示。
② 解码器(Decoder)：从潜在表示重构原始数据。

（6）变分自编码器

变分自编码器(Variational Autoencoders，VAE)在自编码器基础上引入概率建模，通过学习数据的潜在分布构建连续的潜在空间，这一特性使其能够生成多样化且符合训练数据分布的样本。VAE可应用于可视化高维数据，通过重构误差识别异常数据，生成与训练数据相似的图像。

（7）**Transformer 模型**

Transformer模型通过自注意力机制，显著提升了处理序列数据的能力，特别是在自然语言处理领域[13]，Transformer模型架构如图2.8所示。

1）自注意力机制

自注意力机制允许模型在处理当前元素时，关注序列中所有其他元素的相关性，捕捉全局依赖关系。

2）编码器-解码器结构

Transformer由多个编码器和解码器堆叠而成：
① 编码器：由自注意力层和前馈神经网络组成，处理输入序列。

第 2 章 AI 基础理论与 AIGC 核心技术

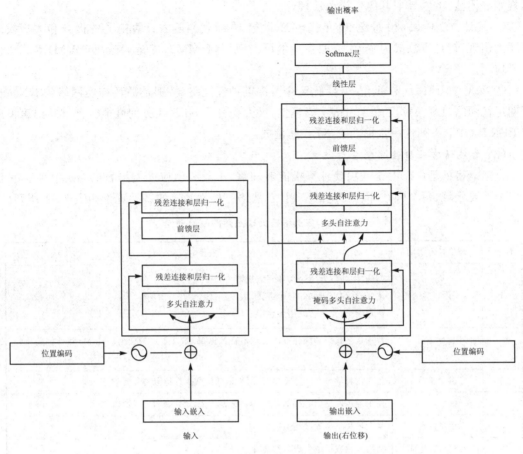

图 2.8 Transformer 模型架构

② 解码器:结合编码器输出,通过自注意力和交叉注意力层生成输出序列。

3) 应用案例

① 机器翻译:如 Google 翻译使用的模型。

② 文本生成:如 GPT 系列模型。

③ 语义理解:如 BERT 模型,用于问答系统、文本分类等任务。

深度学习的快速发展催生了各种创新的神经网络结构,不断推动着人工智能在各个领域取得突破性进展。掌握这些模型的核心概念和应用技巧,是深入研究和应用深度学习的基础。

2.1.3 自然语言处理

自然语言处理(Natural Language Processing,NLP)是人工智能和计算语言学的一个交叉学科,旨在使计算机能够理解、解释、生成和回应人类的自然语言。NLP 涵盖了从语音识别、文本分析到机器翻译等多种技术,广泛应用于搜索引擎、智能助理、社交媒体分析等领域[14]。

(1) 自然语言处理的发展历程

自然语言处理的发展可以追溯到 20 世纪 50 年代,经历了多个重要阶段:

① 规则基础阶段(20 世纪 50 年代~20 世纪 80 年代):早期的 NLP 系统依赖于手工编写

的规则和语法,如乔姆斯基的生成语法理论。

②统计方法阶段(20世纪90年代~21世纪10年代):随着计算能力的提升和大规模语料库的出现,统计方法成为主流,诸如隐马尔可夫模型(HMM)、支持向量机(SVM)等算法被广泛应用。

③深度学习阶段(21世纪10年代至今):深度神经网络,特别是循环神经网络(RNN)、长短期记忆网络(LSTM)、Transformer等模型,极大提升了NLP任务的性能。预训练语言模型如BERT、GPT系列进一步推动了NLP的发展。

(2) 自然语言处理主要包含的技术

自然语言处理(NLP)是一项使计算机能够理解、生成和回应人类语言的核心技术。它包括多个重要领域,每个领域都有特定的应用,自然语言处理涵盖的基础理论如表2-1所列。

表2-1 自然语言处理涵盖的基础理论

序号	理论技术类别	主要内容
1	语言学	句法学:研究句子结构和句法规则 语义学:研究词义和句子意义 语用学:研究语言的语境使用
2	统计学	使用概率模型和统计方法处理语言数据,如隐马尔可夫模型(HMM)和条件随机场(CRF)
3	机器学习	包括监督学习和无监督学习,用于训练模型执行特定语言任务
4	深度学习	使用神经网络(如RNN、LSTM、Transformer)处理和生成语言
5	信息检索	从大量文本中提取相关信息
6	自然语言生成	从结构化数据中生成自然语言文本
7	文本挖掘	处理和分析大量文本数据,发现潜在模式和知识
8	人机交互	研究自然语言与计算机之间的交互
9	知识表示与推理	以计算机可理解的形式表示知识,并进行推理

这些NLP技术正随着大规模预训练模型的出现而变得越来越强大,使得计算机对人类语言的理解、生成更加自然和精确,广泛应用于智能助手、自动翻译、信息提取、内容生成等各个领域。NLP技术让文本生成变得更加智能化和自动化,能够处理各种文本生成任务,并提升人机交互的自然性与效率。

2.1.4 计算机视觉

计算机视觉是人工智能的一个重要分支,旨在使计算机能够"看"并理解图像和视频数据。通过模拟人类的视觉系统,计算机视觉能够分析和处理视觉信息,从而实现图像识别、目标检测、场景理解和图像生成等功能。它结合了图像处理、机器学习和深度学习等多种技术,广泛应用于自动驾驶、医疗影像分析、安防监控、增强现实等领域。随着深度学习技术的发展,计算机视觉的性能不断提升,正逐步改变我们与世界互动的方式。

1. 基础概念

计算机视觉旨在使计算机能够模拟人类的视觉感知系统,理解、分析和处理图像和视频数据。其核心目标是使计算机能够"看"并"理解"周围环境,以支持各种智能应用。

计算机视觉的主要目标包括:① 分析和提取图像中的信息,使计算机能够识别和解释场景中的内容。通过图像处理和特征提取,计算机可以理解图像的基本结构和特征。准确识别图像中的特定对象,如人、车辆和动物。目标检测技术(如 YOLO 和 Faster R-CNN)使得计算机能够在复杂场景中快速而准确地定位和识别目标。② 理解图像的整体结构和上下文,通过图像分割和语义分割等方法,将图像划分为不同的区域,从而识别出每个区域的含义。③ 识别和分析动态场景中的动作变化,广泛应用于监控、体育分析和人机交互等领域。深度学习技术在这一领域的应用,显著提高了动作识别的准确性和实时性。

2. 计算机视觉理论与技术

计算机视觉涉及多个学科的理论和技术,包括计算机科学、数学、工程和心理学等,致力于让机器能够以人类的方式"看到"世界。计算机视觉的关键技术涵盖以下 5 个方面。

(1) 图像处理技术

图像处理技术是计算机视觉的基础操作,涵盖多个方面:① 对图像进行噪声去除和对比度增强,提高后续分析的质量,常用的技术包括高斯滤波和直方图均衡化。② 通过检测图像中亮度变化较大的区域,突出物体的边界,常用的算法包括 Canny 边缘检测和 Sobel 算子。③ 应用仿射变换和透视变换等方法,调整图像的几何结构,确保不同视角的图像能够进行有效比较。

(2) 特征提取与描述

特征提取与描述是计算机视觉中至关重要的步骤,帮助计算机理解图像内容,比如特征提取算法中 SIFT(尺度不变特征变换)、SURF(加速稳健特征)和 ORB(旋转不变的二进制特征),用于从图像中提取关键点和特征向量。将提取的特征进行描述,使其能够在不同图像之间进行匹配。例如,SIFT 特征描述符通过描述局部区域的梯度方向来表征特征点,确保图像特征提取具有旋转和尺度不变性。

(3) 目标检测与识别

目标检测与识别是计算机视觉的核心任务,目标检测算法中 YOLO(You Only Look Once)、Faster R-CNN 和 SSD(Single Shot MultiBox Detector)能够在一张图像中识别多个对象,并给出其边界框和类别标签。目标识别技术可以通过使用卷积神经网络(CNN)对检测到的目标进行分类,判断其具体类型,如人、车、动物等。目标识别通常需要大量标注数据进行训练,以提高模型的准确性。

(4) 图像分割技术

图像分割是将图像划分为多个不同区域的过程,这一操作是便于后续进行图像分析的关键步骤。常见的图像分割算法包括阈值法、区域生长、分水岭算法等。其中,阈值法是基于图像中物体与背景在灰度等特征上的差异,通过设定合适的阈值来区分物体和背景;区域生长是从某个种子点开始,将与种子点具有相似特征的相邻像素点合并到同一区域;分水岭算法则是模拟地形的分水岭概念,将图像看作是一个拓扑地貌,通过寻找图像中的"山谷"和"山脊"来划分不同区域。这些算法常用于识别物体的前景和背景。

除了上述传统的图像分割算法,随着深度学习的发展,图像分割在语义分割与实例分割方面也取得了显著进展。通过深度学习方法(如 U-Net 和 Mask R-CNN),能够实现像素级的分割,从而准确识别出图像中每个物体的确切形状和位置。

(5) 动作与行为识别

动作与行为识别旨在理解视频中的动态变化,关键技术包括:动作识别技术,通过分析视频帧序列,使用深度学习模型(如 LSTM 和 3D CNN)识别和分类人类动作,如走路、跳跃等;姿态估计可以通过关键点检测技术识别人体的各个关节位置,应用于运动分析、虚拟现实和增强现实等领域中。

2.2 AIGC 在不同内容生成领域的主要技术应用

AIGC 与传统 AI 技术在目标和应用领域上存在显著差异。AIGC 专注于利用人工智能算法自动生成各种形式的内容,包括文本、图像、音频和视频等,旨在提升内容创作的效率和多样性,广泛应用于内容创作、广告设计、虚拟现实以及娱乐产业等领域。

AIGC 的核心技术之一是 Transformer 模型,这种基于自注意力机制的架构极大地提升了自然语言处理和生成的能力,使得生成的内容更为连贯和富有创意。例如,预训练语言模型 GPT 系列正是基于 Transformer 架构的,能够理解和生成高质量的文本内容。此外,Transformer 模型在图像生成和多模态学习中也展现出强大的性能,支持复杂内容的自动创作。相比之下,AI 技术的范畴更加广泛,涵盖了从数据分析、模式识别、自然语言处理到机器学习和深度学习等多个领域,应用范围涉及医疗诊断、金融预测、自动驾驶、智能客服等多个行业。AI 技术不仅限于内容生成,还包括优化决策过程、提高系统效率、增强自动化能力等方面。Transformer 模型不仅是 AIGC 的基础,也在许多 AI 应用中发挥关键作用,例如在机器翻译、图像识别和语音处理等任务中。

AIGC 通过利用先进的人工智能技术,能够自动生成多种形式的内容,包括文本、图像、音频、视频以及 3D 模型。每种内容类型都依赖于特定的技术和模型,以实现高质量、多样化的生成效果。下面将详细介绍 AIGC 在各个内容生成领域所应用的主要技术。

2.2.1 AIGC 文本生成

在 AIGC 领域,文本生成技术通过利用先进的深度学习模型,实现自动化、自然流畅的文字创作。核心技术主要是基于 Transformer 架构的预训练语言模型,这些模型通过在大规模语料库上进行无监督预训练,掌握丰富的语言知识和语义关系,从而生成连贯、富有创意的文本内容。此外,结合提示工程(Prompt Engineering)和自回归生成方法,文本生成模型能够根据用户提供的提示生成符合特定风格和主题的内容,显著提升内容创作的效率和多样性。

1. 主要技术

Transformer 架构中的自注意力机制(Self-Attention Mechanism)允许模型在生成每个词时,关注输入序列中的所有其他词,从而捕捉长距离依赖关系。相比于 RNN,Transformer 架构可以实现高度并行化,显著加快训练速度。

预训练语言模型如 GPT-4 模型,通过大规模的无监督预训练,在多种下游任务中展现出卓越的文本生成能力。BERT(Bidirectional Encoder Representations from Transformers)主要用于理解任务,但其双向编码器架构为生成任务提供了丰富的语义理解基础。T5(Text-To-Text Transfer Transformer)将所有 NLP 任务统一为文本到文本的转换,增强了模型的通用性和灵活性。BART(Bidirectional and Auto-Regressive Transformers)结合了 BERT

的编码器和 GPT 的解码器,适用于生成和重构任务。

基于规则的自然语言生成方法是利用预定义的语法和模板生成结构化文本,适用于固定格式的内容生成。统计模型中如 N-gram 模型,通过统计词语出现的概率生成文本,但难以处理长距离依赖和复杂语义。神经网络模型利用深度学习模型(如 RNN、LSTM、Transformer)学习复杂的语言模式,生成自然流畅的文本。

2. 应用实例

对话系统中智能客服和虚拟助手使用 GPT 系列模型生成自然、连贯的对话回复,可以提升用户交互体验。内容创作方面可以自动生成新闻报道、博客文章、产品描述等,辅助内容创作者提高效率和内容多样性。将长篇文档压缩为简短摘要,可以应用于新闻摘要、学术文献综述等领域。根据自然语言描述生成相应的编程代码,可以辅助开发者提高编程效率,如 GitHub Copilot。

3. 关键技术细节

自回归生成通过逐词预测下一个词来生成文本,确保生成内容的连贯性和流畅性。注意力机制(Attention Mechanism)提升模型对上下文的理解能力,特别是在处理长文本时效果显著。提示工程(Prompt Engineering)通过设计有效的提示语,引导生成模型输出符合预期的内容,优化生成效果。采样策略能够控制生成文本的多样性和创造性。引入对抗训练或强化学习机制,能够优化生成模型的性能,使其生成的文本更加自然和符合人类语言习惯。

2.2.2　AIGC 图像生成

图像生成技术是 AIGC 的重要组成部分,通过生成式对抗网络(GAN)、变分自编码器(VAE)和 Vision Transformer (ViT)等先进模型,实现高质量、逼真的图像创作。GAN,尤其是 StyleGAN 系列,能够生成高分辨率、细节丰富的人脸图像,通过条件生成技术,图像生成模型可以根据特定的输入条件(如文本描述或类别标签)生成具有特定属性的图像,满足多样化的创作需求。

1. 主要技术

生成式对抗网络基本架构由生成器(Generator)和判别器(Discriminator)组成,通过对抗训练提升生成图像的真实性。StyleGAN 能够生成高分辨率、逼真的人脸图像,并允许对生成图像的风格进行精细控制。CycleGAN 能够实现图像到图像的无监督转换,如将马转换为斑马,适用于艺术风格转换和图像修复。变分自编码器(VAE)通过编码器将输入图像映射到潜在空间,再通过解码器重构图像,实现图像的生成和多样化。在训练过程中,VAE 通过对潜在空间的约束和优化,使得训练过程相对稳定。同时,由于潜在空间的连续性,故能够生成具有高多样性的样本,这种特性适用于需要连续潜在空间的应用,例如图像的插值、编辑等任务。Vision Transformer (ViT)应用于图像生成,可以将图像划分为固定大小的块儿,并将其视为序列输入 Transformer 模型,提升图像生成和理解能力。能够捕捉图像中的全局信息,提升生成图像的细节和一致性。

2. 应用实例

利用 StyleGAN 系列生成高分辨率、逼真的人脸图像,可以广泛应用于虚拟形象创建、广告设计和娱乐产业。将输入图像转换为特定艺术风格,如油画、水彩画,可以应用于图像美化和创作。通过 SRGAN(Super-Resolution GAN)将低分辨率图像放大并提升细节质量,可以用于医疗影像增强、卫星图像处理等。自动填补图像中的缺失部分,修复受损图像,如 Deep-Fill,可以用于老照片修复和图像编辑。

3. 关键技术细节

对抗训练中生成器和判别器通过对抗过程不断提升各自能力,生成器生成的图像越来越逼真。渐进式训练可以逐步增加生成图像的分辨率,稳定训练过程,提升高分辨率图像生成的质量。通过引入条件变量,如类别标签或文本描述,控制生成图像的属性和内容,实现有针对性的图像生成。同时生成不同尺度的图像细节,提升生成图像的细节丰富性和一致性。

2.2.3 AIGC 音频生成

在 AIGC 中,音频生成技术通过语音合成、音乐创作和音效编辑,实现自然、逼真的音频内容生成。关键技术包括 WaveNet、Tacotron 和基于 Transformer 的 Music Transformer 模型。音频生成技术在智能助理、音乐创作辅助、声音增强与编辑以及音频修复等领域展现出广泛的应用前景。

1. 主要技术

WaveNet 基于卷积神经网络(CNN)的语音合成模型,通过生成高质量的语音波形,实现自然流畅的语音合成。生成的语音具有高度的自然性和清晰度,适用于高保真语音合成任务。结合循环神经网络(RNN)和注意力机制,将文本转换为声学特征,再通过声码器生成语音波形,能够生成连贯、自然的语音,适用于文本到语音(TTS)任务。生成式对抗网络用于生成逼真的音频波形,如音乐和环境音效,提升音频生成的多样性和真实性。结合 GAN 架构的声码器,实现高质量、低延迟的语音合成。Transformer 架构应用于音乐生成任务,通过自注意力机制捕捉长时间依赖的音乐结构,生成连贯的音乐片段。

2. 应用实例

语音合成(TTS)将文本转换为自然流畅的语音,可以用于智能助理(如 Siri、Alexa)、有声书和播报系统。自动创作原创音乐,模拟特定风格或作曲家的作品,可以应用于背景音乐生成、音乐辅助创作和个性化音乐推荐。通过深度学习技术实现音频的降噪、分离和音效添加,可以提升音频质量和表现力,如语音清晰度提升和环境音效增强。修复损坏或不完整的音频记录,恢复原始音质,可以应用于古老录音的数字修复。

3. 关键技术细节

声码器将提取的声学特征转换为可听的波形。在处理音频信号时,声码器会在时域和频域同时进行细致的分析与处理,通过对不同频率成分和时间序列信息的精准把握,提升音频生成的自然性和细节。

最新的声码器引入了自注意力机制,通过这种机制提升对音频信号中长时间依赖关系的建模能力,从而生成更加连贯的音频内容。将声码器与语音识别和语音合成任务相结合,能够提升声码器模型的泛化能力和生成的音频质量。

2.2.4 AIGC 视频生成

视频生成技术在 AIGC 中通过生成式对抗网络(GAN)、Transformer 架构和循环神经网络(RNN),实现连续、流畅的视频内容创建。视频生成技术在影视制作、教育、游戏开发和虚拟现实等领域具有重要应用,能够显著降低手工制作的成本和时间,提高内容创作的效率和创新性。

1. 主要技术

通过扩展生成式对抗网络(GAN)架构以处理时间序列数据,进而生成连续、流畅的视频内容。将视频生成任务分解为运动和内容两部分,提升生成视频的动态一致性。利用自注意力机制捕捉视频帧之间的时序依赖,提升视频生成和理解能力。一种专门为视频处理设计的Transformer架构,通过分解时间和空间注意力,优化视频生成性能。通过循环神经网络(RNN)处理视频帧之间的时间依赖性,生成连贯的视频内容。GRU(Gated Recurrent Units)作为LSTM的简化版本,适用于实时视频生成任务。变分自编码器(VAE)结合时间序列建模,生成动态视频内容,适用于视频补帧和视频编辑。

2. 应用实例

自动生成动画片段,减少手工绘制的工作量,提升动画创作效率。通过插入中间帧,实现视频的平滑播放,用于高帧率显示和视频增强。生成角色的动作序列,应用于游戏、虚拟现实和机器人控制。将视频转换为特定艺术风格或视觉效果,如电影滤镜和特效制作,应用于影视制作和内容创作。

3. 关键技术细节

通过RNN、LSTM、Transformer等架构捕捉视频帧之间的时间依赖性,生成流畅的动态内容。生成器生成连续视频帧,判别器评估视频的真实性,通过对抗过程提升视频质量。同时生成不同时间尺度的视频内容,提升视频生成的细节和连贯性。利用深度学习模型捕捉视频中的运动信息,并将其与静态内容分离,提升视频生成的动态一致性。通过引入条件变量,如文本描述或音频信号,指导视频生成,实现有针对性的内容创建。

2.2.5 AIGC 3D模型生成

3D模型生成是AIGC中高度复杂且应用广泛的领域,通过生成式对抗网络(GAN)、变分自编码器(VAE)、Transformer架构和神经辐射场(NeRF)等技术,实现高质量、复杂的三维模型创建。3D模型生成技术在虚拟现实、增强现实、游戏开发、工业设计和医学影像等多个领域展现出强大的应用潜力,推动了三维内容创作的创新与发展。

1. 主要技术

基于生成式对抗网络(GAN)架构,将GAN架构扩展到三维空间,能够生成如家具、车辆等复杂的3D模型。基于生成式对抗网络的相关应用专注于点云数据生成,适用于生成详细的三维点云模型。利用变分自编码器生成多样化且连续的3D形状,适用于虚拟环境创建和产品设计。将3D模型表示为体素网格,通过VAE生成高分辨率的体素数据。Transformer架构应用于3D数据的处理和生成,提升3D模型的理解和生成能力。为点云数据设计的Transformer架构可以提升点云生成和理解效果。神经辐射场用于高质量3D场景重建和渲染,通过神经网络学习场景的辐射场,实现细腻的3D渲染效果。扩展NeRF用于动态场景的生成和重建,适用于虚拟现实和动态内容创建。

2. 应用实例

自动生成虚拟环境和交互式3D模型,提升VR/AR体验,如虚拟展厅和游戏世界的自动生成。生成复杂的游戏角色、场景和道具,减少手工建模的时间和成本,提升游戏开发效率。辅助设计师生成和优化产品3D模型,加速设计迭代过程,如汽车和电子产品的设计。生成精准的3D人体器官模型,用于医疗诊断和手术规划,如MRI和CT扫描数据的三维重建。

3. 关键技术细节

利用GAN或VAE生成3D点云数据,可以表示复杂的三维形状,适用于虚拟现实和机器人导航。将3D模型表示为体素网格,通过生成模型生成高分辨率的体素数据,适用于详细的三维物体建模。通过神经网络预测3D模型的表面几何,生成平滑且细节丰富的3D形状,适用于精细的3D模型创建。结合图像、文本等多模态数据,指导3D模型的生成和优化,实现从文本描述到3D模型的跨模态生成。

2.2.6 AIGC多模态生成

在实际应用中,AIGC往往需要融合多种内容形式,如图文、图音、视频与3D模型的综合生成。多模态生成模型通过整合不同类型的数据,实现跨模态的内容生成和理解。

1. 多模态数据的融合与处理

首先,需要对不同模态的数据进行标准化处理。对于文本数据,进行文本分词操作,将连续的文本分割成一个个独立的词或符号,以便后续的分析与处理;对于图像数据,执行图像归一化操作,把图像的像素值调整到特定的范围,增强模型的稳定性和训练效率;对于音频数据,进行音频分帧处理,将连续的音频信号划分为若干个短帧,便于提取特征;对于3D点云数据,进行相应的预处理,如去除离群点、归一化点云坐标等,使其更适合模型的输入要求。

然后,利用专门的模型来提取各模态的高层次特征。例如,使用卷积神经网络(CNN)对图像数据进行处理,通过卷积层、池化层等结构自动提取图像中的边缘、纹理等特征,进而得到高层次的语义信息;采用Transformer模型处理文本数据,利用其强大的自注意力机制捕捉文本中不同位置之间的语义关联,获取文本的高层次特征表示;运用WaveNet模型来处理音频数据,通过对音频信号的波形进行建模,提取出能够反映音频内容和特征的高层次信息。

最后,采用对不同模态的嵌入表示,使它们在统一的嵌入空间中具有语义关联性,从而便于跨模态生成和理解。具体来说,将各模态提取到的特征通过特定的映射方式转换为低维的向量表示,这些向量在统一的嵌入空间中,相近的向量表示具有相似的语义,这样就能够实现不同模态之间的信息交互和融合,为跨模态的任务(如文本生成图像、图像描述生成等)提供有力的支持。

2. 多模态生成模型的架构设计

联合嵌入空间:编码器部分分别处理不同模态的数据,将其映射到联合嵌入空间;解码器部分根据联合嵌入生成目标模态的内容。在生成过程中,利用交叉注意力机制使生成器能够关注来自不同模态的关键信息,提高生成内容的相关性和一致性。通过引入条件变量(如文本描述、音频信号),指导生成模型生成特定模态的内容,实现有条件的多模态生成。

多模态嵌入对齐:通过正负样本对比,优化跨模态嵌入的对齐效果,增强不同模态之间的关联性。通过引入跨模态注意力机制,使模型能够在生成过程中同时关注多种模态的信息,提升生成内容的综合性和一致性。

2.2.7 AIGC综合技术挑战

尽管AIGC在各个内容生成领域取得了显著进展,但仍面临诸多技术挑战。

① 训练稳定性与模型收敛。生成模型在训练过程中容易出现不稳定性、模式崩溃等问

题,影响生成内容的质量和多样性。

② 数据多样性与质量。生成模型依赖于大量高质量的数据,数据的多样性和质量直接影响生成内容的效果。

③ 模型规模与计算资源。大规模生成模型(如 GPT-4)需要巨大的计算资源和存储空间,限制了其普及和应用。

④ 多模态一致性与协同生成。在多模态生成中,如何确保不同模态内容之间的一致性和协调性,是一个复杂的问题。

AIGC 通过融合生成式对抗网络(GAN)、Transformer 架构及其大规模预训练模型、多模态模型和自然语言生成技术,实现了文本、图像、音频、视频和 3D 模型等多种内容的高质量生成。每种内容类型都依赖于特定的技术和模型,以满足不同应用场景的需求。随着技术的不断进步和优化,AIGC 将在内容创作、娱乐、广告、虚拟现实、工业设计和医疗影像等多个领域展现出更强大的创造力和应用潜力。同时,面对训练稳定性、数据多样性、模型规模和伦理安全等挑战,研究者们不断探索创新的解决方案,推动 AIGC 技术的健康发展。未来,AIGC 有望通过进一步的技术突破和跨模态融合,成为推动各行业数字化转型和智能化创新的重要力量。

本章小结

第 2 章深入探讨了人工智能(AI)的基础理论和人工智能生成内容(AIGC)的核心技术。首先,介绍了 AI 的基石——机器学习,包括其基本概念、算法和应用。随后,深入讨论了深度学习,这是 AI 领域的一项关键技术,它通过模拟人脑的神经网络来处理复杂的数据模式。自然语言处理(NLP)和计算机视觉作为 AI 的两大支柱,分别在理解并生成语言、图像识别与处理方面发挥着重要作用。

本章进一步探讨了 AIGC 在不同内容生成领域的主要技术应用。文本生成技术能够根据给定的指令或数据自动创作文章、故事等。而图像生成技术则能够创造出逼真的图像和艺术作品。音频生成技术可以合成音乐、语音等,而视频生成技术则能够制作动态影像。3D 模型生成技术在游戏、电影等领域有着广泛的应用。多模态生成技术则结合了文本、图像、音频等多种模态,创造出更加丰富和互动的内容体验。

在探讨 AIGC 技术应用的同时,本章也指出了 AIGC 综合技术面临的挑战,例如如何提高生成内容的质量和多样性、如何处理不同模态之间的协同问题等,并提出了相应的解决方案。这些挑战和解决方案的讨论,不仅展示了 AIGC 技术的前沿性,也为读者提供了解决实际问题的思路。

练习与思考

练习题

① 描述深度学习中的反向传播算法,并解释它如何帮助神经网络学习。

② 描述机器学习中监督学习与无监督学习的区别,并给出各自的一个应用实例。

③ 选择一个 AIGC 文本生成的应用案例,分析其背后的技术原理,并讨论其可能的应用

场景。

思考题

① 讨论机器学习、深度学习、自然语言处理和计算机视觉之间的相互关系和协同作用。

② 分析深度学习在 AIGC 中的应用,并讨论其对内容生成领域的影响。

③ 探讨自然语言处理技术在 AIGC 文本生成中的重要性,以及这些技术如何推动内容的创新。

④ 讨论计算机视觉技术在 AIGC 图像和视频生成中的应用,并分析其对媒体产业的潜在影响。

⑤ 描述 AIGC 在多模态内容生成中的挑战,例如如何整合来自不同模态的信息。

⑥ 讨论 AIGC 技术在不同内容生成领域(文本、图像、音频、视频、3D 模型)的综合应用,并提出一些可能的跨领域创新点。

第3章 AIGC文生文

> **教学目标**
> ① 掌握 AIGC 文生文的基本概念、原理和技术实现。
> ② 了解大语言模型的类型、主流模型及其在对话系统中的应用。
> ③ 了解 API、App 和网页端功能的大语言模型。
> ④ 掌握提示词(Prompt)设计策略,包括基本原则、技巧和评估优化方法。
> ⑤ 理解提示词结构,并能够设计有效的提示词以提升 AIGC 文生文的效果。

在第 2 章中,我们深入探讨了 AI 的基础理论以及 AIGC 的核心技术。首先,我们从机器学习的基础开始,逐步深入深度学习、自然语言处理(NLP)和计算机视觉等关键领域。这些理论构成了 AI 的基石,是理解和应用 AIGC 技术不可或缺的部分。随后,我们转向 AIGC 在不同内容生成领域的主要技术应用,包括文本、图像、音频、视频、3D 模型以及多模态生成技术。这些应用展示了 AIGC 技术的多样性和创新性,同时也揭示了它们在实际问题解决中的潜力。

随着对 AIGC 技术的深入理解,本章我们将专注于 AIGC 文生文的基本原理和技术。这一章将介绍 AIGC 文生文的概念、原理和技术,以及大语言模型工具的类型和主流模型。我们将探讨 API、App 和网页端大语言模型的功能,以及如何设计有效的提示词(Prompt)来引导 AIGC 生成所需的内容。

在 AIGC 文生文的提示词设计方面,我们将学习设计策略、基本原则、技巧,以及如何评估和优化提示词。这些知识将帮助我们更好地掌握如何利用 AIGC 技术来生成高质量的文本内容。

通过这一章的学习,我们不仅能够理解 AIGC 文生文的技术基础,还将学会如何实际操作和优化这些技术,以便在实际应用中发挥其最大潜力。让我们开始这一探索之旅,深入了解 AIGC 文生文的奥秘,并掌握如何有效地利用这一强大的技术工具。

3.1 AIGC 文生文的基本原理和技术

3.1.1 AIGC 文生文

1. AIGC 文生文定义

AIGC 文生文(Text-to-Text Generation)是利用人工智能技术,通过输入一段文本,生成相关的、扩展的或改写的文本内容的一种技术。该技术可以用于多种场景,如自动写作、文本摘要、对话生成等。

2. 示 例

原文:今天的天气非常好,阳光明媚。
生成文:今天天气晴朗,阳光灿烂,非常适合外出游玩。

3.1.2 AIGC 文生文的基本原理和技术

1. 基本原理

AIGC 文生文技术主要基于自然语言处理(NLP)和生成模型(如 GPT-4、BERT 等)。这些模型通过对大量文本数据进行训练,学习语言的结构和模式,从而能够生成与输入文本相关的新的文本内容。

AIGC 文生文的主要步骤如下:

① 数据收集和预处理:收集大规模的文本数据,并进行清洗和标注。

② 模型训练:使用深度学习算法(如 Transformer)训练生成模型,使其能够理解和生成自然语言文本。

③ 文本生成:输入一段文本,通过生成模型输出新的相关文本。可以反复调整对话,得到一个相对明确的输出文本。

2. 主要技术

Transformer 架构通过多层的自注意力机制,能够处理长距离依赖的文本生成任务。通过大规模预训练,然后在特定任务上进行微调,提高生成质量。利用生成器和判别器的对抗训练,生成更逼真的文本。

3.2 大语言模型工具

3.2.1 大语言模型类型

大语言模型(Large Language Model,LLM)是一种基于深度学习的自然语言处理模型,通常通过训练海量的文本数据来生成或理解自然语言。这类模型利用大量的参数和复杂的网络架构(如 Transformer)来学习语言的语法、词汇、上下文和语义关联,从而在多种语言任务中表现出强大的能力。

大语言模型的类型主要依据其架构、任务目标和训练方式进行分类。以下是几种主要的大语言模型类型。

1. 基于生成的语言模型

GPT 系列,如 GPT-4o、GPT o1、GPT o3,通义千问,智谱 AI,Kimi,这类模型的核心功能是根据输入生成连贯的自然语言输出。它们通过预测下一个词来逐步生成句子,因此非常适合文本生成任务。应用于对话生成、文章写作、代码生成等。预训练加上基于无监督学习的大规模语言数据,然后通过少量的有监督学习进行任务微调。

2. 基于编码的语言模型

BERT、文心一言等模型,这类模型专注于语言的理解,通过从左右两个方向同时编码文本的上下文信息进行表征。它们常用于文本分类、信息检索、问答系统、情感分析等需要深入理解语言的任务。通常采用"遮蔽语言模型"(Masked Language Model,MLM)训练方法,即通过遮蔽部分词语,要求模型预测被遮蔽的词,从而学习文本的上下文。

3. 基于编码-解码的语言模型

T5、BART 模型等,这类模型同时使用编码器和解码器。编码器负责理解输入的文本,解码器负责生成相应的输出。它们在需要文本转换的任务中表现出色,如翻译、摘要生成等,因此常应用于机器翻译、摘要生成、文本到文本任务(如问题回答、文本改写)。通过序列到序列(Seq2Seq)的方法训练,从而将输入文本转换为不同的目标文本。

4. 多模态语言模型

DALL·E 3、豆包等,这些模型能够处理文本与其他模态(如图像、视频、音频)之间的关系。例如,CLIP可以同时处理文本和图像,生成与文本描述相关的图像或从图像生成描述,常应用于图像生成、图文匹配、图像描述生成。通过跨模态对比学习,同时处理多种模态的输入,建立它们之间的关联。

5. 稀疏激活语言模型

文心大模型(ERNIE)稀疏版本、悟道2.0、鹏城-盘古稀疏模型等,这类模型在给定输入时只激活一部分网络的参数,而非所有参数,从而大大降低计算量,增加模型的可扩展性。适用于需要大规模计算但计算资源有限的应用场景,如大规模的自然语言处理任务。通过门控机制(Gating Mechanism)选择性地激活专家网络中的某些部分。

6. 对比学习模型

在对比学习领域,有许多知名的模型,如OpenAI的CLIP(Contrastive Language - Image Pretraining)模型等。对比学习模型通过学习不同语义之间的相似性和差异性来提高语言表示的质量,特别擅长任务迁移和文本相似度计算。主要应用于句子嵌入、语义相似度计算、任务迁移。通过在训练过程中设计合适的对比损失函数,让模型在语义相似的样本对之间的表示更加接近,而在不相关的样本对之间保持距离。例如,常见的对比损失函数会计算相似样本对的表示向量之间的距离并使其最小化,同时增大不相关样本对表示向量之间的距离,从而促使模型学习到更具区分性的语义表示。

7. 大规模预训练语言模型

GPT系列、BERT、T5以及国内的大模型都属于这类模型。预训练模型通过大规模无监督学习在海量数据上进行初步的语言理解或生成能力的学习,随后通过微调进行特定任务的适配。几乎涵盖所有自然语言处理任务,即先预训练(无监督),然后在特定任务上进行微调(有监督)。

这些不同类型的大语言模型有各自的优势和适用场景,根据具体任务的需求选择合适的模型类型可以极大地提高效率和效果。

3.2.2 主流大语言模型

大语言模型自2022年以来在市场上得到了广泛应用,逐渐成为推动人工智能技术发展的重要力量。全球范围内各类大语言模型层出不穷,每个模型在不同的应用场景和技术细节上各具特色。本节并不侧重于对各大模型进行详细的性能对比,而是旨在为读者提供一个整体的概览和介绍,帮助大家更好地了解这些模型的基本原理、发展现状及其在实际应用中的重要性。

1. 国外AI大模型

(1) Gemini

Gemini具有处理多模态的能力,能够理解和生成文本、代码、视频、音频和图像。主要应用于多模态任务处理,包括图像和视频理解、编程代码生成等。Gemini所属公司为Google,其应用界面如图 3.1 所示。

图 3.1　Gemini 对话应用界面

（2）ChatGPT

ChatGPT 具有强大的语言理解和生成能力，适用于对话系统和文本生成。主要应用于聊天机器人、内容创作、语言翻译等。ChatGPT 所属公司为 OpenAI，其应用界面如图 3.2 所示。

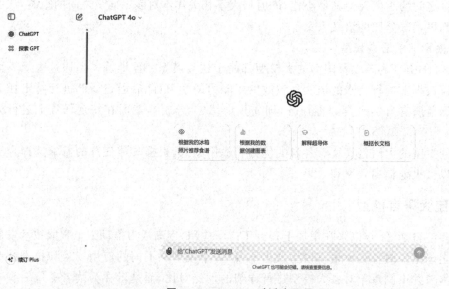

图 3.2　ChatGPT 对话应用界面

（3）LLama 3

LLama 3 是一个开源大型语言模型，具有先进的自然语言处理能力。主要应用于研究、教育、商业智能等多语言处理场景。LLama 3 所属公司为 META，其应用界面如图 3.3 所示。

第 3 章　AIGC 文生文

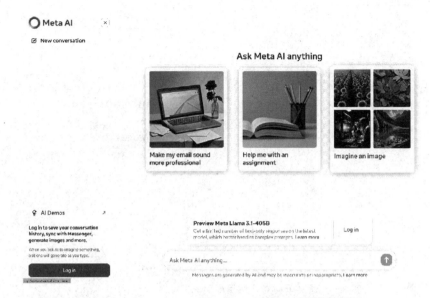

图 3.3　LLama 3 对话应用界面

2. 国内 AI 大模型

(1) 文心一言

文心一言专注于中文语言理解,提供文本生成和理解服务。主要应用于内容创作、语言翻译、搜索引擎等。文心一言所属公司为百度,其应用界面如图 3.4 所示。

图 3.4　文心一言对话应用界面

(2) 通义千问

通义千问提供长文档处理和市场调研功能。主要应用于商业分析、市场研究、文档管理等。通义千问所属公司为阿里巴巴,其应用界面如图 3.5 所示。

图 3.5　通义千问对话应用界面

（3）腾讯混元

腾讯混元大模型具有 NLP、CV 等多模态能力，能够进行中文创作和逻辑推理。主要应用于内容创作、社交媒体、数据分析等领域。腾讯混元所属公司为腾讯，其腾讯元宝对话应用界面如图 3.6 所示。

图 3.6　腾讯元宝对话应用界面

（4）字节豆包

字节豆包专注于内容创作和社交媒体应用，支持多模态内容生成。主要应用于社交媒体、内容平台、广告创意等领域。字节豆包所属公司为字节跳动，其应用界面如图 3.7 所示。

（5）智谱清言

智谱清言具有数据分析和知识推理能力，支持个性化智能体定制。应用领域包含科技知识图谱、财务分析、个性化服务、内容创作等。智谱清言所属公司为智谱华章，其应用界面如图 3.8 所示。

第 3 章 AIGC 文生文

图 3.7 字节豆包对话应用界面

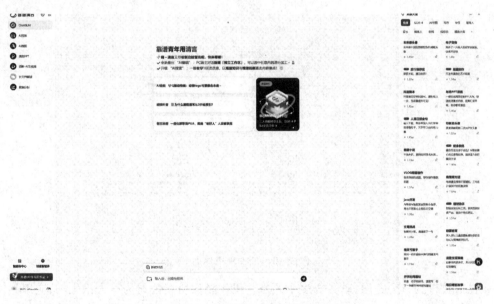

图 3.8 智谱清言对话应用界面

(6) Kimi

Kimi 的优势在于其精准的搜索能力和内容拓展能力,以及对于长文本的处理。应用领域包含资料搜索、信息整合、学术研究等。Kimi 所属公司为月之暗面,其应用界面如图 3.9 所示。

(7) 盘古

盘古具有 NLP、CV 等多模态能力,盘古气象大模型应用领域包括政务、金融、制造、医药、矿山、铁路、气象等行业。盘古所属公司为华为,其应用界面如图 3.10 所示。

(8) 讯飞星火

讯飞星火拥有文本生成、语言理解等核心能力,支持多语种文档生成和 AI 自动配图。应

图3.9 Kimi对话应用界面

图3.10 盘古应用界面

用领域包括教育、医疗、金融、政务等多个领域。讯飞星火所属公司为科大讯飞,其应用界面如图3.11所示。

(9) DeepSeek

DeepSeek是由中国深度求索公司开发的高效开源AI模型(见图3.12),以卓越的性能和低成本训练著称,其核心优势包括:① 多模态处理能力,如DeepSeek-VL可解析高分辨率图像(1024×1024)及复杂场景(逻辑图、科学文献等),同时保持语言能力不退化;② 高效架构创新,采用MOE(混合专家)架构,动态激活参数以降低计算冗余,如DeepSeek-V3(6710亿参数)以557万美元的低成本完成训练,性能超越其他主流模型;③ 强化学习突破,DeepSeek-R1通过纯强化学习实现推理能力"涌现",在数学竞赛(AIME准确率71.3%)和编程任务中表现卓越;④ 开源与商业友好,提供免费商用授权,支持本地部署和衍生开发,推动AI技术普惠化。其模型家族涵盖通用大模型(如V3、R1)及垂直应用模型(如VL系列),广泛应用于教

第3章 AIGC 文生文

图 3.11　讯飞星火对话应用界面

育、编程、工业及消费领域，显著降低了行业技术门槛。

图 3.12　DeepSeek 对话应用界面

(10) 华知大模型

除了以上超大规模的大语言模型外，国内还有一些专注于特定领域的专业模型，如华知大模型。华知大模型是由同方知网与华为携手打造的中华知识大模型，形成了华知 NLP、CV 及多模态三大基础大模型，可支撑知识服务、科学研究、探究学习、生产经营、辅政决策、辅助诊疗、智慧司法等多领域应用场景，致力于面向全球客户打造可融入行业生产系统的专业知识增强大模型，赋能千行百业数智化升级发展，如图 3.13 所示。

华知大模型 2.0 版本在性能、语料、功能、场景等方面进行了升级，特别是在注入了知网海量专业知识数据后，在专业性、全面性和内容安全性方面具有突出优势，专业性能得到了大幅

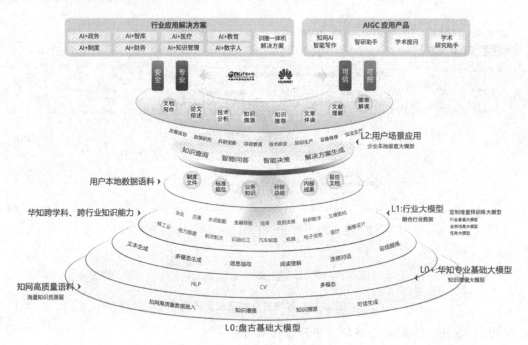

图 3.13 华知大模型生态

提升。此外,华为云与同方知网联合发布了新一代的腾云数字出版平台、AI 学术研究助手、知网 AI 增强检索、研学智得 AI、儿科辅助诊疗大模型、政知通智能辅政系统、律境·法律大模型、知网 AI 智能备课、知网 AIGC 检测服务系统等行业垂直大模型、系统平台和应用。

华知大模型定位为专业基础大模型,对于专业性和安全性要求高的应用场景,支持用户注入领域业务知识,服务各行业的生态合作伙伴打造自己的垂类大模型,用自己的模型解决自己的问题。它尤其能满足知识密集型行业领域对信息处理、专业知识、可靠知识和智能决策的需求,如教育科研、法律医疗等。华知大模型拥有众多的特色功能,如图 3.14 所示。

图 3.14 华知大模型特色能力

华知大模型的训练和推理采用华为从芯片到操作系统的全栈自主可控技术架构,确保了模型的安全性和可信度。它还提供了云服务、镜像部署以及训推一体机等多样化服务模式,覆盖各层次不同类型用户的大模型应用需求。

总体来说,华知大模型是一个全栈自主可控、安全可信的国产大模型,它通过结合专业知识和先进的技术架构,为知识密集型行业提供了强大的支持和广阔的应用前景。

3.3 对话应用大语言模型

3.3.1 基于 API 的功能

大语言模型基于 API 的功能调用是指通过开放接口(API)与这些模型进行交互,以实现各种自然语言处理任务。API 为开发者提供了访问大语言模型能力的途径,使得这些强大的模型可以集成到不同的应用场景中,如聊天机器人、内容生成、数据分析等。

1. API 调用的典型流程

首先需要在提供大语言模型 API 的平台(如 OpenAI、百度、阿里云等)注册账号,获取独有的 API 密钥,用于鉴权。然后通过 HTTP 请求向 API 发送数据,通常请求包括输入文本、期望的输出长度、生成风格或参数等。API 会根据请求返回相应的结果,通常为模型生成的文本。响应格式通常为 JSON 格式,包含生成的文本或其他相关数据。最后将返回的数据集成到自己的应用中,处理结果并根据需要进行后续操作。

2. 大语言模型 API 的优势

通过 API 调用,开发者无需自己训练或维护模型,可以直接利用大规模语言模型的强大能力,大幅减少开发成本和时间。API 调用可以根据需要进行横向扩展,适应各种规模的应用场景,从小型项目到大规模的企业级应用都可以轻松集成。通过 API,模型可以实时处理用户的输入,返回快速且高质量的响应,适合对话系统、实时内容生成等场景。API 往往支持多功能,开发者可以在同一个应用中集成多个自然语言处理任务,如同时实现文本生成、情感分析和翻译。

3. 大语言模型 API 的基本功能

(1) 文本生成

通过 API 调用可以输入一段文本或提示,让模型生成相应的扩展文本。例如,自动生成文章、续写句子、创建产品描述、生成营销文案和新闻报道等。

(2) 问答系统

用作问答系统的核心引擎,输入问题后,模型基于训练数据返回答案。这类应用非常适合用于客户服务、智能助手等领域。应用场景如智能客服、语音助手、技术支持平台。

(3) 对话生成

通过 API 可以构建多轮对话系统,模型会根据上下文生成自然、连贯的对话内容,模拟人类的交互方式。应用场景如聊天机器人、虚拟客服、个性化学习助手。

(4) 文本翻译

用于翻译任务,输入一种语言的文本,API 将返回翻译后的内容。该功能有助于跨语言沟通。应用场景如跨境电商、多语言支持应用、全球化网站。

(5) 情感分析

API 可以分析输入文本的情感倾向(如积极、消极、中立),帮助应用程序理解用户情感并作出适应性调整。应用场景如社交媒体分析、品牌情感监测、用户反馈分析。

(6) 文本摘要

通过 API 调用,模型可以从长文本中提取出关键信息,生成简洁的摘要。这对于处理大量文本信息时尤为有用。应用场景如新闻摘要生成、文档处理、知识管理系统。

(7) 内容改写

API 支持对现有文本进行改写,保持原意不变,但使用不同的词汇或句式。这个功能适合内容优化和降低重复率。应用场景如 SEO 内容优化、学术论文改写、同义替换。

(8) 代码生成

一些大语言模型通过 API 支持编程语言的生成功能,开发者可以输入需求描述,模型自动生成对应的代码片段。应用场景如自动化编程工具、代码补全、技术文档生成。

3.3.2 App 的功能

在移动应用程序(App)中集成大语言模型(如 GPT 系列、文心一言、通义千问等),能够大幅提升对话功能的智能化水平,提供更加自然、灵活的用户体验。以下是大语言模型在 App 中的典型功能及应用场景。

1. 智能对话助手

大语言模型可以作为智能对话助手,帮助用户处理日常任务、解答问题和执行命令。通过自然语言输入,用户可以与 App 进行多轮对话,获取信息或执行任务。如智能手机上的虚拟助手(类似于 Apple 的 Siri 或 Google Assistant),帮助用户完成日程安排、设置提醒、发送信息等操作。移动电商或服务类 App 中的集成智能对话系统,可以帮助用户快速解决问题、查询订单、获取服务信息。

2. 聊天机器人与社交互动

通过大语言模型,App 可以模拟人类对话,提供拟人化的聊天体验。无论是模拟朋友聊天还是提供情感陪伴,模型都能生成丰富的对话内容。为用户提供一个虚拟的聊天伙伴,用户可以就各种话题与模型进行互动,适用于社交类应用。心理健康类 App 可以提供情感陪伴和心理咨询支持,模型通过对话引导用户表达情感、缓解压力。

3. 内容生成与信息获取

大语言模型可以根据用户的输入需求生成丰富的文本内容,帮助用户在内容创作或信息获取上获得更好的体验。如社交媒体 App 可以帮助用户根据提示生成文章、社交帖文或个性化消息。在资讯类 App 中,用户可以通过对话获取实时新闻、天气、财经数据等信息,模型根据输入提供简洁的回答或摘要。

4. 智能翻译与多语言支持

通过大语言模型,App 可以实现高效的多语言支持,用户可以在不同语言间无缝交流,或直接使用翻译功能将输入内容翻译成目标语言。社交或旅游类 App 可以在聊天界面中集成语言模型的翻译功能,让用户与不同语言的朋友即时沟通。语言学习类 App 中,模型不仅可以帮助用户翻译,还能进行语法纠正、发音建议等,提升学习体验。

5. 个性化推荐与用户引导

大语言模型能够根据用户的行为、偏好和输入,提供个性化的内容推荐或引导用户完成某些操作,提升用户体验的个性化程度。在新闻、购物、视频类 App 中,模型可以分析用户输入的需求或兴趣点,推荐个性化的文章、商品或视频内容。帮助新用户在 App 中熟悉各种功能,通过对话引导用户完成注册、设置或使用流程。

6. 语音交互与自然语言理解

结合语音识别技术,大语言模型可以提供强大的语音交互功能,用户可以通过语音与 App 进行自然语言交流,极大提升操作便捷性。用户可以通过语音输入操作 App,如下达命令、搜索信息、开启功能等,适用于智能家居控制、车载导航等移动场景。在旅行类 App 中,用户可以通过语音输入,实时翻译对话内容,使跨语言交流更加便捷。

7. 情感分析与用户反馈

大语言模型可以通过分析用户的文本输入,判断其情感倾向,并提供合适的反馈或建议。客户服务类 App 通过分析用户提交的意见或评论,模型可以判断用户的满意度,并提供针对性的解决方案。心理健康类 App 可以根据用户的输入内容,判断用户的情绪状态,提供情感关怀或心理支持。

8. 教育和学习辅助

大语言模型能够成为移动学习类 App 中的智能导师,帮助用户解答问题、解释复杂概念,提供个性化的学习路径建议。在学习类 App 中,模型可以根据用户的学习进度和问题,提供定制化的学习资源和解答,帮助用户高效掌握知识。编程教育类 App 中,模型可以帮助用户生成代码、解释算法、调试错误,提升学习编程的效率。大语言模型可以对毕业论文、学术论文、出版物的内容进行查重,并给出精准的查重率的百分比测算。

9. 内容审查与过滤

大语言模型可以在 App 中对用户生成的内容进行实时的审查和过滤,防止不当或有害内容的传播。社交类 App 可以使用模型自动审查用户发布的文本,标记或删除潜在的不当言论,保护平台的安全性和友好性。聊天类 App 可以实时监控并过滤敏感词汇,确保对话的健康性与规范性。

3.3.3 网页端的基本功能

网页端集成了 App 端的所有功能,同时具备更高的操作可控性,用户能够更加灵活地管理和使用这些功能。此外,网页端还支持通过调用 API 来进行辅助应用的扩展,不仅增强了平台的智能化处理能力,还为 AI 提供了更多交互的参考数据,进一步提升了系统的学习能力与响应效果。在网页端,大语言模型在对话应用中的使用非常广泛,涵盖了多个领域和场景。

以下是一些常见的功能和应用场景。

1. 多轮对话与智能客服

网页端通过集成大语言模型,可以提供更加智能化的多轮对话功能,帮助用户与系统进行复杂的互动。尤其是在客户支持和服务类网站中,模型可以理解用户的问题,提供精准的解答,并在需要时进行进一步的交互,从而提升用户体验和满意度。

2. 实时内容生成与推荐

大语言模型可以根据用户的输入或需求,在网页端实时生成个性化的内容,例如文章、产品描述、博客等。同时,模型可以分析用户的偏好,推荐相关的内容或产品,极大提升了用户浏览网页的互动性与个性化体验。

3. 智能搜索与信息获取

网页端集成大语言模型的搜索功能能够让用户以自然语言形式进行提问或搜索,系统将基于用户的查询生成精准的答案或推荐相关的资料。无论是学术资源、新闻报道还是产品信息,智能搜索功能都能提供即时且可靠的结果,满足用户的多样化需求。

4. 文本翻译与多语言支持

在全球化的背景下,网页端集成大语言模型的多语言支持功能变得尤为重要。通过语言模型,网页可以实时翻译用户输入的文本,并在多语言对话或沟通中实现无缝转换,确保跨文化、跨地域的高效交流。

5. 语音交互与可访问性提升

网页端结合语音识别技术和大语言模型,允许用户通过语音输入与系统互动,特别适合用于无键盘设备或满足提高无障碍功能的需求。这种语音交互方式不仅提升了操作的便捷性,还使得网页对残障人士和老年用户更为友好和包容。

6. 情感分析与用户反馈管理

大语言模型能够分析用户的输入内容,识别情感倾向(如积极、消极或中立),并根据结果进行个性化的响应。这一功能在客户反馈分析、社交媒体管理以及情感关怀类服务中尤为有用,可以帮助网页端应用更好地理解用户情绪,提升客户满意度。

7. 自动化表单填写与数据处理

在各种需要表单输入或数据收集的网页应用中,集成大语言模型后,用户只需简短描述需求,系统即可自动填写表单或处理相关数据。这种自动化功能能够节省时间,提高操作效率,适用于注册、调查问卷、财务报表等多种场景。

8. 个性化虚拟助理

网页端通过大语言模型提供个性化的虚拟助理服务,能够根据用户的行为和偏好为其提供专属的建议和指导。无论是规划日程、提醒重要事项,还是完成特定任务,虚拟助理都能帮助用户极大地提高工作效率和生活便捷性。

3.4　AIGC文生文提示词及写法

AIGC中的文生文功能通过设计提示词(Prompt)生成特定的文本内容。在文生文的任务中,提示词(Prompt)的设计至关重要,它不仅决定了生成内容的质量,也影响了生成内容的风格、结构和主题。

3.4.1　AIGC中的Prompt设计策略

在AIGC中,Prompt设计是决定AI生成内容质量和相关性的关键。我们可以通过设计不同类型的Prompt来实现各种任务,具体可归纳总结为以下三类。

1. 无中生有

无中生有是指从无到有，生成全新的内容。这种任务需要提供一个详细的Prompt，给出明确的主题、方向及细节，指明内容的形式和结构。

(1) 实 例

主题：写一篇关于未来城市的科幻故事。

Prompt：请写一个关于未来城市的科幻故事，描述其中的高科技建筑、自动化交通系统和智能家居。

(2) 生成内容

未来的城市充满了高耸入云的智能建筑，每栋建筑都由最先进的材料制成，能够自动调节温度和光线。街道上没有传统的汽车，取而代之的是无人驾驶的电动车，这些车辆能够通过智能系统实现无缝对接，确保交通顺畅。居民的家中布满了智能设备，从自动烹饪的厨房到会打扫卫生的机器人，所有的一切都让生活变得更加便利和高效。

2. 锦上添花

锦上添花是指在已有内容的基础上，进行扩展、修改或美化，使内容更加丰富和吸引人。例如，提供已有内容，并明确指出需要增强的部分或指明希望添加的细节或风格。

(1) 实 例

原始内容：今天的天气很好，阳光明媚。

Prompt：在以下句子的基础上扩展，使其更加生动："今天的天气很好，阳光明媚。"

(2) 生成内容

今天的天气很好，阳光明媚，温暖的阳光洒在大地上，给人一种舒适的感觉。天空湛蓝，几朵白云点缀其中，微风轻轻拂过，让人心情愉悦。街上的行人都显得格外轻松，孩子们在公园里欢快地玩耍，鸟儿在树枝上唱着动听的歌。

3. 化繁为简

化繁为简是指将复杂的内容进行简化，使其更加易于理解和记忆。这种任务需要提供一个详细的Prompt，说明需要简化的内容和目标读者。例如，提供复杂内容，并明确指出需要简化的部分或指明目标读者和期望的简化程度。

(1) 实 例

Prompt：请将以下关于量子力学的描述简化为50字，适合中学生理解：量子力学是一门研究极其微小粒子（如电子、光子）行为的科学。它与经典物理不同，在微观世界中，物体不再遵循我们日常所理解的运动规律。在量子力学中，粒子既可以表现为像小球一样的粒子，也可以像水波一样传播，这叫作"波粒二象性"。同时，还有一个重要的原则叫"不确定性原理"，它告诉我们无法同时精确地知道一个粒子的位置和速度。这就像是我们想要拍清楚一个运动中的球的位置，但总会有些模糊。量子力学还解释了许多自然现象，比如原子内部的结构、化学反应中的电子行为等。量子力学广泛应用于电子设备、激光、量子计算等现代科技领域。虽然量子力学的概念听起来很抽象，但它为科学家们提供了理解和利用微观世界的强大工具。

(2) 生成内容

量子力学研究像电子和光子这样极小粒子的行为。不同于经典物理，粒子在微观世界既像小球又像波，这叫波粒二象性。同时，不确定性原理表明无法同时精确知道粒子的位置和速度。量子力学应用于现代科技领域，如电子设备和量子计算。

3.4.2 Prompt 设计的基本原则

Prompt 是在与大语言模型进行交互时,用户输入的文本提示或问题。它是用户向 AI 传达意图、提供上下文或设定任务的主要方式,直接影响 AI 生成的响应内容。

示例:

问题型 Prompt:什么是量子力学?(明确用户想了解的主题)

指令型 Prompt:请写一篇关于气候变化的文章(明确用户希望 AI 生成的内容类型)。

根据用户输入的具体提示,AI 会根据其理解和预训练的知识生成相应的输出。Prompt 的设计质量在很大程度上决定了 AI 回答的准确性、相关性以及生成的内容是否符合预期。Prompt 设计的基本原则有以下 4 个方面。

1. 明 确

Prompt 应明确具体需求,以避免 AI 生成模糊或不相关的回答。

示例:

模糊 Prompt:请告诉我关于科学的事。

明确 Prompt:请解释一下爱因斯坦的相对论。

模糊的 Prompt 可能会导致 AI 提供广泛、无关或不准确的信息。明确的 Prompt 让 AI 清楚用户的需求,提供准确和相关的回答。

2. 简 洁

Prompt 应尽量简洁,避免冗长和复杂。

示例:

冗长 Prompt:我想了解关于 19 世纪的工业革命,包括其背景、主要事件和影响,请详细说明。

简洁 Prompt:请解释 19 世纪工业革命的主要影响。

简洁的 Prompt 可以让 AI 快速理解用户的意图,提供精确的回答。冗长的 Prompt 可能会导致 AI 迷失焦点,生成的内容过于复杂或偏离主题。

3. 上下文相关

Prompt 应包含足够的上下文,使 AI 能够理解问题的背景和意图。

示例:

无上下文 Prompt:他是谁?

有上下文 Prompt:在《哈利·波特》中,伏地魔是谁?

提供上下文可以帮助 AI 理解具体的需求,提供更加相关和有意义的回答。缺乏上下文可能会导致 AI 生成模糊或不准确的回答。

4. 目标导向

Prompt 应明确指向特定目标,如生成文本、回答问题、提供建议等。

示例:

模糊目标:谈谈未来。

明确目标:预测未来十年内的科技发展趋势。

目标明确的 Prompt 可以让 AI 知道用户希望得到的具体信息或结果。模糊的目标可能导致 AI 提供不相关或泛泛的回答。

Prompt 设计的优劣直接影响 AI 生成的输出质量,因此在与大语言模型进行交互时,精心设计 Prompt 至关重要。一个精心设计的 Prompt 不仅能够帮助 AI 更准确地理解用户意图,还能提高生成内容的相关性和质量。读者日常使用时通过清晰、具体的指示,可以引导 AI 提供更符合预期的答案或建议,从而提升互动体验。

3.4.3　Prompt 设计技巧

① 使用具体的关键词,让 AI 聚焦于特定的信息,生成更准确的内容。使用具体的词汇和短语,帮助 AI 更准确地理解需求。

示例:

一般 Prompt:描述一个城市。

具体 Prompt:描述纽约市的主要地标。

② 提供详细背景信息,让 AI 理解用户的具体需求,生成更符合预期的内容。在 Prompt 中包含相关背景信息,以便 AI 提供更精准的回答。

示例:

无背景 Prompt:写一篇文章。

有背景 Prompt:写一篇关于 2024 年奥运会的新闻报道,包括主要赛事和获奖情况。

③ 指明输出格式,帮助 AI 组织信息,生成符合用户预期的结构化内容。在 Prompt 中指定所需输出的格式或类型,如列表、段落、步骤等。

示例:

未指定格式 Prompt:如何制作蛋糕?

指定格式 Prompt:请列出制作巧克力蛋糕的步骤。

④ 提出具体的问题或任务,生成有针对性的回答。将 Prompt 设计成具体的问题或任务,避免泛泛而谈。

示例:

一般问题 Prompt:告诉我一些历史事件。

具体任务 Prompt:列举并简要介绍 5 个 20 世纪的重要历史事件。

3.4.4　如何评估和优化 Prompt

1. 评估 Prompt 的质量

原始 Prompt:请介绍航空航天工程中的关键技术。

评估 Prompt 从以下几个层面来考虑:

① 准确性:生成的内容是否包括关键技术,如火箭发动机、空气动力学、卫星通信等?

② 相关性:内容是否围绕"航空航天工程"展开,或是否包含与其他领域无关的信息?

③ 清晰性:技术是否解释清楚,目标受众能否理解?

④ 一致性:是否保持了整体结构的连贯性和逻辑性?

2. 优化 Prompt 的策略

原始 Prompt:未来航空航天技术的发展趋势是什么?

评估分析:回答可能过于宽泛,未涵盖特定技术领域,如火箭技术、卫星系统或太空旅游。提供具体领域(火箭技术、卫星通信、太空旅游),让生成内容更加聚焦。设定时间范围(未来十年),引导生成符合当前科技发展节奏的预测。

优化后的Prompt:请预测未来十年内航空航天领域的发展趋势,特别关注火箭技术、卫星通信和太空旅游,并讨论这些领域面临的主要挑战。

(1) 提供上下文与清晰指令

原始Prompt:对比NASA和SpaceX的火箭技术。

评估分析:AI生成的内容可能简单列举技术,而缺乏深入的对比分析。明确关注"可重复使用火箭技术",缩小主题范围。加入具体问题,如"技术优势"和"成本与效率",引导生成更有深度的对比。

优化后的Prompt:请对比NASA和SpaceX在可重复使用火箭技术上的创新,解释每个机构的技术优势,并讨论它们对火箭发射成本和效率的影响。

(2) 设置任务导向与输出格式

原始Prompt:列举航空航天领域的技术突破。

评估分析:输出可能缺乏结构性,或仅列举而未提供足够解释。要求列举5项具体技术突破,并提供每项的实现过程和影响,使内容更有信息量和层次感。通过要求结构化回答,提升内容的可读性和条理性。

优化后的Prompt:请列举航空航天领域的5项重大技术突破,简要解释每项技术的实现过程,并说明它对航空航天领域的发展产生了哪些影响。

(3) 测试与迭代

原始Prompt:模拟与一位航天专家的访谈。

评估分析:AI可能生成泛泛的对话内容,缺乏深度和技术细节。提供具体问题(材料、通信、商业航天),引导AI生成内容围绕核心领域展开。有针对性地提出技术相关的问题,提升访谈内容的专业性和深度。

优化后的Prompt:请模拟一次与航天专家的访谈,问题包括:① 航天器材料的最新进展;② 如何提高卫星通信的效率;③ 商业航天的未来前景。

(4) 避免过于宽泛或模糊

原始Prompt:解释航空航天领域的空气动力学。

评估分析:内容可能缺乏层次和重点,未具体说明原理的应用场景。聚焦具体应用场景(飞机机翼设计、火箭发射),使生成内容更加具体且易于理解。避免泛泛讨论,通过明确应用领域确保内容的相关性和实用性。

优化后的Prompt:请简要解释空气动力学在航空航天领域中的应用,特别是在飞机机翼设计和火箭发射时空气阻力处理方面的作用。

(5) 结合情景设定

原始Prompt:写一篇关于航空航天科研成果的新闻报道。

评估分析:AI可能生成的新闻缺乏细节,未抓住重点科研突破。设定字数和具体报道对象(科研成果),确保新闻报道的结构合理。加入细节要求(技术影响、专家评论),让生成内容更有深度和真实性。

优化后的Prompt:请撰写一篇500字的新闻报道,介绍最近航空航天领域发布的一个科研成果,详细讨论该技术对太空探索的潜在影响,并引用相关专家的评论。

3.4.5 提示词结构

在前几节的学习中,我们已经探讨了提示词(Prompt)的设计策略和优化调整方法。随着大语言模型迭代升级,更多的功能将会推出,会有一个相对完整的提示词逻辑,以适应未来的各种需求,为了构建一个相对完整的提示词结构,总的来讲应需要确保它包含以下几个关键结构。

1. 概　述

Prompt 的概述部分是设置 AI 的背景和角色的关键部分。通过明确的背景设定和角色定义,AI 可以更准确地理解用户的需求和期望,从而提供更相关和有效的响应。

Prompt 概述应包括:时间、地点、环境特征等描述,为 AI 的行为提供背景;AI 在特定情景中的角色(如导游、顾问、助手等)和职责以及预期的行为模式,确保其行为和响应与角色相匹配。

应用示例 Prompt:

你是一位经验丰富的城市导游,负责向首次来访的游客介绍我们这座充满未来科技的城市。请用生动、详细的语言描述这些景点,让游客感受到这座城市的独特魅力。

中央公园:一个巨大的绿色空间,拥有自动维护的植被和互动式水景。

科技博物馆:展示了城市的历史和科技成就,包括虚拟现实体验区。

空中市场:一个悬浮在城市上空的市场,提供各种高科技商品和本地特产。

在这个示例中,背景设定为一座具有高科技特征的未来城市,而角色定位为一位城市导游。这样的 Prompt 概述部分为 AI 提供了清晰的指导,使其能够生成符合情景和角色的描述,从而提供更加丰富和引人入胜的用户体验。

2. 过程控制

在构建 Prompt 的过程部分时,我们需要详细定义 AI 需要的技能、规则和流程,以确保生成的内容既符合用户的期望,又具有高质量和相关性。以下是应用这些概念的详细说明和示例:

过程部分是描述 AI 在执行任务时需要遵循的技能、规则和流程的关键部分。通过清晰的过程设定,可以确保 AI 生成的内容符合用户的期望。

过程部分应包括:AI 需要掌握的技能或知识领域,以确保其能够提供专业和准确的信息;内容生成的具体规则,如真实性、创意性、长度限制等;生成内容的步骤和流程描述,以确保内容的逻辑性和完整性。

应用示例 Prompt:

作为一位专业的城市规划师,你需要向我们展示你的专业知识和创意。请遵循以下流程来描述我们的未来科幻城市,确保你的描述既准确又引人入胜。确保你已经掌握了城市规划、建筑设计和历史文化的知识。你生成的内容必须是真实可信、充满创意的,并且不超过 500 字。首先,提供一个关于城市整体布局的概述,包括主要的区域和功能。接着,详细描述几个主要景点,如中央公园、科技博物馆和空中市场。最后,总结这座城市的独特之处,以及它如何体现未来科技与人文的融合。

在这个示例中,过程部分为 AI 提供了清晰的指导,使其能够按照能力要求、操作准备和执行步骤生成内容,从而提供更加专业和高质量的生成内容。

3. 依赖条件

在构建提示词(Prompt)的依赖条件部分时,我们需要明确 AI 生成内容所需的各种资源和工具。以下是应用这些概念的详细说明和示例:

依赖条件部分是列出 AI 在生成内容时所需的知识、素材以及辅助工具或插件的关键部分。这些依赖项对于确保 AI 能够生成高质量和符合要求的内容至关重要。

依赖条件部分应包括:AI 生成内容所需的背景知识和理论基础,包括相关的研究文献、专业书籍、行业报告等;具体的素材,如图像、文本或数据,以供 AI 参考和使用;AI 在生成内容时需要使用的工具或插件,以提高效率和质量。

应用示例 Prompt:

提供一份关于未来城市规划和设计的详细方案,包括城市布局、交通系统、能源管理等方面的文献;之后根据描述生成一系列未来城市的图片,展示城市的外观、内部结构和居民生活。使用最新的图像生成插件,如 Midjourney 或 DeepArt,来辅助生成未来城市的图像内容。

在这个示例中,依赖条件部分为 AI 提供了必要的资源和工具,使其能够生成更加丰富和高质量的内容。这种结构化的方法有助于确保 AI 在生成内容时能够充分利用所有可用的资源。

4. 明确目标

在构建提示词时,需清晰界定 AI 生成内容的方向,这是确保生成内容符合预期的关键。明确目标有助于 AI 理解具体需求,输出更精准、高质量的内容。

明确目标需要提供具体的内容主题、面向的受众群体、期望的内容形式、篇幅长度以及特定要求等。比如希望的主题是前沿科技解读,受众为航空航天专业的学生,形式为结构清晰的学术报告,篇幅 2 000 字左右,特定要求是包含详细的技术参数和原理分析。

应用示例 Prompt:

为航空航天专业的本科高年级学生撰写一份关于"新型电动垂直起降飞行器(eVTOL)设计"的技术报告。内容需涵盖飞行器的整体布局、动力系统、控制系统、材料选择等方面的设计思路。篇幅控制在 2 500 字左右,语言要专业且严谨,至少包含该类型飞行器设计中的 5 个关键技术参数,并对其原理进行详细解释。同时,报告需结合当前航空领域的发展趋势,分析该飞行器设计的优势与潜在挑战。

在这个示例中,明确目标部分为 AI 生成内容指明了清晰方向,有助于 AI 生成更贴合需求的内容,充分发挥其作用。

综合示例如下:

(1) 概　　述

背景设定:在一个未来的科幻城市中。

角色定义:扮演一位城市导游,向游客介绍城市的特色和景点。

(2) 过　　程

技能掌握:AI 需要掌握城市规划、建筑设计和历史文化的知识。

规则设定:生成的内容需真实可信,充满创意,不超过 500 字。

流程描述:先介绍城市的整体布局,再详细描述几个主要景点,最后总结城市的独特之处。

(3) 依　　赖

知识来源:提供一份关于未来城市的设计方案和相关文献。

素材提供:提供未来城市的图片和视频素材。
辅助工具:使用图像生成插件来辅助生成图像内容。

(4) 控 制
积极控制:鼓励 AI 使用生动的语言和细节描述,使介绍更加生动有趣。
消极控制:避免使用过于技术性的术语,确保内容易于理解。

(5) 完整 Prompt 示例

一座充满高科技和未来感的城市以其独特的建筑设计和先进的城市规划而闻名。你是一位热情的城市导游,你的任务是向游客介绍这座城市的特色和景点,让他们感受到这座城市的魅力。你的介绍需要展现出对城市规划、建筑设计和历史文化的深刻理解,并且是真实可信、充满创意的,字数不超过 500 字。首先,概述城市的总体布局和设计理念。然后,详细介绍几个标志性的景点,如中央公园、科技博物馆和空中市场。最后,总结这座城市的独特之处,强调它如何成为未来生活的典范。请参考提供的关于未来城市设计方案的详细文献和资料。利用提供的未来城市的高清图片和视频素材来丰富你的描述。使用图像生成插件来创造更加生动的视觉内容。在描述中使用生动的语言和丰富的细节,让游客仿佛身临其境。避免使用复杂的技术术语,确保所有游客都能轻松理解你的介绍。

这个完整的 Prompt 示例为 AI 提供了清晰的指导和框架,确保生成的内容既符合预期目标,又具有吸引力和可读性。

本章小结

本章主要介绍了 AIGC 技术在文本生成领域的应用,即 AIGC 文生文。首先定义了 AIGC 文生文的概念,并详细阐述了其基本原理和技术,包括如何利用算法和模型来生成连贯、有意义的文本内容。然后介绍了大语言模型工具,这是 AIGC 文生文的核心。讨论了大语言模型的类型,并列举了目前主流的大语言模型。这些模型通过深度学习和大量数据训练,能够理解和生成自然语言文本。在对话应用大语言模型部分,探讨了基于 API 的功能、App 的功能以及网页端的基本功能。这些功能使得 AIGC 文生文技术可以被集成到各种应用程序中,从而提供智能对话和内容生成服务。

AIGC 文生文中的 Prompt 设计是提高生成文本质量的关键。本章还详细讨论了 Prompt 设计策略、基本原则、技巧,以及如何评估和优化 Prompt。这些内容对于理解和掌握如何有效地与 AIGC 文生文系统交互至关重要。最后,还介绍了提示词结构,这是构建有效 Prompt 的基础。通过这些结构,用户可以引导 AIGC 文生文系统生成特定风格、主题或格式的文本。

练习与思考

练习题

① 解释 AIGC 文生文的概念及其在内容生成中的应用。
② 列举并区分三种大语言模型类型。
③ 描述一个主流大语言模型及其在对话应用中的示例。
④ 设计一个 Prompt,用于生成特定主题的文章。

⑤ 评估并优化一个给定的 Prompt。

思考题

① 探讨 AIGC 文生文技术和生成内容质量的关系。

② 分析大语言模型在不同场景的适用性与挑战。

③ 讨论 Prompt 设计的重要性及其对提升内容质量的作用。

④ 分析 Prompt 设计的基本原则和技巧。

⑤ 讨论 AIGC 文生文对未来内容创作和信息传播的影响。

扫码观看 AI 流程图的智能化
应用与未来趋势

扫码观看脚本分镜的
艺术与实践

扫码观看思维导图的
创新应用与 AI 工具

扫码观看视觉艺术
描述与图像创作

扫码观看 AIGC 文生文
应用于新闻报告生成

扫码观看邮件 AI 功能的
创新应用

扫码观看一键 PPT 制作的 AI 辅助技术

第4章 AIGC 文生图

教学目标

① 识别并描述 AIGC 文生图在不同领域的应用场景，理解其对内容创作和视觉艺术的影响。

② 了解并比较不同平台（App、网页、PC 端）上的主流 AIGC 文生图工具的功能和特点。

③ 掌握 App 端文生图工具的操作，包括基本功能和高级特性，并能够独立创作图像。

④ 学习网页端和 PC 端文生图工具的使用，通过实践案例理解这些工具在专业图像创作中的应用。

⑤ 探索 AI 影像处理技术，学习如何使用 AI 进行图像编辑和增强，以及它如何辅助文生图创作。

在第 3 章中，我们深入探讨了 AIGC 文生文的基本原理和技术，从 AIGC 文生文的定义开始，逐步揭示了其背后的技术原理。我们了解了大语言模型的不同类型，以及当前主流的大语言模型，并探讨了这些模型在对话应用中的实际功能，包括基于 API 的功能、App 的功能以及网页端的基本功能。此外，我们还学习了 AIGC 中 Prompt 的设计策略，包括基本原则、技巧，以及如何评估和优化 Prompt，这些都是有效利用 AIGC 文生文技术的关键要素。

随着对 AIGC 文生文技术的深入了解，我们现在转向第 4 章，探讨 AIGC 文生图的应用。这一章将介绍文生图的不同应用场景，了解这一技术如何在多个领域中发挥作用。我们还将接触到一系列主流的工具，包括 App 端、网页端、PC 端以及传统制作软件中的主要工具，帮助我们在实践中更有效地生成图像内容。本章还将探讨 AI 影像处理技术，这是 AIGC 文生图技术的一个重要组成部分。通过学习这些内容，我们将掌握如何利用 AIGC 技术来生成和处理图像，从而在创意设计、内容创作和多媒体制作等领域中实现创新。

通过这一章的学习，我们不仅能够理解 AIGC 文生图的技术基础和应用场景，还将学会如何选择合适的工具来实现我们的目标。让我们开始这一探索之旅，深入了解 AIGC 文生图的潜力，并掌握如何有效地利用这一技术来创造视觉内容。

4.1 文生图应用场景

文生图技术的实际应用场景非常广泛，可以根据不同的应用领域进行分类，如表 4-1 所列。

以上应用仅是部分场景的应用，但可见文生图技术以其无限的多样性和灵活性，成为推动各行各业创新的引擎。每一次技术的飞跃，都是我们对未来可能性的一次大胆想象。想象一下，随着技术的不断进步，AIGC 文生图技术将在更广阔的领域中绽放其独特的光芒，成为我们解决问题的得力助手，甚至是引领变革的先锋。

表 4-1 文生图应用场景

序号	类别	详细内容
1	艺术创作与设计	艺术家和设计师可以使用文图技术快速生成绘画作品、服装设计图、艺术素材等,为创作提供灵感和基础草图
2	广告与营销	广告公司可以利用文生图技术快速生成广告图像和宣传材料
3	游戏开发	游戏开发者可以使用文生图技术生成游戏内的角色、场景和道具设计,提高设计效率并降低成本
4	影视制作	在影视制作中,文生图技术可以用来设计电影中的场景和特效,或者生成动画角色的概念图
5	教育与培训	教育领域可以利用文图技术生成教学材料和视觉辅助工具,帮助学生更好地理解和记忆复杂概念
6	个性化产品定制	用户可以根据自己的喜好,使用文图技术定制个性化的商品,如壁纸、T恤图案等
7	社交媒体内容创作	社交媒体用户可以利用文生图技术生成独特的图像和视频内容,用于个人表达或吸引关注
8	虚拟助手与聊天机器人	虚拟助手可以根据用户的查询或指令,使用文生图技术生成相关的图像或图解,以增强交互体验
9	数据可视化	在数据分析和报告中,文生图技术可以用来生成图表和信息图,使数据更易于理解和分享
10	时尚与美容行业	时尚设计师可以利用文生图技术探索新的服装设计和搭配,美容品牌可以生成产品效果图或广告图像
11	建筑与室内设计	建筑师和室内设计师可以使用文生图技术快速生成建筑效果图和室内设计方案,加速设计过程
12	医疗与科研	在医疗领域,文生图技术可以辅助生成医学图像或用于教育和研究目的,如生成人体解剖图

4.2 主流工具介绍

4.2.1 App端主要工具

文生图工具App端是一种利用人工智能技术,根据用户提供的文本描述自动生成图像的应用。这类工具通常基于先进的深度学习模型,如近两年非常流行的Diffusion模型,通过生成式对抗网络(GAN)、变分自编码器(VAE)、自然语言处理(NLP)技术,将文本转换为相应的视觉内容。图4.1分别是ChatGPT、文心一言、豆包App端关于日出的文生图效果展示。

这类App的特点通常包括:

(1)文本到图像的转换

用户可以输入一段描述性文本,App会根据文本内容生成图像。当然要想生成一幅精致的图像需要懂得文生图的基本逻辑,总的来说,描述的文字越细致,生成的图像细节也会越多。

第4章 AIGC文生图

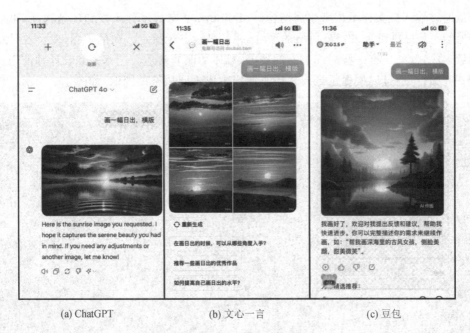

(a) ChatGPT (b) 文心一言 (c) 豆包

图 4.1　主流工具介绍

（2）风格多样

许多文生图工具支持多种艺术风格，从写实到抽象，用户可以根据需要选择备用模板或直接描述绘画风格。

（3）交互式创作

一些 App 允许用户通过交互式方式细化生成的图像，例如调整颜色、智能笔刷、一键抠像、局部重绘等。

（4）社区和分享

用户可以在 App 内将创建的图像分享到社区，与其他用户交流和获取灵感。

（5）商业化应用

一些文生图工具还提供了商业化的服务，如定制化头像生成、真实照片转漫画风格等。

4.2.2　网页端主要工具

文生图工具的网页端通常提供了用户友好的界面。相对于移动端，网页端可以有更多的交互方式和控制手段，例如网页端可以方便地使用鼠标进行精细的参数调整，在设置图像的构图、色彩饱和度等参数时，能够通过滑动条、输入框等进行更精准的操作；还可以通过快捷键快速执行一些常用功能，而这些在移动端的操作相对会比较烦琐。用户可以通过输入文本描述来生成相应的图像，其图像生成原理与移动端是一样的。

区别于移动端，网页端生成的图像通过 AI 放大处理后，图像的分辨率和清晰度能够满足如商业海报制作、产品包装设计等产品级的使用需求。然而，网页端和移动端所使用的主流文生图工具在功能特性、操作方式以及适用场景等方面还是存在一些区别的。下面列举几个大类应用网站。

（1）Midjourney

Midjourney 是一家专注于开发 AI 图像生成的应用网站，它提供了一个简洁的网页界面，用户可以通过输入英文提示词来生成图像。Midjourney 支持多种风格和定制选项,可以提供图像参考给 AI,提供角色、内容、风格的参考,并且可以进行指定方向的扩图,以及各种指定比例的图像生成,此外还有一些局部绘制的功能,总体功能非常适合艺术家和设计师使用。此绘画模型不开源,只通过风格提示词或代码来调用生成不同风格的图像,如图 4.2 所示。

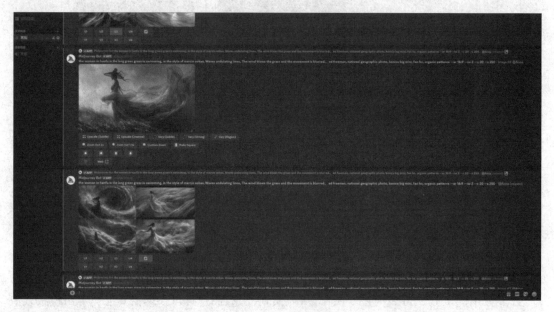

图 4.2　Midjourney 界面

(2) 即梦 AI

即梦 AI 是字节跳动旗下剪映团队研发的一站式 AI 创作平台,网页版页面更加简洁,可以通过输入中文提示词来生成图像,如图 4.3 所示。目前即梦 AI 内置了 4 种生图模型,可以

图 4.3　即梦 AI 界面

导入参考图给 AI,提供主体、人物长相、角色特征、边缘轮廓、风格特征、景深以及人物姿态的多种参考,也可以进行指定方向的扩图,以及各种指定比例的图像生成,图像像素尺寸可以任意设置,此外还有智能画布的功能,区别于其他网站,即梦 AI 有移动端的应用,这一点使用起来非常方便。

(3) 哩布哩布

哩布哩布(LiblibAI)是我国的一个 AI 创作平台,专注于 AI 绘画和模型分享。它提供了多种基于 Stable Diffusion 的 AI 绘画模型资源,这些模型覆盖了各种主题和风格,如建筑设计、插画设计、摄影、游戏、中国风、室内设计、动漫、工业设计等。用户可以在模型广场中找到并使用这些模型资源,进行各种设计和创作项目。使用时需注意模型创作者公布的权限说明,避免模型版权等法律纠纷,如图 4.4 所示。

图 4.4 哩布哩布界面

4.2.3 PC 端主要工具

AIGC 文生图在 PC 端的应用主要是指在个人电脑上本地部署的方式,图像生成速度取决于本地的 CPU 或 GPU 算力,通常依靠 GPU 来提供算力。在 PC 端使用 Stable Diffusion 进行文生图时,前提是需安装相关依赖环境和开源的项目包。用户可以通过输入文本描述,并加载 AI 绘画模型以及一些其他的控制模型来生成相应的图像。

本地部署界面功能丰富,根据复杂程度不同,有多种 GUI 界面。启动软件后,这些界面会通过网页形式呈现,用户可在浏览器中访问操作。Stable Diffusion 有较多版本的 GUI,以下是主流应用的分类。

(1) Fooocus

Fooocus 是一款由斯坦福大学博士生张吕敏(Lyumin Zhang)开发的 AI 图像生成软件。它结合了 Stable Diffusion 和 Midjourney 的优点,提供了一个简洁易用的界面,让用户可以轻松地通过文本描述生成高质量的图像。它的设计理念是让用户不需要进行复杂的参数调整,只需专注于创作过程,如图 4.5 所示。

图 4.5 Fooocus 界面

(2) Forge

Forge 的开源作者也是张吕敏,SD WebUI Forge 是一个基于 Stable Diffusion WebUI (SD WebUI)开发的优化版本,它旨在简化开发流程、优化资源管理,并加快推理速度。Forge 的名字灵感来自 Minecraft Forge,目的是成为 SD WebUI 的一个强化版本,类似于游戏中的 Forge 那样。Foge 能解决模组间的兼容性问题,适合显存较小的用户,能够在有限的硬件资源下提供更快的图像生成速度和更好的性能,如图 4.6 所示。

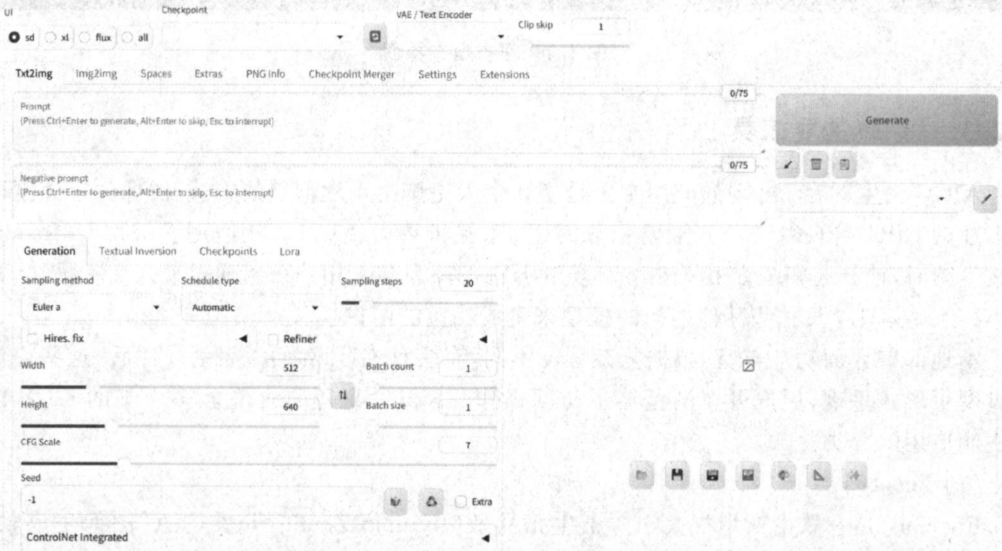

图 4.6 SD WebUI Forge 界面

第4章 AIGC 文生图

（3）SD WebUI

Stable Diffusion（SD）是文本到图像生成领域的一个重要的里程碑，Stable Diffusion（SD）是由慕尼黑大学 CompVis 团队提出，并与 Stability AI 和 Runway 合作开发的文本到图像生成模型。它能够根据文本描述生成图像，对现有图片进行风格转换，以及进行图像修复和视频动画化。SD 的源代码开源，允许任何人免费使用，促进了越南开发者 Automatic1111 基于其开发的图形化界面（如 SD WebUI）的创新。这款开源应用程序因其开放的生态和快速发展，不断更新其安装和配置方式，以适应不断变化的用户需求。SD 在艺术、设计、娱乐和教育等多个领域展现出广泛的应用潜力，如图4.7所示。

图4.7 SD WebUI 界面

（4）ComfyUI

ComfyUI 是一个为 Stable Diffusion 专门设计的图形用户界面（GUI），它基于节点流程，允许用户通过拖放和连接不同的模块来构建图像生成的工作流。这种节点式的界面提供了高度的自定义性和灵活性，使得用户可以精确控制图像生成的每一个步骤。ComfyUI 支持多种 Stable Diffusion 模型，并且可以在不同的硬件配置上运行，相对于 WebUI，ComfyUI 对于设备性能要求低一些，如图4.8所示。

4.2.4 传统制作软件主要工具

在传统制作软件中，AI 技术的融入正在改变设计和创作的工作流程。以下是一些在平面设计、三维建模和视频剪辑合成软件中常见的 AI 功能。

1. 平面设计软件

AI 在平面设计软件中的应用包括但不限于：

① 自动图像增强：AI 可以自动调整图像的亮度、对比度和颜色，使图像看起来更专业。

② 智能排版：AI 可以根据内容自动调整字体大小、行距和页面布局，以实现最佳的视觉效果。

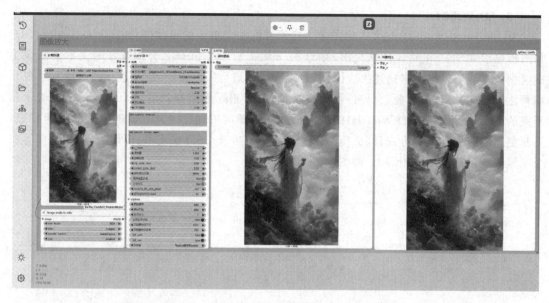

图 4.8 ComfyUI 界面

③ 设计建议：AI 工具可以根据用户输入的文本快速生成设计概念，并从色彩搭配、图形元素组合等方面提供具有独特风格的设计特色和预期的视觉效果。

其他应用包括智能抠图、智能去除、扩图，以及生成背景，还可以加载类似于 SD 的插件进行生图处理，PhotoShopAI 功能如图 4.9 所示。

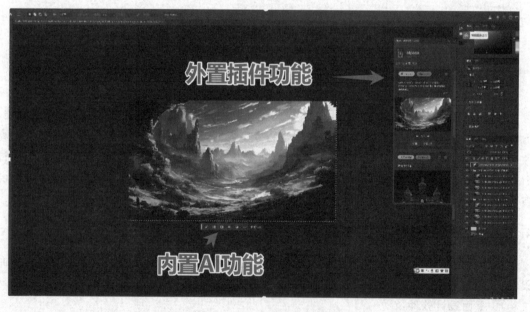

图 4.9 PhotoshopAI 功能

2. 三维建模软件

在三维建模和渲染软件中，AI 技术的应用正在扩展，主要包括：

① 智能建模：通过文字或图像生成 3D 模型。

② 动作捕捉：AI 工具可以用于动作捕捉，通过分析视频自动生成 3D 角色的动作。
③ 纹理和材质生成：AI 可以根据少量的输入自动生成复杂的纹理和材质。
Blender AI 插件如图 4.10 所示。

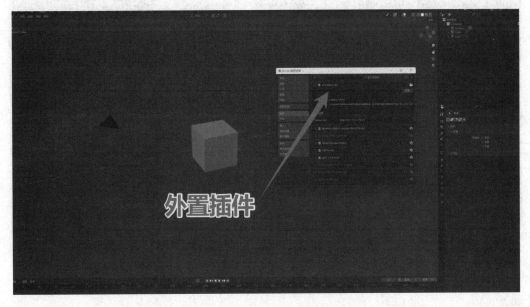

图 4.10　Blender AI 插件

3. 视频剪辑合成软件

AI 在视频剪辑和合成软件中的应用包括：

① 自动化编辑：AI 工具如 Clipfly 可以将静态图片转换为动画视频，还能通过 AI 技术提升视频质量，自动调整视频的亮度、饱和度、对比度等参数。

② 智能剪辑：AI 可以分析视频内容，自动剪辑出最佳片段，如 Tailor 集成了人脸识别、语音识别等智能技术，提供视频编辑、生成和优化三大功能。

③ 语音识别和字幕生成：剪映 AI 可以自动生成视频字幕，并且可以通过文本描述生成字幕纹理，提高多语言内容的可访问性。

④ 数字人：剪映集成了 AI 文本生成、图像生成、音频生成和视频生成，并且集成了数字人功能，如图 4.11 所示。

这些 AI 功能正在不断进步，它们通过简化重复性任务和提供智能建议，帮助设计师和创作者提高效率和创造力。随着技术的不断发展，我们可以期待更多创新的 AI 工具和功能被集成到传统制作软件中。

4.2.5　AI 影像处理

AI 除了可以生成图像和视频，还可以对生成的图像进行后期处理，目前相对成熟的技术和解决方案都是部署在网站和本地部署软件上的，本章提到的各平台都有相应的应用。这些应用主要针对我们日常对于图像后期处理的需求，在传统制作方法上进行了简化操作，底层使用 AI 技术来实现图像的后期处理。总体来讲，主要做以下几项处理：

① 图像增强：通常使用深度学习模型来改善图像的视觉效果，比如提高分辨率、增强颜色

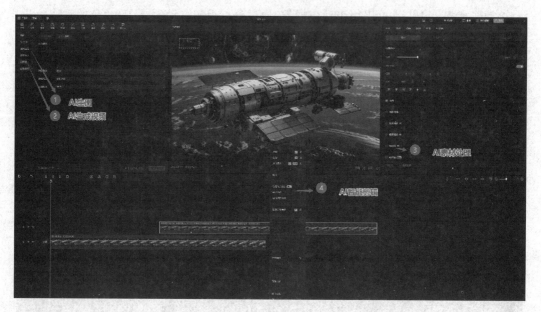

图 4.11 剪映 AI 功能

和对比度等。它可以通过卷积神经网络(CNN)等模型学习图像的特征,并进行相应的增强处理。

② 智能抠图:智能抠图技术利用 AI 来识别和分离图像中的前景和背景。例如,使用情境感知蒸馏(SPD)和情境感知引导抠图(SPGM)技术,通过预训练视觉到文本的特征转换,生成与其相关图像相对应的标题,然后根据这些信息来实现精准抠图。

③ 图像修复:AI 图像修复技术能够识别并修复图像中的缺失或损坏部分。这通常涉及使用生成式对抗网络(GAN)或自编码器等模型,通过学习大量的图像数据来预测和填充图像中的缺失区域。

④ 图像融合:图像融合技术可以将多个图像合并为一个,以增强图像的视觉效果或提供更多的信息。例如,使用混合专家的思想,将每个专家作为一个高效的微调适配器,基于基座模型执行自适应视觉特征提示融合。

⑤ 图像扩展:AI 图像扩展技术通过分析图像内容并智能地生成新的像素,以增加图像的尺寸和分辨率。这通常涉及使用深度学习模型来预测新像素并将其添加到原始图像中,以实现图像的无缝扩展。

⑥ 智能消除:智能消除功能使用 AI 技术来识别并去除图像中不需要的对象或元素。这通常涉及复杂的图像理解能力,以及在消除对象后对背景或其他图像区域进行自然和真实的填充和修复的能力。

1. 图像放大

图像放大技术利用深度学习模型对图像进行无损放大,常用的方法包括超分辨率重建技术。通过训练神经网络模型,如 SRCNN 或 ESRGAN,能够有效提高图像的分辨率,同时保留细节和纹理,避免传统插值方法带来的模糊和伪影,如图 4.12 所示。

2. 智能抠图

智能抠图技术通过深度学习模型实现图像中的前景和背景分离。常见方法有基于 U-

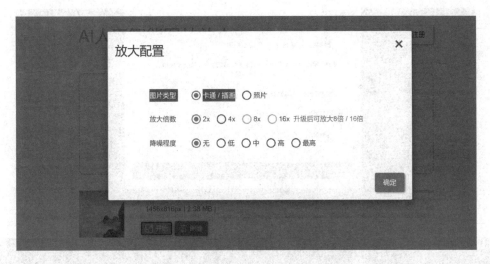

图 4.12　图像放大

Net 或 Mask R-CNN 的语义分割模型,这些模型能够精确定位和分割图像中的目标物体,适用于图像编辑、合成以及虚拟背景替换等应用,如图 4.13 所示。

图 4.13　智能抠图

3. 修复重绘

修复重绘技术旨在修复图像中的损坏区域或缺失部分。通过卷积神经网络(CNN)或生成式对抗网络(GAN),如 EdgeConnect 或 DeepFill,能够自动填补图像中的缺失区域,使其与周围环境自然融合,恢复图像的完整性,如图 4.14 所示。

4. 图像融合

图像融合技术通过结合多张图像的信息,生成更高质量的图像。基于深度学习的图像融合方法,如使用多尺度卷积网络或融合生成式对抗网络(GAN),可以有效地整合不同图像的特征,生成清晰且具有高细节的融合图像,广泛应用于多曝光融合、HDR 成像等领域,如图 4.15 所示。

图 4.14　修复重绘

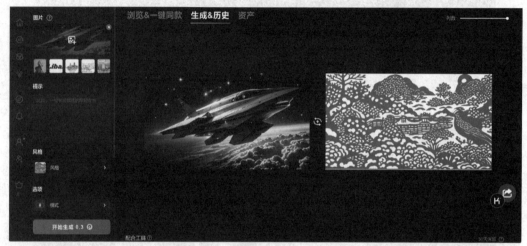

(a) 图像融合前

(b) 图像融合后

图 4.15　图像融合

5. 图像扩展

图像扩展技术用于扩展图像的边界,使其内容自然地延展到更大的画布中。常用方法包括基于深度学习的图像扩展模型,如使用自注意力机制的 Transformers 或 GAN,可以生成与原图一致的扩展内容,应用于海报制作、横幅设计等领域,如图 4.16 所示。

图 4.16　图像扩展

6. 智能消除

智能消除技术是一种利用人工智能算法来处理图像的技术。它能够识别并去除图片中不需要的元素,如杂物、路人或特定的物体。这项技术主要基于深度学习,尤其是卷积神经网络(CNN)的应用,通过训练模型来识别和处理图像内容。智能消除技术的关键优势在于其能够智能填充被消除对象留下的背景,使得图片在移除不需要的元素后依然保持自然和谐,如图 4.17 所示。

图 4.17　智能消除

本章小结

第4章深入探讨了AIGC在文生图领域的应用,涵盖了文生图的应用场景、主流工具及其功能。文生图技术,即通过文本描述生成图像的技术,正逐步改变传统的图像创作和艺术领域。本章首先介绍了文生图的多种应用场景,包括艺术创作、游戏设计、广告制作、教育和科普等,这些场景体现了文生图技术的广泛潜力和实际价值。然后介绍了不同平台的主要工具,包括App端、网页端、PC端和传统制作软件的工具,以及AI影像处理技术。这些工具通过提供用户友好的界面和强大的生成能力,使得非专业用户也能轻松创作出高质量的图像内容。例如,百度AIGC绘画工具利用生成式对抗网络(GAN)技术,支持中文语义理解,提供多样化风格,并具备编辑与扩展功能,极大地丰富了图像生成的可能性。通过本章的学习,读者可以全面了解AIGC文生图的技术和应用,把握其在未来内容创作中的重要地位。

练习与思考

练习题

① 列出AIGC文生图在不少于四个不同行业的应用场景,并解释每个场景是如何利用AIGC技术提升效率或创造力的。

② 选择一个你熟悉的App端AIGC文生图工具,描述其主要功能并给出一个使用案例。

③ 访问并比较两个不同的网页端AIGC文生图工具,讨论它们在用户界面和功能上的异同。

④ 描述PC端AIGC文生图工具的一个优势,并解释它是如何满足专业用户的需求的。

⑤ 研究一个传统制作软件中的AIGC文生图工具,并尝试使用它来解决一个实际的设计问题。

思考题

① 讨论AIGC文生图技术是如何改变内容创作者的工作流程和创作思维的。

② 探索AIGC文生图技术在教育领域的潜在应用,并讨论其对教学和学习的影响。

③ 分析AIGC文生图工具在App端和网页端的用户体验差异,并提出改进建议。

④ 探讨AIGC文生图技术在跨领域应用中的潜力,例如结合虚拟现实(VR)或增强现实(AR)技术。

⑤ 评估AIGC文生图技术在传统制作软件中的集成对行业专业人士的影响。

扫码观看Stable Diffusion
模型安装部署指南

扫码观看网页端工具
文生图实践训练指南

第5章 文生图软件布局及基本使用

> **教学目标**

① 理解 Stable Diffusion 在现有 AI 绘图软件中的优势和选择它的理由。
② 熟悉 Stable Diffusion 的不同用户界面(如 SD WebUI、ComfyUI、Fooocus)及其特点。
③ 掌握 Stable Diffusion 软件的布局和界面操作,包括模型调用、功能面板、生成控制和参数调整。
④ 学习生成后图像的处理和设置方法,以优化图像输出。
⑤ 掌握使用 Stable Diffusion 进行图像生成的完整流程,包括需求明确、模型选择、提示词拟定和图像控制。

在第4章中,我们探讨了 AIGC 文生图的应用场景,涵盖了从 App 端到网页端,再到 PC 端和传统制作软件的主要工具。每一类工具都有其特定的用户群体和应用环境,它们共同推动了文生图技术在不同领域的应用和发展。例如,App 端的工具以其便捷性适合快速创作和分享,而 PC 端的工具则提供了更专业的功能和更高的性能,满足专业设计师的需求。传统制作软件的主要工具则在保持其专业性的同时,也在逐渐融合 AI 技术以提升创作效率。此外,AI 影像处理技术的应用,使得图像的生成、编辑和优化变得更加智能和高效。

第5章将研究 Stable Diffusion 这一流行的 AI 绘图软件,详细介绍其用户界面分类、软件布局和基本使用流程。Stable Diffusion 因其出色的图像生成能力和高度的可定制性而受到青睐。本章将探讨为什么选择 Stable Diffusion 而不是其他 AI 绘图软件,以及如何通过 SD WebUI、ComfyUI 和 Fooocus 等不同的用户界面来实现高效的图像生成。

通过本章的学习,我们将深入了解 Stable Diffusion 的软件布局,包括模型调用菜单、主要功能面板、生成及模型载入区、参数调整区、插件功能区,以及提示词预设、加载和生成按钮等关键部分。这些组件共同构成了 Stable Diffusion 强大的图像生成系统,使其能够满足从基础到高级的各种图像创作需求。本章还将介绍 Stable Diffusion 的基础流程,包括明确生图需求、选择相关模型和插件、拟定相关提示词,以及如何控制生成图像。通过这些步骤,无论是进行艺术创作、设计原型还是进行其他视觉表达,我们都可以根据自己的需求生成高质量的图像。

通过这两章的学习,我们将对 AIGC 文生图的应用场景和工具有一个全面的了解,并且能够熟练使用 Stable Diffusion 这一强大的 AI 绘图工具来实现我们的创意愿景。让我们继续探索 AIGC 文生图的无限可能,释放我们的创造力。

5.1 为什么选用 Stable Diffusion?

5.1.1 现有 AI 绘图软件概况

AI 绘图软件的演变经历了快速的技术突破和功能扩展。最早的代表是 OpenAI 于 2021

年推出的 DALL·E 2,它通过自然语言生成精细的图像,开启了 AI 生成图像的新时代。2022年,Midjourney 和 Stable Diffusion 相继推出:Midjourney 强调艺术氛围,通过 Discord 提供直观的操作体验,而 Stable Diffusion 作为开源工具,因其灵活的定制性和低成本被广泛应用于研究和创作。2023 年,Adobe Firefly 加入战场,专为创意专业人士设计,将 AI 与 Adobe Creative Cloud 的传统工具结合,为商业设计提供了更高效的解决方案。随着 AI 图像生成的不断发展,用户现在可以通过简单的文本描述生成复杂的、高质量图像,且操作变得更加易于上手,功能也愈加多样化。

AI 绘画工具的推出时间和发展历程如下:

(1) **DALL·E 2(2021 年 4 月)**

作为 OpenAI 的产品,DALL·E 2 是最早的生成式 AI 绘画工具之一,它的推出标志着 AI 图像生成领域的一个重大突破。DALL·E 2 利用自然语言描述生成图像,尤其擅长精确地将复杂的场景转换成视觉内容。其后续版本 DALL·E 3 于 2023 年推出,进一步提升了图像质量,并通过集成 ChatGPT 使提示词设计更加智能。

(2) **Midjourney(2022 年 7 月)**

Midjourney 强调艺术性和氛围感,在生成图像时更注重情感和视觉效果。它通过 Discord 平台操作,适合那些希望轻松生成富有艺术表现力的用户。Midjourney 自推出以来快速流行,并持续推出新版本(如 2023 年的 V6 版本),不断增强其生成效果和多样性。

(3) **Stable Diffusion(2022 年 8 月)**

作为一个开源模型,Stable Diffusion 广受欢迎,尤其是在技术爱好者和开发者中。它允许用户在本地运行模型,提供高度定制化的生成过程。它的开源特性和可扩展性使其成为研究和教学的理想工具,并且其生成质量随着社区贡献的增加而不断提升。

(4) **Adobe Firefly(2023 年 3 月)**

Firefly 是 Adobe 推出的 AI 生成图像工具,集成在 Creative Cloud 中,专为创意专业人士设计。它提供了强大的图像生成和编辑功能,特别适合那些需要在设计项目中使用 AI 的用户。

5.1.2 选用 Stable Diffusion 的理由

本书选用 Stable Diffusion 作为讲解文生图(文本生成图像)主要软件的原因有以下几点:

① 开源性与可扩展性:Stable Diffusion 是开源的生成式 AI 模型,允许开发者自由使用、修改和扩展。这种开放性为学术研究和工业应用提供了极大的灵活性和创新空间。相比于闭源的商业工具,开源软件更适合教学和学习,因为它提供了深入理解和自定义的机会。

② 高质量生成效果:Stable Diffusion 在生成图像的质量和多样性方面表现出色,能够生成清晰、逼真的图像,适用于不同的场景和风格。这使得它成为教授如何通过文本生成高质量图像的理想选择。

③ 多功能性:Stable Diffusion 支持多种生成模式,如图生图(img2img)和文本生图(txt2img),同时还具备涂鸦、局部重绘(Inpainting)等功能。这种多样化的功能能够满足不同类型的图像生成需求,帮助学生更全面地理解生成式图像技术。

④ 丰富的社区资源与生态系统:由于 Stable Diffusion 拥有庞大的用户社区和开发者支持,相关的插件、预训练模型、提示词库等资源丰富且易于获取。这些资源能够帮助学习者快

速上手,并且能够通过社区交流和分享进一步提升技术水平。

⑤ 低计算成本:与一些需要大量计算资源的生成式 AI 模型相比,Stable Diffusion 的运行效率较高,能够在相对有限的硬件条件下实现图像生成。这使得它适合广泛的教学场景,不论是线上教学还是个人学习者。

⑥ 对提示词的灵活支持:Stable Diffusion 对提示词(Prompts)具有很强的响应能力,用户可以通过调整提示词内容、权重和语法来精细控制生成结果,这在教学中能够更好地展示如何通过提示词实现特定的图像效果。

综合来看,Stable Diffusion 的开源性、强大功能、高质量生成效果以及易用性使其成为讲解文生图的理想工具,Stable Diffusion 与其他几个 AI 工具的对比如表 5-1 所列。

表 5-1　主流 AI 文生图工具对比

对比项	Midjourney	DALL·E 3	Stable Diffusion
成本评估	订阅制,按月收费	有免费和付费版本	开源,低成本
内容过滤	严格内容过滤	有一定内容过滤	用户自定义过滤
图像定制	丰富的风格选择,图像转化	多种风格转换	高度自定义,插件支持
上手难度	易上手,基于 Discord	中等,依赖于提示词精度	中等,需具备一定技术背景
生成图像质量	高质量,风格多样	高质量,风格转换精准	高质量,受限于计算资源
自定义比例	自动适应	支持自定义	完全自定义
图像修复重绘	支持图像提示生成	支持重绘和局部生成	支持重绘和 Inpainting
模型迭代	支持不同模型选项	固定模型	高度可定制,支持多模型
商用许可	生成的图像非商用	非商用许可	开源,可商用

5.2　Stable Diffusion 用户界面分类

5.2.1　SD WebUI

SD WebUI 是一个基于 Web 的界面,用于运行 Stable Diffusion 模型。它允许用户在浏览器中输入文本提示,然后生成相应的图像。SD WebUI 支持多种功能,如调整模型、图像尺寸、采样步数等。用户可以在 WebUI 中方便地调整这些参数,以获得满意的图像生成效果。SD WebUI 的一个优点是其易于使用,用户无须安装任何额外的软件,只需在浏览器中打开 WebUI 页面即可开始使用。

SD WebUI 的 GitHub 发布页面:GitHub: Lets build from here AUTOMATIC1111/stable-diffusion-webui/releases,如图 5.1 所示。

5.2.2　ComfyUI

ComfyUI 是一个功能强大的节点编辑工具,支持 Stable Diffusion 模型的双模型计算。与 SD WebUI 相比,ComfyUI 提供了更多的自定义选项和灵活性。用户可以通过连接不同的节点来创建工作流,从而实现对图像生成过程的精细控制。ComfyUI 支持多种插件,如 ADe-

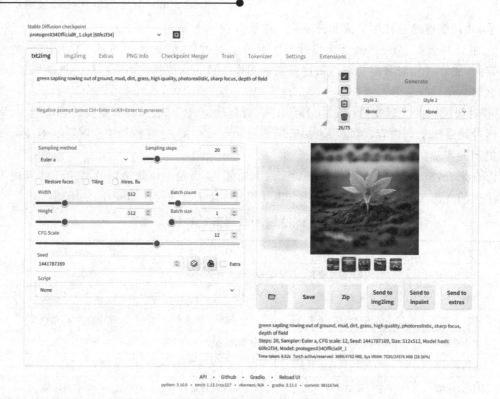

图 5.1　SD WebUI 文生图界面

tailer、Controlnet 和 AnimateDIFF 等,这些插件可以进一步扩展 ComfyUI 的功能。值得注意的是,ComfyUI 可以在 MacBook Pro M1 的 16 GB 内存上运行双模型计算,这使得它在一定程度上具有竞争优势。

ComfyUI 的 GitHub 发布页面:https://github.com/comfyanonymous/ComfyUI/releases,如图 5.2 所示。

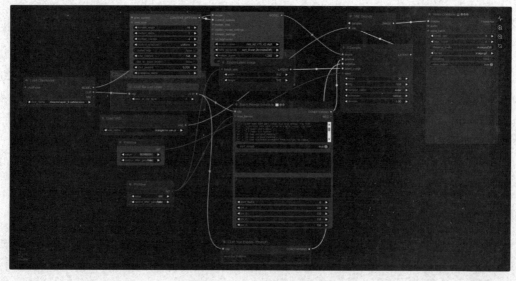

图 5.2　ComfyUI 生图界面

5.2.3 Fooocus

Fooocus 的主要特点是简单易用,用户只需关注提示词的书写,就可以生成高质量的图片。Fooocus 的创作者是斯坦福大学博士生张吕敏,他对 Fooocus 进行了大量的优化,使得用户可以忘记所有那些困难的技术参数,只享受人与计算机之间的交互,如图 5.3 所示。

图 5.3　Fooocus 文生图界面

总之,Fooocus、SD WebUI 和 ComfyUI 都是基于 Stable Diffusion 模型的 AI 绘画工具,各自具有不同的特点和优势。Fooocus 以其简单易用和高质量的图像生成而受到关注,而 SD WebUI 和 ComfyUI 则分别以其易用性和灵活性而受到欢迎。用户可以根据自己的需求和喜好选择合适的工具。

5.3　Stable Diffusion 软件布局与界面介绍

SDWebUI(Stable Diffusion WebUI)是一个基于 Stable Diffusion 模型的开源网页界面,方便用户进行图像生成操作,如图 5.4 所示。以下为其主要软件布局的详细介绍。

5.3.1　模型调用菜单

打开 SD WebUI 界面后,系统默认加载大模型、VAE、CLIP 终止层数(默认 2),Lora 可自行在设置内添加(默认无此项),当对模型没有特殊需求时,直接在图 5.5 所示面板里设置就可以,当需要加入一些微调模型时,如图 5.6 所示。

注意:当新拷贝模型时单击右侧的按钮进行刷新,刷新后可见装载后的新模型。

(1) **Stable Diffusion** 模型

这是生成图像的基础,通常称为"底模"或"大模型"。默认情况下,启动后系统不会自带大模型,但有些启动包可能会附带一两个基础模型。为了长远使用,建议用户自行积累模型资

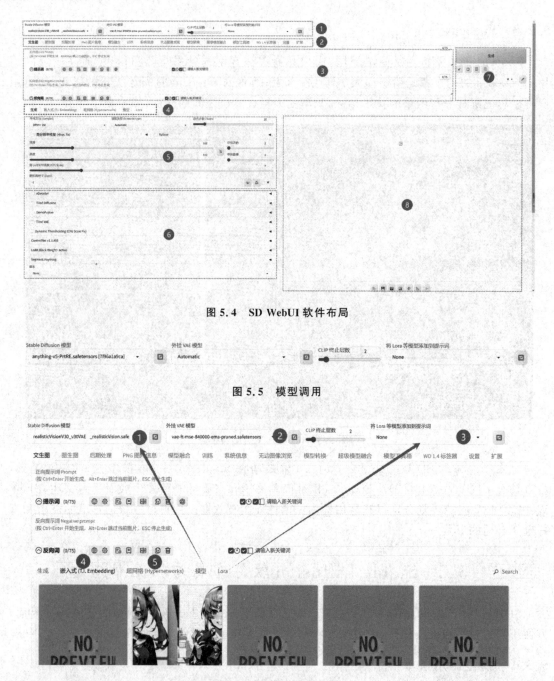

图 5.4　SD WebUI 软件布局

图 5.5　模型调用

图 5.6　多模型调用分类

源。大模型文件通常有两种后缀，即 ckpt 和 safetensors。因为每个大模型在风格上有所区分，所以为了便于理解，我们可以将这些模型理解为不同的"艺术家"，通过提示词描述需求，这些"艺术家"会根据各自的画风来满足我们的要求。

（2）外挂 VAE 模型

VAE 是变分自编码器的英文缩写，主要作用是为图像去灰度、增加饱和度，类似滤镜效果。如果加载了这个文件，图像的颜色就会更明亮艳丽，但即使没有它，影响也不大。通常建议设置为自动加载即可。

(3) 跳过 CLIP 层数

CLIP 是语言与图片对比预训练模型的缩写,用于控制关键词(Prompt)与生成图像之间的关联性。可以理解为:CLIP 层数越多,关联性越弱,Stable Diffusion 的自由发挥空间越大,但可能偏离预期效果;CLIP 层数越少,关联性越强,Stable Diffusion 的发挥空间越小,生成的图像更接近预期。一般情况下,建议保持默认数值为 2 的设置。

5.3.2 主要功能面板

不同版本安装插件有所不同,常规功能如图 5.7 所示。

图 5.7 主要功能面板

① 文生图:通过文字描述生成对应的图像,充分发挥文字的创意潜力。

② 图生图:结合文字描述与现有图像,通过多种算法生成新图像,提升图像创作的多样性。

③ 后期处理:对 AI 生成的图像或外部图像进行单个或批量处理,进一步优化和提升图像质量。

④ PNG 图片信息:解析已生成图像的原始参数信息,并支持将图像推送至文生图、图生图或后期处理模块。

⑤ 模型融合:将多种可兼容模型进行融合,生成独立的全新模型,以满足特定创作需求。

⑥ 模型训练:通过图像数据集对模型进行训练,生成专属定制模型,提升生成效果。

⑦ 系统信息:显示当前电脑环境部署信息、软件版本及所使用的模型信息,方便用户了解系统运行状态。

⑧ 无边图像浏览:实时查看各文件夹中的图像输出,便捷管理和浏览生成的图像文件。

⑨ 模型转换:对现有模型进行精度调整与格式转换,支持载入 VAE 模型进行生成优化。

⑩ 超级模型融合:提供多种模型融合算法,允许微调算法参数,生成更加复杂和创新的图像模型。

⑪ 模型工具箱:详细解析所选模型的架构、精度、类别等信息,帮助用户更好地了解和使用模型。

⑫ WD1.4 标签:为任意图像生成标签,支持设置阈值,用于训练素材打标签的常用工具。

⑬ 设置:提供软件各界面和功能的详细设置,新手用户建议谨慎调整,以免影响使用体验。

⑭ 扩展:支持插件扩展安装,用户可根据需求在此面板添加新插件,扩展软件功能。

5.3.3 正反向提示词输入区

正反向提示词输入界面主要有上下两个区域,上部是正向提示词输入区,下半部分是反向提示词输入区,默认识别是英文输入,如使用中文需翻译后输入,也可以调用 API 直接进行中文转英文,界面如图 5.8 所示。

图 5.8　正反向提示词输入区

5.3.4　生成及模型载入区

本功能区是图像生成技术的核心,它不仅负责调整生成图像的关键参数,还支持多种模型的加载与应用,界面如图 5.9 所示。

图 5.9　生成及模型载入区

① 图像生成参数调整:本区域是调整图像生成过程中关键参数的核心部分,这些参数对生成图像的质量、风格和特征有着决定性的影响。

② 负向提示词 Embedding 模型:在此部分,加载用于处理负向提示词的 Embedding 模型文件。Embedding 技术能够将文本提示转换为高维空间中的向量表示,从而在图像生成过程中实现更精确的语义匹配。

③ 超网络模型:虽然超网络模型在当前的应用中较为罕见,但此部分提供了加载超网络模型文件的功能。超网络能够通过学习不同子网络的权重分布,实现对多种任务的适应性优化。

④ 模型 Checkpoint:模型 Checkpoint 是存储训练过程中模型状态的文件,它允许我们在训练过程中的任何时刻保存模型的当前状态。此外,如果为模型增加图片预览功能,用户在切换使用不同模型时将更加便捷,有助于快速评估和选择最佳模型。

⑤ Lora 模型加载:Lora 模型是一种轻量级的模型调整技术,它通过少量的可训练参数实现模型的微调。在本区域,用户可以加载 Lora 模型,并为其设置缩略图预览,以便于在图像生成过程中直观地查看和选择模型。

5.3.5　参数调整区

参数调整区是整个界面中使用较频繁的设置区域,决定了整个生成图像的质量、生图速度,以及批次生成数量,图像放大重绘都在这个面板中设置,界面如图 5.10 所示。

① 采样方法:采样方法定义了图像生成的过程,是图像生成技术中的核心概念。Stable

第 5 章 文生图软件布局及基本使用

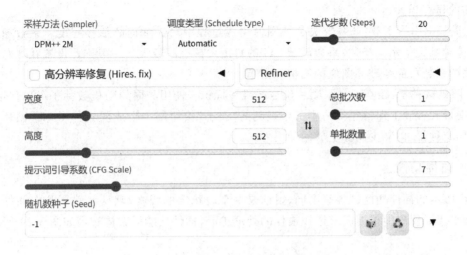

图 5.10 参数调整区

Diffusion 提供了多种采样方法,每种方法都适应于特定的图像生成需求。在最新版本 1.10 中,采样方法和调度器被分离,以更灵活地调整生成策略。第 8 章将深入探讨采样器的工作原理和应用方法。

② 迭代步数:迭代步数是影响图像生成精细度的关键参数。一般推荐设置在 20 与 30 之间,具体数值应根据所选模型的大小进行调整。虽然增加迭代步数可以提高图像的精致度和准确性,但同时也会增加计算时间。重要的是找到最优的迭代步数,以平衡图像质量和生成效率。

③ 高分辨率修复:高分辨率修复功能通过多种放大算法对生成的图像进行细节增强。它允许用户调整迭代步数和重绘幅度等参数,以优化图像放大后的质量。Stable Diffusion 在训练时通常使用低分辨率图像,直接生成高分辨率图像可能会引起图像失真。高分辨率修复可以有效解决这一问题。

④ 放大算法:决定了图像放大时的采样方式。

⑤ 放大倍数:允许用户选择图像放大的倍数,最大可达 4 倍。

⑥ 高分迭代步数:在提升图像分辨率时使用的迭代步数。若设为 0,则与常规迭代步数相同。

⑦ 重绘幅度:表示在放大过程中添加的噪点数量,影响放大后图像与原始图像的相似度。

⑧ 宽高调整:用于设定图像的具体像素尺寸,推荐保持等比缩放以避免失真。

⑨ 放大算法选择:包括传统图像放大算法(如 Lanczos 和 Nearest 插值)和 AI 图像放大算法(如 4x-UltraSharp、BSRGAN、ESRGAN 等)。

⑩ 推荐算法:

a. ESRGAN 系列和 4x-UltraSharp:适用于写实风格图像的放大。

b. R-ESRGAN 4x+:特别适合保留细节和纹理,尤其在人像和头像放大中提供自然效果。

c. R-ESRGAN 4x+ Anime6B:专为动漫和二次元图像优化,有效处理色彩、线条及细节。

⑪ 分辨率及单批数量:图像的分辨率和单批生成数量直接影响显存的使用。分辨率越

高,所需的显存越大。

⑫ 提示词引导系数:此系数决定了图像生成过程中对提示词的依赖程度。系数越高,生成的图像越贴近提示词描述;系数越低,AI 的自由发挥空间越大。一般推荐设置在 3 与 11 之间,过高的系数可能会破坏图像的结构和细节。

⑬ 随机数种子:相当于每张图片生成的唯一标识。使用相同的随机数种子可以保证生成的图片在最大程度上保持相似。本书中提到的"骰子"按钮用于生成随机种子,而"循环"按钮则用于固定种子,以减少图像生成的随机性。

5.3.6 插件功能区

每个版本的插件功能区各有不同,目前是一个较稳定的版本,默认装载了几个插件,功能各有不同,实际使用中根据需求选择最佳的处理扩展,插件功能区整体布局如图 5.11 所示。

图 5.11 插件功能区

1. ADetailer 修复插件

ADetailer 修复插件是一种高效的图像修复工具,其广泛应用于提升图像中的特定区域,如脸部和手部的细节质量。此插件的调节参数通常建议设置在默认值 10 左右,但为了更精准地选择和应用不同类型的模型,我们需要了解它们的分类和特点。

(1) 模型分类

Face 模型:所有名称中包含"face"的模型均为面部修复而设计。这些模型专注于优化面部细节,提升图像的逼真度。

Hand 模型:包含"hand"关键字的模型专注于手部图像的处理。手部细节往往因复杂的形状和动态而难以捕捉,这类模型专门针对这一挑战。

Person 模型:名称中包含"person"的模型用于处理包含整个人体图像的情况。这类模型在保留整体形象的自然性和协调性方面表现得尤为出色。

(2) 算法模型

YOLO 模型:对于名称中包含"YOLO"的模型,它们运用了 YOLO 算法,这是一种快速且准确的物体检测技术。YOLO 在 ADetailer 中不仅限于身体检测,也特别适用于二次元风格的图像处理。

MediaPipe 模型:名称中包含"MediaPipe"的模型采用了 MediaPipe 算法,这是专为人脸检测而优化的算法。MediaPipe 算法在处理写实风格图像时表现出色,特别是在人脸细节的精确捕捉上。

在选择ADetailer修复插件时,可以根据图像的特定需求和风格进行选择:MediaPipe模型更适合于处理写实风格的图像,特别是在人脸检测和细节修复方面提供了卓越的性能;YOLO模型则因其通用性而适用于多种物体的检测,特别是在处理身体和二次元风格的图像时表现尤为突出。

2. Tiled Diffusion & VAE 扩展插件

通常我们利用AI生图最大的困惑是能够生成产品级使用的图像素材,但受限于显存的问题,生成图像的大小是有一定限制的,所以这个扩展插件解决了显存的问题。理论上来讲Tiled Diffusion与Tiled VAE构成了这个扩展应用,使用时必须同时打开,核心技术就是把图像拆分成若干设定的大小,分别放大后再进行合成,这样可以控制每一部分在处理时,都在显卡可运算的范围之内,Tiled Diffusion & VAE扩展界面如图5.12所示。

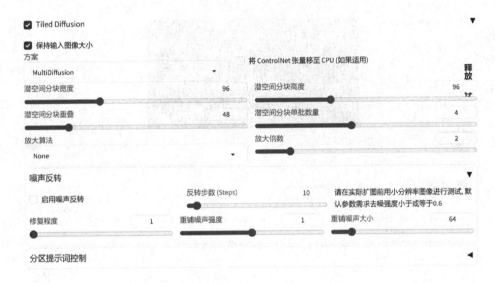

图 5.12　Tiled Diffusion & VAE 扩展界面

Tiled Diffusion & VAE 扩展插件的使用说明如下:

① 首次使用时打开Tiled Diffusion,然后设置图像大小,若要保持原比例不变,可以勾选保持输入图像大小,如不勾选,就要按输入图像的比例算好尺寸。

② 方案选择有两种默认模式,其中一种是MultiDiffusion(混合采样方式),采用混合采样的方式可以实现图像块之间的过渡,即邻近的图像都进行采样处理,这种方式对于色块重叠区域设置数值会大一些,一般为色块尺寸的三分之一到二分之一大小,会增加渲染时间。还有一种是Mixture of Diffusers(渐变过渡方式),即通过渐变过渡方式来处理两个图像块的过渡,分块重叠一般设置六分之一到三分之一大小。

③ 如需ControlNet处理,但GPU显存不够,则可使用CPU来处理这部分任务,操作方法为单击ControlNet前面的方框,将其勾选开启。

④ 可以根据实际图像放大要求,设置潜空间分块宽度和高度,潜空间分块重叠是指两个图像块之间的大小,设置与上面选择的方案相关,分批数量是指一次性处理几张,这个具体看显卡大小,显存大可以设置数值大一些,也可以选择默认。

⑤ 放大算法内置有十几种，这里推荐两种：R-ESRGAN 4x+用于真实系效果或 3D 风格；R-ESRGAN 4x+ Anime6B 适用于二次元漫画风效果。放大倍数可以自定义，最大支持 8 倍。

⑥ 噪声反转主要用来在推进图像放大时尽量固化原有的图像结构，特别是在处理人像时，把原图像转化为一个噪声，再提供图像生成，这样就很好地解决了图像生成随机噪声的问题。这里插件开发者建议选择开启式，重绘幅度小于或等于 0.6，其他参数可以在实际生成图像时根据需求调节测试。

⑦ 分区提示词控制根据色块分区，最多可以设置每个控制区域生成内容，包括区域的位置，但是融合性不好，色块设置如图 5.13 所示。最多可以支持 8 个分层控制，可以局部或完全填充画布。

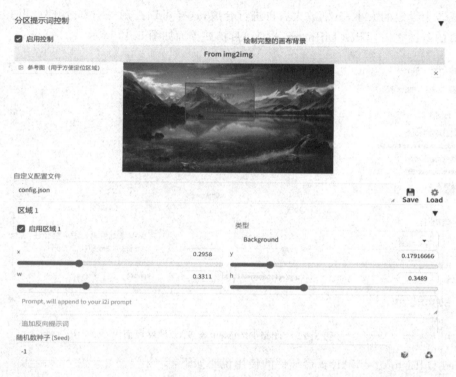

图 5.13　色块设置界面

⑧ Tiled VAE 与 Tiled Diffusion 同时开启，如图 5.14 所示，开启之后基本不会爆显存（如果爆显存，则可调低数值），颜色偏灰时，可以开启快速编码器颜色修复。

图 5.14　Tiled VAE 开启界面

3. DemoFusion 扩展插件

DemoFusion 是一个制作高质量图像的扩展插件，不仅可以改善图像的大小，还可以改善图片中的细节,生成更加自然逼真的图像,DemoFusion 界面如图 5.15 所示。

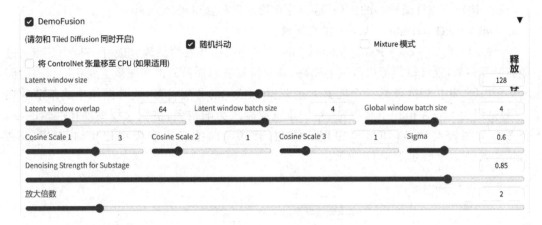

图 5.15　DemoFusion 界面

4. Dynamic Thresholding（CFG Scale Fix）扩展插件

我们平时生成图像的时候,为保证提示词与生成图像的相关性,会适当提高 CFG 值,但调高到一定阶段,画面就会崩坏,使用 Dynamic Thresholding(提示词引导系数动态阈值)这个扩展插件可以解决崩坏的问题。其实我们平时生成图像的时候不需要设置到极限值去处理,CFG 值越小,给予 AI 发挥的空间其实也就越大。这个插件主要处理高 CFG 值的问题,这里我们讲解下基本使用逻辑。

首先开启动态阈值的调整,模拟 CFG 值一般设置低于当前设置的最大 CFG 值,然后再调整 Minimum value of the CFG Scale Scheduler 的值在 3 与 4 之间,选择 Half Cosine Up 算法,当然里面有十几种算法,可以在脚本的 XYZ 图表中进行测试对比,从而选择一个较好的结果进行调整。这里提供一个常态参考,也可以不开启高级选项,如图 5.16 所示。

图 5.16　Dynamic Thresholding 界面

5. ControlNet v1.1.455 扩展插件

ControlNet 是 SD 最核心的扩展,这部分在第 9 章单独讲解。

6. LoRA Block Weight：Active 扩展插件

LoRA 的全称是 Low-Rank Adaptation,是一种快速高效的微调方法,在 SD 中是指通过少量的图像参考,就可以训练出微调的模型,从而根据我们提供的训练图像生成我们想要的图像风格和内容,此扩展插件是一个能够通过调整 LoRA 的分层参数,改善图像生成细节的插件,一般是因为 LoRA 模型不够稳定,对于角色或画风影响较大,搭载大模型崩坏的情况下,才会考虑分层控制调节,如果原理理解深刻,可以反向推理炼制模型使用,LoRA Block Weight：Active 界面如图 5.17 所示。

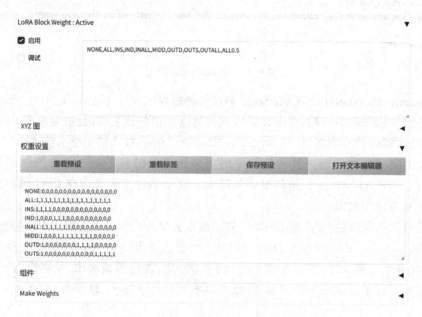

图 5.17　LoRA Block Weight：Active 界面

Stable Diffsion 所采用的文生图可以分为两个部分来理解——文本编码器和扩散模型。文本编码器的作用是理解输入的指令,扩散模型的作用是根据指令生成图像。而 LoRA 是在两者中间产生作用,即通过文本编码器和扩散模型中的 U-Net 注意力模块进行处理。如图 5.18 所示,U-Net 是一种常用于图像分割的卷积神经网络架构,其结构中的特征提取和降维采样过程在图像信息处理中起着关键作用。

通过 U-Net 网络结构图 5.18 可以看到,卷积神经网络通过卷积层分别在 IN3、IN6、IN9 做特征提取和降维采样处理三次,而与之对应的 OUT8、OUT5、OUT2,卷积层会做增加图像细节和升维的三次处理。

完整模型则拥有更多的控制层,例如 SD 1.x、SD 2.x 和 SDXL,脚本目前接受 12、17、20 和 26 的权重,如图 5.19 所示。通常,即使输入了格式不兼容的权重,系统仍将运行。但是,任何未提供的图层都将被视为权重为 0。

我们知道一幅图像包含的内容很多,如构图、背景、主题,如主题是人物角色,还包含发型、面部信息、服饰、肤色、整体色调等,那么如何精确控制呢?这个需要在生图时进行多项测试,才能精准地了解具体哪一层控制哪些元素。总体来讲,越靠下的层,基本控制的是构图和元素

第 5 章 文生图软件布局及基本使用

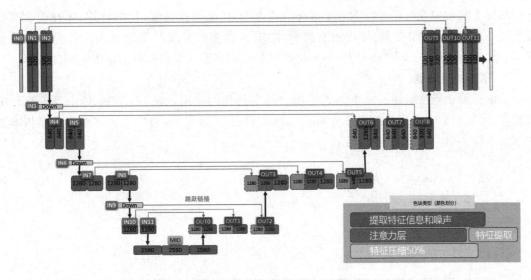

图 5.18 U-Net 网络结构图

图 5.19 权重类型

的框架、面积等,越靠上的层控制的往往是细节部分,通过降维提取特征,升维丰富画面细节我们也可以推断出来。

7. Segment Anything 扩展插件

Segment Anything 的原理等同于语义分割,主要用来解决细致抠图或局部修改,模型放置在扩展插件所属 models 文件夹的 sam 文件夹内,如图 5.20 所示。Segment Anything 主要用到三类模型,分别是:

① sam_h_vit.pth,适用于 16 GB 以上显存的显卡。

② sam_l_vit.pth,适用于 8 GB 以上显存的显卡。

③ sam_b_vit.pth,适用于 8 GB 以下显存的显卡。

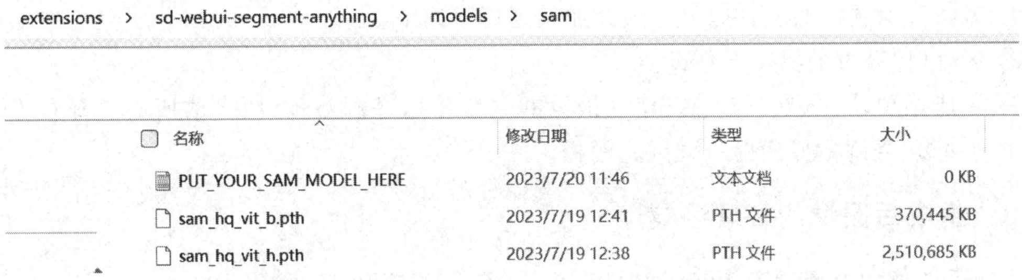

名称	修改日期	类型	大小
PUT_YOUR_SAM_MODEL_HERE	2023/7/20 11:46	文本文档	0 KB
sam_hq_vit_b.pth	2023/7/19 12:41	PTH 文件	370,445 KB
sam_hq_vit_h.pth	2023/7/19 12:38	PTH 文件	2,510,685 KB

extensions > sd-webui-segment-anything > models > sam

图 5.20 Segment Anything 模型放置路径

实际上我们现在对图像抠图有很多种解决方案,传统方式是使用 PS 处理,还有很多网站提供了一键抠图的 AI 功能,使用时有两种模式,一种模式是通过标记点来选择提取哪些元素,如通过红色标记点来排除元素,一种是通过提示词来嵌入模型提取对应提示词的内容。

8. 脚本扩展功能

脚本扩展功能是指通过脚本方式扩展一些定制化的应用。在 SD WebUI 中要安装自定义脚本,需将它们放入客户端根目录的 scripts 文件夹中,安装后,自定义脚本将出现在脚本选项卡的下拉菜单中,如图 5.21 所示。

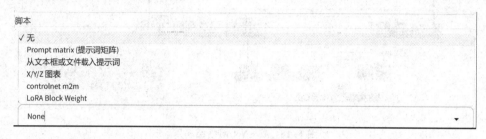

图 5.21 脚本扩展列表

5.3.7 提示词预设、加载及生成按钮

提示词预设、加载及生成按钮的界面布局如图 5.22 所示,其各按钮的功能如下:

图 5.22 提示词预设、加载及生成界面

① 生成按钮,单击即可生成,右击显示无限生成和停止无限生成。
② 从提示词或上次生成的图片中读取生成参数。
③ 从提示词或上次生成的图片中读取生成参数,弹出一个面板,填入提示词。
④ 清空提示词内容。
⑤ 将当前选择的所有提示词预设加入到提示词中。
⑥ 已保存过的提示词预设。
⑦ 建立预设(见图 5.23)。建立预设的主要作用是刷新预设、当前所有选择预设推送到提示词面板、复制主界面提示词到此面板。

5.3.8 生成后图像的处理设置

生成后图像的处理设置功能区如图 5.24 所示,主要有以下功能作用:
① 打开图像输出目录。
② 保存图像到指定目录。

第 5 章　文生图软件布局及基本使用

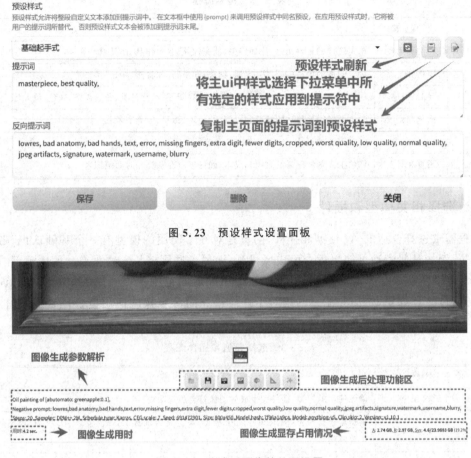

图 5.23　预设样式设置面板

图 5.24　生成后图像的处理设置

③ ■ 保存包含图像的 zip 文件到指定目录。
④ ■ 发送图像和生成参数到图生图选项卡。
⑤ ■ 发送图像和生成参数到图生图局部重绘选项卡。
⑥ ■ 发送图像和生成参数到后期处理选项卡。
⑦ ■ 使用高分辨率修复设置创建当前图像的放大版本。
⑧ 显示图像生成参数，包括提示词、采样器、使用模型信息等。
⑨ 统计生成当前图像所用时长。
⑩ 显示参与生成的显存情况。

5.4　Stable Diffusion 基础流程

5.4.1　明确生图需求

在使用 AI 生成图像时，构思明确的需求是至关重要的，因为它可以帮助 AI 更准确地理解和实现你的创意，表 5-2 所列是一些步骤和提示。

表 5-2 构思流程

序 号	流程步骤	详细内容
1	目的和用途	确定图像的最终用途,比如广告、社交媒体、艺术作品、产品设计等
2	风格和主题	确定图像的风格(如写实、卡通、抽象)和主题(如自然、科技、历史)
3	细节描述	明确图像中需要包含的具体元素,如人物特征、动物种类、建筑风格、颜色、纹理等
4	情感和氛围	考虑图像需要传达的情感和氛围,如快乐、神秘、宁静或紧张
5	技术要求	考虑图像的尺寸、分辨率、格式和兼容性要求
6	预算和时间	评估生成图像所需的时间和成本,确保项目在预算和时间范围内

5.4.2 选择相关模型和插件

根据需求选择合适的 AI 模型和插件,前提是对经常使用的模型有一个基础认识,考虑模型的专长,例如某些模型可能更适合生成风景画,而另一些则擅长人物肖像。使用模型时了解大模型相应的生成参数参考和限制,以及模型使用限定的范围。当然如果掌握模型的训练方法,也可以自己训练模型,需要注意的是对于肖像权和图像版权的使用应合理合规,具体流程步骤参考表 5-3。

表 5-3 选择模型和插件流程

序 号	流程步骤	详细内容
1	版权和合规性	确保使用的模型、插件和生成的图像符合版权法规
2	模型选择	根据需求选择合适的 Checkpoint 模型,确定是否加载 Lora 模型、VAE 模型,模型版本要匹配
3	插件获取	明确图像中需要使用哪些插件,是否与当前 SD 版本匹配
4	硬件要求	确保硬件配置能够满足模型运行的需求

5.4.3 拟定相关提示词

精确的提示词将直接影响 AI 的图像生成。可以收集和准备参考素材,如图片或草图,以辅助 AI 更好地理解需求。流程如表 5-4 所列。

表 5-4 拟定相关提示词流程

序 号	流程步骤	详细内容
1	正向提示词	确保使用的模型、插件和生成的图像符合版权法规
2	反向提示词	根据需求选择合适的 AI 模型,了解其专长和限制
3	嵌入式模型	常用模型,以提高图像质量
4	提示词语法结构	微调使用语法来控制
5	提示词迭代优化	提示词需要反复测试及优化,才能精准控制画面生成

5.4.4 控制生成图像

首先使用拟定的提示词和参考素材,通过 AI 模型进行图像生成。然后根据生成的结果,进行初步评估和选择。再调整生成参数,如分辨率、细节级别、风格强度等。最后利用插件或工具进行图像的微调,以更精确地控制生成结果,控制生成图像流程如表 5-5 所列。

表 5-5 控制生成图像流程

序 号	流程步骤	详细内容
1	参考素材	提供风格或内容上类似的参考图像,帮助 AI 更好地理解你的期望
2	生成参数	了解并设置生成参数,如迭代次数、细节级别、风格强度
3	控制图像处理	明确图像中需要使用哪些插件,是否与当前 SD 版本匹配

5.4.5 生成图像后期处理

使用 SD 插件或传统图像编辑软件对生成的图像进行后期处理,包括调整色彩、对比度、亮度,以及进行裁剪、合成等操作,生成图像后期处理流程如表 5-6 所列。

表 5-6 生成图像后期处理流程

序 号	流程步骤	详细内容
1	隐私和敏感内容	确保生成的图像不包含敏感或侵犯隐私的内容
2	后期处理	考虑是否需要后期处理,以及使用哪些工具和技巧
3	适当采用传统制作	如处理效果不理想,改用传统方法进行处理

本章小结

第 5 章详细介绍了 AIGC 文生图技术中的关键软件——Stable Diffusion(SD)的布局和基本使用方法。首先,解释了选择 Stable Diffusion 的原因,包括其高效的图像生成能力以及在潜在空间中进行扩散过程的特性,这使得它比传统的纯扩散模型更快。然后,深入探讨了 SD 的用户界面分类,包括 SD WebUI、ComfyUI 和 Fooocus 等不同界面,每种界面都有其特定的功能和操作方式。并讨论了软件的布局和界面设计,如模型调用菜单、主要功能面板、生成及模型载入区、参数调整区、插件功能区,以及提示词预设、加载及生成按钮等关键组成部分。最后,还介绍了生成后图像的处理设置,这是对生成图像进行后期优化的重要步骤。在 Stable Diffusion 基础流程部分,本章指导读者如何明确生图需求、选择相关模型和插件、拟定相关提示词,以及如何控制生成图像。

通过本章的学习,读者可以掌握 Stable Diffusion 的核心技能,包括如何通过提示词和参数设置来精确控制图像生成过程。这些知识对于希望在 AIGC 领域中进行文生图创作的用户来说是非常宝贵的,能够帮助他们更有效地使用这一强大的工具来实现创意和设计目标。

练习与思考

练习题

① 描述 Stable Diffusion 与市场上其他 AI 绘图软件的主要区别,并讨论为什么选择 Stable Diffusion。

② 访问 Stable Diffusion 的 SD WebUI,并列出其主要功能面板的名称及作用。

③ 在 Stable Diffusion 中,尝试使用不同的提示词生成图像,并记录下哪些提示词产生了最佳效果。

④ 探索 Stable Diffusion 的插件功能区,解释至少两个插件的作用,并讨论它们是如何增强图像生成过程的。

⑤ 设计一个简单的文生图项目,包括需求明确、模型选择、提示词拟定和图像生成控制的全过程。

思考题

① 讨论 Stable Diffusion 用户界面设计对用户体验的影响。

② 思考 Stable Diffusion 在教育、艺术和商业领域的应用潜力。

③ 探讨如何通过优化提示词来提高图像生成的相关性和准确性。

④ 讨论 Stable Diffusion 在 AIGC 技术发展中的地位和作用。

⑤ 思考如何将 Stable Diffusion 与其他技术(如 AR/VR)结合,创造新的应用场景。

扫码观看 Stable Diffusion 基础操作步骤实践训练

第6章 文生图 Stable Diffusion 提示词

> **教学目标**

① 定义 Stable Diffusion 提示词并了解其种类和在图像生成中的重要性。
② 掌握 Stable Diffusion 提示词的基本书写规则,包括权重调整和常用语法。
③ 学习构建有效的提示词结构,以精确控制图像生成的方向和风格。
④ 理解并应用正向提示词来引导期望的图像特征。
⑤ 掌握使用反向提示词来排除不希望出现的图像元素,以优化生成结果。

在第 5 章中,我们深入探讨了文生图软件的布局及其基本使用方法,特别是 Stable Diffusion 这一强大的 AI 绘图工具。我们分析了选择 Stable Diffusion 的理由,包括与其他 AI 绘图软件的比较,以及它在用户界面分类上的优势,如 SD WebUI、ComfyUI 和 Fooocus。我们还详细介绍了 Stable Diffusion 的软件布局,包括模型调用菜单、主要功能面板、生成及模型载入区、参数调整区、插件功能区,以及提示词预设、加载和生成按钮等关键组件。此外,我们讨论了 Stable Diffusion 的基础流程,从明确生图需求到选择模型和插件,再到拟定提示词和控制生成图像的步骤。

随着对 Stable Diffusion 的操作界面和基础流程的熟悉,我们现在转向第 6 章,深入讨论文生图 Stable Diffusion 中的提示词。提示词是指导 AI 绘图软件生成特定图像的关键输入,它定义了图像的内容、风格和质量。在本章中,我们将探讨提示词的定义、种类,以及基本书写规则。我们将学习如何通过调整提示词的权重和使用不同的语法结构来优化生成的图像。此外,我们还将讨论正向和反向提示词的作用,以及如何通过它们来精确控制图像生成的结果。

6.1 Stable Diffusion 提示词

Stable Diffusion 是一种基于扩散模型的生成式 AI,主要用于生成图像。它通常需要一些提示词来指导模型生成特定类型的图像。提示词(Prompts)是用户给出的描述性文本,用来告诉模型他们想要生成的图像的风格、内容、主题或任何特定的细节。

6.1.1 Stable Diffusion 提示词的定义

广义上:在图像生成领域,Prompt 这个词通常用来表示指引创作方向的提示或指令。在人工智能的语境中,特别是在生成艺术或文本的 AI 系统中,Prompt 是用户输入给模型的指令,告诉它需要生成什么样的内容。所以文字和图像都是 Prompt,AI 会根据这个指令来生成相应的输出。

狭义上:当谈论 Prompt 时,我们指的是一段由多个精心挑选的标签组成的文本信息。这些标签如同细腻的笔触,共同绘制出一幅幅丰富的思想画卷。它们不仅定义了创作的基调,更激发了AI的想象力,使其能够捕捉到你心中的灵感,创造出充满个性和深度的作品。

计算机是如何理解输入文字的呢?图6.1给出了Stable Diffusion模型内部结构图,利用文本编码器把文字转换成计算机能理解的某种数据表示,它的输入是文字串,输出是一系列具有输入文字信息的语义向量。有了这个语义向量,就可以作为后续图像生成器的一个控制输入。要想生成出满意照片,输入合适提示词就变得非常重要,接下来就从"如何写好提示词"出发,对文生图的提示词输入方法进行归纳总结。

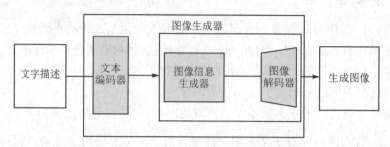

图6.1 Stable Diffusion模型内部结构图

6.1.2 Stable Diffusion提示词的种类

在Stable Diffusion中,提示词的使用直接决定了图像的生成效果。虽然有多种形式(如自然语言、表情符号、颜文字等)可以引导生成过程,但目前经验表明,标签(Tag)是最有效、最高效的形式。下面分别介绍不同种类的提示词。

(1) *自然语言*

定义:使用日常交流中的短语或句子直接描述场景、对象或情感。这类提示词更接近人类对话,更加灵活、直观。

特点:易于理解,描述性强,适合不熟悉标签结构的用户。

示例:

A woman standing in a forest at sunset.

A cat sleeping on a couch.

(2) *表情符号*

定义:使用常见的表情符号(如☺、☹)来传达图像的情感或气氛。这种方式直观且较为简单,适合表达情绪。

特点:简单、直观,主要用于营造情绪氛围。

示例:

☺(表达快乐、积极的情感)。

☹(表达悲伤、感伤的情感)。

(3) *颜文字*

定义:通过字符组合表达情感状态或氛围,如(^_^)、T_T等。颜文字通常表达更具体的情感,尤其在一些二次元或动漫风格的图像中效果较好。

特点:字符化的情感表达,有助于生成情感丰富的图像。

示例:

"(^_^)"表示愉快的心情。

"T_T"表示悲伤或哭泣。

(4) 标签(Tag)

定义:标签是非常高效的提示词形式,采用特定的单词或词组,配合语法规则(如权重、步数调整等),精细控制生成效果。

特点:精确、可控,适合经验丰富的用户。通过标签可以对图像中的元素、风格、颜色、光线等进行详细控制。

示例:

"1 girl, long hair, red dress, smiling"

"futuristic city, neon lights, cyberpunk style, night"

6.2 Stable Diffusion 提示词的基本书写规则

书写Stable Diffusion提示词时应遵循以下基本原则:

① 明确性:确保所使用的词汇和短语清晰明确,避免模糊不清的描述,Tag之间用英文输入法的","隔开。

② 一致性:保持描述的风格和语调一致,以确保生成的图像风格统一。

③ 权重分配:在标签中适当使用权重或步数的调整,以强调某些特征或风格。

④ 简洁性:尽量使用简洁的语言,避免冗长复杂的句子,以提高AI的理解和执行效率。

⑤ 迭代测试:通过不断测试和调整提示词,找到最佳的描述方式,以获得最满意的生成效果。

⑥ 提示词数量限制:保持在75个Tag,当大于75个Token时,提示词的作用基本可以忽略,因为提示词的权重是按照输入前后顺序产生影响的。

SD提示词的基本书写规则如表6-1所列。

表6-1 SD提示词的基本书写规则

分类	描述	规范内容
1	构成与权重	提示词由正向与反向提示词构成,正向提示词强调所需元素,反向提示词强调避免生成的特定内容。词级的权重默认值都是1,从左到右依次减弱,权重会影响画面生成结果。例如,景色Tag在前,人物就会相对较小
2	生成优先级	遵循"画面质量 → 主要元素 → 细节"的顺序,优先级越高,生成优先级越高。这确保了生成的图像首先满足高质量的要求,然后是主要元素的呈现,最后是细节的添加
3	冲突处理	AI会基于权重概率随机选择执行冲突提示词。这意味着如果有多个提示词指向不同的方向,AI会根据各自权重的大小来决定如何平衡这些冲突
4	提示词数量	提示词数量不超过75个单词,逗号算一个,括号不算。以单词、词组为主,不要用自然语言描述
5	明确性	确保所使用的词汇和短语清晰明确

特别注意:反向提示词中加入nsfw(not suitable for work),可减少成人元素生成。

6.2.1　Stable Diffusion 提示词的权重与调整

为了生成满意的图像,除了使用正面和负面提示词外,我们还需要掌握一些高级的提示词调整技巧,对生成的图像进行精细调整,以达到更完美的视觉效果。以下从两个用法角度介绍提示词的微调方法。

1. 提示词权重

提示词权重调整是一种精细调控图像生成过程中特定元素或特征重要性的技术。通过使用语法"(keyword：factor)",可以调整提示词的权重值,其中 factor 是权重因子。当权重因子小于 1 时,表示降低该提示词的重要性;当权重因子大于 1 时,表示增加该提示词的重要性。SD 提示词的权重语法如表 6-2 所列。

表 6-2　SD 提示词的权重语法

提示词权重			
权重语法	作用	说明	备注
(提示词:权重数值)	冒号增加权重	在括号中使用冒号可以指定具体的权重值,选中提示词＋ctrl 按键＋方向按键,上下微调数值	英文输入法

假设我们想要生成一幅具有强烈未来主义风格的城市景观图像,但希望减少图像中反射光线的强烈程度,则可以使用以下提示词和权重因子进行描述：

"futuristic cityscape：1.2":增强未来主义风格的特征。

"glare：0.8":适当降低反射光线的强烈程度。

"neon lights：1.1":突出霓虹灯光效果。

"high-tech architecture：1.3":强调高科技建筑元素。

结合这些权重调整,生成的图像将展现出一个具有明显未来主义特色,但光线反射适度的城市夜景,效果如图 6.2 所示。

图 6.2　SD 提示词权重使用前后效果图

2. 提示词调整

调整提示词强度的技巧可以通过使用圆括号()、方括号[]和大括号{}来实现,这是一种直观而有效的方法,调整规则如表6-3所列。

表6-3 SD提示词强度调整规则

分类	权重语法	作 用	说 明	备 注
1	{提示词}	大括号增加权重	提示词权重增加到1.05,叠加相乘	英文输入法,可叠加
2	(提示词)	括号增加权重	提示词权重增加到1.1,叠加相乘	英文输入法,可叠加
3	[提示词]	方括号减少权重	提示词权重降低到0.9,叠加相乘	英文输入法,可叠加

使用圆括号"(keyword)"可以将提示词的强度提升至原始的1.1倍,这与"(keyword:1.1)"所达到的效果相同。使用大括号{keyword}可以将提示词的强度提升至原始的1.05倍,而且这种增强效果可以叠加使用,类似于数学中的连续乘法操作。例如,"(keyword)"将强度提升1.1倍,"((keyword))"通过二次叠加,将强度提升至1.21倍。

相应地,使用方括号"[keyword]"可以将提示词的强度降低至原始的0.9倍,与"(keyword:0.9)"的效果一致。这种方法同样支持多级应用,以实现更细致的调整。

通过这种方式,可以灵活地控制生成图像中特定元素的显著性,无论是增强还是减弱,都能够精确地达到预期的视觉效果。这种技巧为艺术家和设计师提供了一种强有力的工具,以实现对AI生成图像的精细调控。

假设想要生成一幅描绘宁静夏日海滩的图像,但希望特别强调阳光的温暖和沙滩的柔软质感,基本描述如下:

"sunny beach, soft sand, clear blue sky"

强调阳光的温暖的描述:

"(warm sunlight)"

将阳光的温暖程度提升至1.1倍,使得生成的图像中阳光更加明媚。

进一步增强并细化对沙滩质感的描述:

"{(soft sand)}"

首先通过圆括号增强"soft sand"的强度至1.1倍,然后使用大括号将其稍微提升至1.05倍,综合效果是沙滩的柔软质感得到了适度的强调,但不至于过度。

最终描述:

"(warm sunlight), {(soft sand)}, sunny beach, clear blue sky"

提示词强度调整前后效果图如图6.3所示。在这个例子中,通过巧妙地使用圆括号和方括号,我们不仅增强了阳光的温暖感,还适度强调了沙滩的柔软质感,同时保持了夏日海滩整体的宁静氛围。这种方法能帮助我们在生成图像时进行细致地调整,确保最终作品能够准确地传达我们的创意。

6.2.2 Stable Diffusion提示词的常用语法

1. 提示词混合语法

提示词混合语法如表6-4所列,可以在图像生成过程中实现从一种视觉元素到另一种元素的渐变效果。这种技术采用的语法格式为"[keyword1:keyword2:factor]",其中factor

图 6.3 提示词强度调整前后效果图

是一个介于 0 与 1 之间的数值,它控制着从 keyword1 向 keyword2 过渡的中间点。也可以使用 AND,但须注意 AND 是大写字母,例如混合颜色 oange AND blue(同时出现 2 种)。

表 6-4 SD 提示词混合语法基本书写规则

序号	语法分类	作用	说明
1	[提示词1:提示词2:数值]	渐变	通过设置一个数值来控制提示词 2 对提示词 1 所描述内容的影响程度,数值越大,提示词 2 的特征在生成结果中越突出
2	[提示词1:提示词2:步数]	渐变	通过设置步数,规定在生成图像的过程中从哪一步开始应用提示词 2 对提示词 1 进行修改,以实现特定阶段的效果调整
3	提示词 1 AND 提示词 2	混合	至少两个提示词,注意 AND 大写,颜色混合应用
4	提示词 1_提示词 2	混合	两个提示词,英文输入法,任何元素混合

假设想要创作一幅表现水果成熟过程的静物画,从西红柿逐渐转变为青苹果,可以使用以下提示词来指导图像生成:

"Oil painting of [tomato：green apple：0.1]"

如果设置的采样步数为 20,这意味着在生成过程的前半部分(第 1~4 步),图像会主要体现西红柿的特征;而在后半部分(第 5~20 步),特征会逐渐过渡到青苹果。通过这种方式,最终的图像将展示一个从西红柿的成熟色彩到青苹果的鲜亮色泽的渐变,创造出一种视觉上的成熟转变。

值得注意的是,由于第一个提示词在生成过程的早期阶段为图像的总体构成定下了基调,后续的提示词调整主要是在细节上进行微调。因此,即使在混合过程中引入了青苹果的特征,西红柿的基本特征仍然会在最终图像中起到关键作用。

提示词混合语法同样适用于创建视觉上相似的图像变体。例如,使用相同的提示词 "Oil painting of [tomato：green apple：factor]",通过调整 factor 的值,可以生成一系列图像,这些图像在保持整体布局和风格的同时,展示出从西红柿的深红色到青苹果的鲜绿色不同程度的色彩变化,效果如图 6.4 所示。

这种方法背后的原理是,图像的总体构成在生成过程的早期就已经确定,而后续的提示词调整则影响图像的局部特征。通过改变 factor 值,即使在随机种子和迭代步数保持不变的情

第 6 章 文生图 Stable Diffusion 提示词

图 6.4 使用提示词混合语法的效果图

况下,也能够产生一系列具有细微差别的图像,为艺术家和设计师提供了探索创意和实验新视觉效果的工具。

使用下划线可以有效地指导 AI 理解词组的真正意图,避免生成与预期不符的图像,如果简单地输入"chocolate bread",AI 可能会分别生成巧克力和面包的图像,而不是我们期望的甜点组合,通过巧妙地使用下划线将这两个单词结合为"chocolate_bread",AI 将准确地捕捉到我们想要的甜点——巧克力面包的精髓,并在图像中表现出来,效果如图 6.5 所示。

图 6.5 SD 提示词使用下划线的效果图

2. 提示词交替语法

提示词交替语法同样可以应用于细节层面,例如在生成人物肖像时交替变换头发颜色,创造出具有特定视觉效果的作品,具体书写规则如表 6-5 所列。

表 6-5 SD 提示词交替语法基本书写规则

提示词交替语法			
序号	语法分类	作用	说明
1	[提示词1|提示词2]	融合	提示词1与提示词2的融合,支持提示词+冒号+权重数值
2	[提示词1|提示词2]+提示词3	交替	提示词1与提示词2交替生成,支持提示词+冒号+权重数值
3	提示词1 AND 提示词2	混合	至少两个提示词,注意 AND 大写,颜色混合应用
4	提示词1_提示词2	混合	两个提示词,英文输入法,任何元素混合

以下是以头发颜色作为应用示例的介绍：

(1) 技术介绍

在图像生成中，提示词交替语法可以用来细致控制人物特征，如头发颜色。通过在文本提示中指定两种或多种颜色，并使用特定的语法结构，AI可以在生成过程中交替考虑这些颜色选项。

(2) 应用示例

假设想要生成一幅人物肖像，其中人物的头发颜色在金色和黑色之间交替变化，以创造出一种独特的视觉效果，可以使用以下提示词来实现这一效果：

"Portrait of a person with [blonde|black] hair"

在这个例子中，AI将根据指定的交替模式，在图像的不同部分或不同生成阶段考虑金色和黑色头发的特征。例如，如果使用特定的迭代算法，可能在某些迭代中生成金色头发，在其他迭代中生成黑色头发，效果如图6.6所示。

图6.6 使用提示词交替语法的效果图

(3) 技术细节

① 交替语法：在提示词中使用方括号和颜色关键词来指示交替，如"[blonde|black]"。

② 权重调整：可以通过添加权重因子来调整交替颜色的比重，如"[blonde:1.2|black:0.8]"，以微妙地偏向某种颜色。

③ 迭代控制：交替效果的明显程度可以通过控制迭代步数来调整，更多的迭代步数可以提供更丰富的颜色变化。

④ 创意应用：提示词交替语法可以用于探索人物肖像中的多样性，例如通过头发颜色的交替来表现人物的不同面貌或情感状态。这种方法可以创造出具有视觉冲击力和艺术表现力的作品。

(4) 注意事项

① 描述具体：确保颜色描述具体明确，以便AI能够准确识别和应用。

② 模式一致性：保持交替模式的一致性，以确保生成的图像在视觉上协调。

③ 实验精神：鼓励尝试不同的颜色组合和交替模式，以发现新颖的视觉效果。

通过提示词交替语法，艺术家和设计师可以在AI辅助的图像生成中实现更精细的控制，创造出个性化和多样化的视觉艺术作品。

6.2.3 Stable Diffusion 提示词的结构

写出一组比较好的提示词是应用文生图技术的关键。但是,写出一份好的提示词并不容易,下面针对"如何写好提示词"这个问题来介绍一下如何设置提示词的结构。

要想写好一句提示词,遵循的原则为尽可能详细并且具体,可以从不同角度进行详细描述。下面从6个维度来介绍提示词的类别。当然,输入的提示词不需要包括所有类别。下面通过举例来说明和介绍每个类别。注意,为单独观察每个类别提示词的效果,实验时不会使用负面提示词。

1. 画面质量

在视觉艺术和图像生成中,画面质量(Image Quality)是一个关键因素,它影响着作品的视觉效果和观众的感受。关于画面质量的描述如表6-6所列。

表6-6 SD 画面质量

画面质量(Image Quality)		
序 号	质量描述	解 析
1	分辨率(Resolution)	描述图像的清晰度,例如"超高分辨率",确保图像中的细节清晰可见
2	对比度(Contrast)	描述图像中明暗区域的差异,如"高对比度",这有助于突出图像的层次感
3	色彩饱和度(Color Saturation)	描述图像中颜色的丰富程度,例如"色彩鲜艳饱和",使图像更加生动
4	细节清晰度(Detail Clarity)	描述图像中细节的清晰度,如"细节清晰可见",确保图像中即使是最小的元素也清晰可辨
5	噪点水平(Noise Level)	描述图像中噪点的多少,例如"低噪点",以避免图像看起来模糊或有颗粒感
6	动态范围(Dynamic Range)	描述图像能够展现的最亮和最暗部分的范围,如"宽广的动态范围",有助于捕捉从阴影到高光的细节
7	锐度(Sharpness)	描述图像边缘的清晰度,例如"边缘锐利",使图像看起来更加清晰和精确
8	真实感(Realism)	如果目标是生成逼真的图像,可以描述为"高度逼真",确保图像看起来像是由人类艺术家绘制或拍摄的
9	稳定性(Stability)	对于动态场景,描述图像的稳定性,如"画面稳定",避免模糊或抖动

举例来说,如果你想要生成一幅高质量的风景画,你可以这样描述画面质量"一幅具有超高分辨率和宽广动态范围的风景画,色彩鲜艳饱和,细节清晰,边缘锐利,且具有油画质感,展现出清晨阳光下宁静湖面的逼真景象。"通过这样的详细描述,无论是人类艺术家还是AI图像生成工具,都能够更好地理解你期望达到的画面质量标准。

2. 画风和风格

画风(Artistic Style)和风格(Style)是艺术作品中用于表达创作者个性和情感的两个重要概念。它们是艺术表达的内在语言,影响着观众对作品的感受和理解。

(1) 画风

画风通常指的是艺术家在创作过程中所展现的独特的绘画技巧和表现形式。画风可以体现在线条、色彩、形状和构图等多个方面,有关画风提示词的描述如表6-7所列。

表 6-7 SD 画风提示词

画风(Artistic Style)		
序号	画风描述	解析
1	现实主义(Realism)	力求真实地再现现实世界,注重细节和比例的准确性
2	印象派(Impressionism)	强调光线和色彩的变化,以及对瞬间感觉的表现
3	表现主义(Expressionism)	通过夸张和变形的手法表达情感和内心体验
4	抽象(Abstract)	不依赖具象物体,通过颜色、形状和线条的组合来表达概念和情感
5	超现实主义(Surrealism)	结合梦境和现实,创造出超越常规逻辑的奇异场景
6	卡通(Cartoon)	以夸张、简化的形式表现人物和场景,常用于幽默或讽刺
7	数字绘画(Digital Painting)	使用数字工具创作的绘画,可能包含多种传统绘画风格的元素

(2) 风　格

风格则更广泛地指代艺术作品的整体外观和感觉,包括主题、色彩方案、氛围等,有关风格提示词的描述如表 6-8 所列。

表 6-8 SD 风格提示词

风格(Style)		
序号	风格描述	解析
1	古典风格(Classical Style)	通常指古希腊和罗马的艺术风格,强调平衡、和谐和理想化的形式
2	浪漫主义(Romanticism)	强调情感的自由表达,对自然和个人主义的赞美
3	现代主义(Modernism)	反对传统艺术形式,追求新颖的表达方式和主题
4	后现代主义(Postmodernism)	对现代主义的反思和超越,强调多样性和解构
5	极简主义(Minimalism)	以最简化的形式和色彩呈现,追求简约之美
6	装饰艺术(Art Deco)	20 世纪初的风格,以几何图案和豪华感为特点
7	蒸汽朋克(Steampunk)	一种将维多利亚时代风格与科幻元素结合的幻想风格

举例来说,如果想要生成一幅具有特定画风和风格的图像,可以这样描述:"我想要一幅以超现实主义画风创作的图像,其中融合了浪漫主义风格的温暖色调和梦幻氛围。画面中,一个穿着古典风格服装的女性站在一片由抽象形状构成的奇异风景中,周围环绕着印象派风格的光影效果。"

3. 主　体

在视觉艺术中,主体(Subject)是指图像中的主要焦点或中心,是观众首先注意到的元素。要想有效地描述主体,需要提供足够的细节,以确保生成的图像能够精确地反映出我们的创意,有关主体的提示词如表 6-9 所列。

表 6-9 SD 主体提示词

主体(Subject)		
序号	风格描述	解析
1	身份与角色(Identity and Role)	描述主体的身份和角色,比如"身穿盔甲的骑士""穿着实验室大褂的科学家"或"正在沉思的哲学家"。

续表 6-9

主体(Subject)			
序号	风格描述		解析
2	外观特征(Appearance Features)		描述主体的主要外观,如"长发金发女人""戴着眼镜的老人"或"身材魁梧的战士"
3	服饰和配饰(Clothing and Accessories)		反对传统艺术形式,追求新颖的表达方式和主题
4	姿态和动作(Posture and Actions)		描述主体的姿势或动作,如"站立在悬崖边""双手抱胸静静思索"或"挥舞着长剑冲向敌人"
5	面部表情(Facial Expressions)		描述主体的面部表情,如"微笑的脸庞""紧皱的眉头""眼中流露出疲惫的神情"
6	情感和氛围(Emotions and Atmosphere)		描述主体传递的情感或氛围,如"平静的神态""紧张的情绪"或"充满决心的眼神"
7	种族和文化背景(Ethnicity and Cultural Background)		描述主体的种族或文化特征,如"亚洲面孔""身着传统苏格兰格子裙"或"古罗马军团士兵"
8	职业或身份象征(Occupation or Symbolism of Identity)		通过主体的行为或服饰传递其职业或身份,如"正在为病人诊断的医生""身穿法袍的法官"或"身背弓箭的猎人"
9	周围环境的互动(Interaction with Surroundings)		描述主体与周围环境的互动方式,如"在风中飘动的长袍""握着剑抵御即将袭来的敌人"或"在阳光下微微眯起的双眼"
10	象征意义(Symbolism)		如果主体具有象征性,描述其隐喻或象征意义,如"手持火炬象征着希望的引领""头顶的皇冠象征着权力"或"持有的书卷象征智慧和学问"

以蒙娜丽莎画像为例,我们可以通过主体描述的结构和逻辑来分析这幅名画中的主要元素:
"蒙娜丽莎是一位微笑的女性,坐在一张椅子上。她穿着深色的长裙,轻纱披肩勾勒出她的优雅。她的双手轻轻交叠,脸上带着微妙而神秘的微笑,眼神沉静而深邃。背景是广阔的自然风景,远处的河流和山脉模糊而和谐,烘托出她宁静的气质。这幅画通过运用微笑和光影,来表达人类情感的复杂性和不可捉摸的神秘感。"

4. 背景环境

在视觉艺术和图像生成中,背景环境(Background Environment)的描述对于设定场景氛围、提供上下文信息以及增强故事叙述性至关重要。有关背景环境的提示词如表 6-10 所列。

表 6-10 SD 背景环境提示词

背景环境(Background Environment)			
序号	背景描述		解析
1	环境类型(Type of Environment)		描述所处的环境类型,如"茂密的森林""繁忙的城市街道"或"宁静的海滩"
2	色彩调性(Color Tone)		描述背景环境的整体色彩感觉,例如"温暖的日落色调""冷清的蓝色调"或"鲜艳的春天色彩"

续表 6-10

背景环境(Background Environment)		
序号	背景描述	解 析
3	光影效果(Lighting Effects)	描述光线如何影响环境,如"柔和的自然光透过树叶""霓虹灯光闪烁的城市夜景"或"昏暗的室内照明"
4	时间与天气(Time and Weather)	描述时间(如"清晨""午夜")和天气条件(如"晴朗""暴风雨""雾蒙蒙")对环境的影响
5	空间感(Sense of Space)	描述环境的空间布局,如"开阔的草原""狭窄的巷子"或"拥挤的市场"
6	纹理与材质(Texture and Material)	描述环境中物体的表面特征,例如"粗糙的岩石表面""光滑的金属质感"或"柔软的草地"
7	环境细节元素(Detail Elements)	描述环境中的小细节,如"飘落的花瓣""飞舞的雪花"或"散落的落叶",这些细节可以增加环境的真实感和丰富性
8	文化或历史背景(Cultural or Historical Context)	如果环境具有特定的文化或历史特征,描述这些特征,如"古老的城堡""传统的日式庭院"或"现代艺术博物馆"
9	氛围与情绪(Atmosphere and Mood)	描述环境所传达的氛围和情绪,例如"宁静祥和""紧张悬疑"或"热闹欢快"
10	互动性(Interactivity)	如果环境中有人物或其他生物,描述它们与环境的互动,如"孩子们在公园里玩耍""鸟儿在树枝间鸣叫"

举例来说,如果想要生成一幅描绘古老城堡的图像,我们可以这样描述背景环境:"一座古老的城堡坐落在山丘之上,周围是一片茂密的森林,城堡的石墙上爬满了常春藤。夕阳的余晖洒在城堡上,投下长长的影子,营造出一种神秘而庄严的氛围。城堡内部透出温暖的灯光,暗示着里面可能正在举行一场宴会。"

5. 画面细节

画面细节(Image Details)是增加作品丰富性和深度的关键要素。它们可以增强现实感、引导观众的视线,并且提供额外的信息。有关画面细节的提示词如表 6-11 所列。

表 6-11 SD 画面细节提示词

画面细节(Image Details)		
序号	背景描述	解 析
1	纹理(Texture)	描述物体表面的质地,如"粗糙的树皮""光滑的金属表面"或"细腻的织物纹理"
2	光影(Light and Shadow)	描述光线如何打在物体上,以及产生的阴影效果,例如"光线透过窗户投射出斑驳的光影"
3	颜色和色调(Color and Hue)	描述细节中的颜色变化,如"鲜艳的花朵""褪色的油漆"或"渐变的天空"
4	装饰性元素(Decorative Elements)	描述环境中的装饰性细节,如"雕刻精美的柱子""镶有宝石的王冠"或"复杂的图案设计"

第6章 文生图 Stable Diffusion 提示词

续表 6-11

画面细节(Image Details)		
序号	背景描述	解析
5	自然特征(Natural Features)	描述自然界中的元素,如"树叶的脉络""水面的波纹"或"动物的毛发"
6	人工特征(Man-made Features)	描述人造物品的特征,如"机械的齿轮""建筑的线条"或"工具的磨损"
7	表情和姿态(Facial Expressions and Postures)	如果画面中有人物,描述他们的表情和姿态,如"微笑的脸庞""紧张的手势"或"放松的姿态"
8	环境互动(Environmental Interaction)	描述画面中的元素如何与环境互动,例如"风吹动的窗帘""雨滴打在窗户上"
9	层次和深度(Layers and Depth)	描述画面中的不同层次,如"前景的石头""中景的树木"或"背景的山脉",以增加深度感
10	符号和隐喻(Symbols and Metaphors)	如果画面中包含象征性或隐喻性的元素,描述它们的含义,如"破碎的镜子象征着过去的结束"

举例来说,如果想要生成一幅描绘古老图书馆的图像,我们可以这样描述画面细节:"书架上摆满了皮革封面的书籍,书脊上的金色文字在昏暗的灯光下闪闪发光。一张磨损的木桌旁边,一盏油灯散发着温暖的光芒,照亮了桌面上展开的地图和散落的羽毛笔。墙上挂着一幅描绘星空的古老挂毯,其复杂的图案吸引着观众的目光。"

6. 景别和视角

在视觉艺术和图像生成中,景别(Shot Composition)和视角(Viewpoint)是两个基本的构图元素,它们共同决定了观众对画面的感知和理解。以下是对这两个概念的详细解释。

(1) 景 别

景别是指摄影或图像中所包含的视觉范围,它影响观众对场景的感知。不同的景别可以传达不同的情感和重点,有关景别的提示词如表 6-12 所列。

表 6-12 SD 景别提示词

景别(Shot Composition)		
序号	背景描述	解析
1	远景(Long Shot, LS)	展示广阔的空间,强调环境和场景的规模,通常用于设定场景背景
2	全境(Full Shot, FS)	显示人物或对象的全貌,通常用于展示动作和姿态
3	中景(Medium Shot, MS)	从腰部以上展示人物,适合捕捉人物的表情和上半身动作
4	装饰性元素(Decorative Elements)	描述环境中的装饰性细节,如"雕刻精美的柱子""镶有宝石的王冠"或"复杂的图案设计"
5	特写(Extreme Close-up, ECU)	极度放大的镜头,通常用于展示非常小的细节,如眼睛的闪烁或物体的纹理
6	鸟瞰图(Bird's Eye View)	从上方垂直向下拍摄,提供场景的全面视图,常用于展示布局或规模

(2) 视　角

视角是指摄影机或观察者相对于被摄对象的位置和角度，它决定了观众的观看角度和感受，有关视角的提示词如表6-13所列。

表6-13　SD视角提示词

视角（Viewpoint）		
序　号	背景描述	解　析
1	正面视角（Front View）	摄影机直接面向对象，提供对称和平衡的视角
2	侧面视角（Side View）	摄影机从对象的侧面拍摄，展示轮廓和侧面特征
3	斜视角（Dutch Angle/Tilt）	摄影机以一定角度倾斜，创造动感或强调不稳定和紧张的氛围
4	高角度视角（High Angle）	摄影机从上方向下拍摄，使对象显得较小，常用于展示优越感或无助感
5	特写（Extreme Close-up，ECU）	极度放大的镜头，通常用于展示非常小的细节，如眼睛的闪烁或物体的纹理
6	主观视角（Point of View，POV）	摄影机模拟人物的视角，使观众能够从人物的视角体验场景
7	过肩视角（Over-the-Shoulder Shot）	摄影机位于一个人物的肩膀上方，展示另一个人物，常用于对话场景

举例来说，如果想要生成一幅描绘山顶上站立的人物的图像，我们可以这样描述景别和视角："使用中景（MS）来展示人物的全身和山顶的壮丽景色，同时采用低角度视角（Low Angle）来强调人物的高大和山峰的宏伟。"

通过这样的详细描述，AI图像生成工具能够更好地理解我们期望的构图效果，并创造出符合这一描述的图像。

在图片生成过程中，精心挑选针对主体的关键词至关重要，它们能够显著提升生成图片的质量。实际上，并不总是需要大量复杂的提示词才能创造出高质量的图像。例如，指定画家、网站和风格等元素，虽然在某些情况下可能有所重叠，但它们可以相互补充，共同塑造出独特的视觉效果。

此外，利用一些提供 Stable Diffusion 提示词的网站，可以进一步激发创意灵感，帮助我们探索更多的可能性。这些资源能够提供现成的提示词组合，或是根据我们的初步想法提供定制化的推荐，从而丰富我们的创作过程，让图片生成工作更加高效和富有创意。

6.3　正、反向提示词的作用

在 Stable Diffusion 图像生成模型中，正向提示词（Positive Prompts）和反向提示词（Negative Prompts）是两种用于指导模型生成特定类型图像的文本输入。

6.3.1　正向提示词

正向提示词用于告诉模型我们想要在生成的图像中包含哪些元素或特征。它们定义了图像的主题、风格、环境、细节等期望的属性。正向提示词的作用如表6-14所列。

第6章 文生图 Stable Diffusion 提示词

表 6-14 正向提示词的作用

包含内容	详细描述
1. 质量	分辨率,对比度,色彩饱和度,细节清晰度,噪点水平,动态范围,锐度,真实感,稳定性
2. 画风和风格	现实主义,印象派,表现主义,抽象主义,超现实主义,卡通,数字绘画等 古典风格,浪漫主义,现代主义,后现代主义,极简主义,装饰艺术,蒸汽朋克
3. 主体	外观特征,服饰装备,动作姿态,情感表达
4. 背景环境	环境类型,色调,光影,时间与天气,空间感,环境细节,文化历史背景,氛围与情绪,互动性
5. 细节	纹理,光影,颜色色调,装饰性元素,自然特征,人工特征,表情姿态,环境互动,层次和深度,符号和隐喻
6. 景别角度	远景,全景,中景,近景,特写,鸟瞰 正视角,侧视角,斜视角,高角度视角,低角度视角,主观视角,过肩视角

6.3.2 反向提示词

反向提示词用于指导生成模型排除不需要的元素,帮助提高图像生成的精准度。这在复杂的场景中尤为重要,因为反向提示词可以减少不必要的干扰,所以能够确保最终生成的图像更加符合预期。在使用反向提示词时,需要注意如何清晰、有效地表达不希望出现的元素或特征。反向提示词的作用如表 6-15 所列。

表 6-15 反向提示词的作用

包含内容	详细描述
1. 明确指出不想要的元素	视觉特征,图像质量问题,场景或物体
2. 细节性排除	避免特定颜色,避免特定情绪或表达,避免在特定场景下出现不符合情境的物体或背景
3. 适当的模糊性	针对不希望看到的特定问题或元素进行具体描述
4. 与正向提示词搭配使用	对应正向提示词的反义词

1. 明确指出不想要的元素

当书写反向提示词时,首先要确保清晰列出我们不希望在图像中看到的元素。这些元素包括:视觉特征(如颜色、形状等)、图像质量问题(如模糊、低分辨率等)、场景或物体(如不相关的背景、特定的物品)。

注意:排除的元素越具体,效果越好。若是模糊或过于广泛的描述,则可能导致模型对提示词理解不准确。

如果希望图像清晰而非模糊或低质量的,则我们可以这样写:

"Negative prompt: blurry, low quality, grainy"

2. 细节性排除

反向提示词不仅可以用于排除大类的对象或特征(如模糊、低质量等),还可以针对具体的细节进行精确排除。这在对复杂场景或对象有更高要求时非常有用。

假设在生成的图像中我们不希望出现任何红色的物体,则我们可以通过反向提示词排除

这些细节:

"Negative prompt: red colors, red objects"

这个提示词会帮助模型尽量避免使用红色,无论是背景中的红色物体,还是对象身上的红色元素。

细节性排除的常见应用场景如下:

① 避免特定颜色:排除不符合风格或情境的颜色(如"red""green")。

② 避免特定情绪或表达:例如,排除负面的表情或肢体语言(如"angry""sad")。

③ 避免某些场景或物体:避免在特定场景下出现不符合情境的物体或背景(如"urban""crowd")。

通过具体化反向提示词,我们可以确保生成的图像排除了不符合期望的元素,使其更加符合预期。

3. 适当的模糊性

在书写反向提示词时,避免使用过于模糊或过度广泛的词汇是至关重要的。模糊性可能导致模型无法准确理解我们的意图,进而生成与我们期望不符的结果。虽然简单的描述有时能涵盖多种情况,但它也可能让模型不知所措。

(1) 常见的错误

一些用户可能会使用诸如"bad stuff"或"unwanted things"这样的词语作为反向提示词,但这些词过于模糊,无法具体定义什么是"不好"或"不需要"的东西。

在这种情况下,模型很可能会忽略这些提示词,或者会生成包含不明确的负面元素的图像。因此,使用更具指向性的词汇显得尤为重要。

(2) 正确的做法

针对我们不希望看到的特定问题或元素进行具体描述。以质量为例,我们可以明确指出:

"Negative prompt: blurry, pixelated, low resolution"

这会比笼统的"bad quality"更有效地帮助模型避开这些不良特征。

4. 与正向提示词搭配使用

反向提示词应与正向提示词相辅相成,共同作用于生成结果。正向提示词用于告诉模型我们希望图像中包含的元素,而反向提示词则用于明确排除不想要的元素。通过结合使用这两种提示词,我们可以更精确地控制图像的生成过程,确保结果既符合期望,又排除了干扰因素。

假设我们希望生成一张"年轻女性的美丽肖像",正向提示词可以是:

"Positive prompt:a beautiful portrait of a young woman"

为了确保生成的图像没有不符合要求的特征(如皱纹或老年特征),我们可以在此基础上加入反向提示词:

"Negative prompt:wrinkles, old, low resolution"

在这个例子中,正向提示词聚焦于我们希望生成的主要对象及其特点(美丽的年轻女性),而反向提示词则帮助排除那些我们不希望出现在图像中的特征(皱纹、老态或低分辨率等)。通过这样的组合,可以确保生成结果更符合我们的期望。

6.3.3 提示词参考

正向提示词参考如表6-16所列。

第6章　文生图 Stable Diffusion 提示词

表 6-16　正向提示词参考

正向提示词		
序　号	中文描述	英文描述
1	高质量	high quality
2	杰作	masterpiece
3	最佳质量	best quality
4	摄影	photography
5	超高分辨率	ultra highres
6	原始照片	RAW photo
7	超级详细	ultra-detailed
8	精细细节	finely detailed
9	8K 高清壁纸	highres 8K wallpaper

反向提示词参考如表 6-17 所列。

表 6-17　反向提示词参考

反向提示词		
序　号	中文描述	英文描述
1	文字	text
2	错误	error
3	缺失手指、不准确的解剖结构	missing fingers,bad anatomy
4	多余的数字、缺少数字	extra digit,fewer digits
5	裁剪	cropped
6	JPEG 图像伪影	jpeg artifacts
7	签名	signature
8	水印	watermark
9	最差质量、低质量、普通质量	worst quality/low quality/normal quality
10	用户名	username
11	模糊	blurry

本章小结

第 6 章深入探讨了 Stable Diffusion(SD)提示词的各个方面,从定义、种类到基本书写规则和进阶语法。提示词是指导 SD 生成图像的关键因素,因此,理解其重要性并掌握有效构建提示词的技能对于用户来说至关重要。

本章首先介绍了提示词的定义,它是指用户输入的一系列词汇,用于引导 SD 生成特定内容和风格的图像。提示词的种类包括正面提示词(希望在生成图像中出现的内容)和负面提示词(用于排除不希望出现的内容)。在书写提示词时,需要遵循基本原则,如单词数量控制在75个Token以内,权重从前到后依次降低,并尽量使用短句而非长句。然后探讨了提示词的权重语法,包括使用小括号、中括号来增强或降低特定词汇的权重,以及如何通过直接在提示词后添加权重数值来调整权重。此外,还介绍了下划线连接、交替采样和比例采样等进阶语法,这些语法能够帮助用户更精细地控制图像的生成过程。

最后,在讨论正、反向提示词的作用时,强调了正向提示词对于引导期望图像生成的重要性,以及负向提示词在避免不希望的元素出现时的作用。通过这些技术的应用,用户可以更精确地操纵SD生成的图像,以达到预期的创作效果。

第6章为读者提供了全面而深入的SD提示词知识,读者能够更有效地掌握SD提示词的使用艺术,从而创造出符合自己创意的图像作品。

练习与思考

练习题

① 定义Stable Diffusion提示词,并给出一个示例,解释它是如何影响图像生成的。

② 列出至少三种Stable Diffusion提示词的种类,并简述每种种类的特点。

③ 编写一个Stable Diffusion提示词,描述一个宁静的夏日傍晚的海滩场景,并使用权重调整来强调落日的暖色调。

④ 设计一个反向提示词,用于防止Stable Diffusion生成的图像中出现过多的噪声或不相关的物体。

⑤ 选择一个你感兴趣的主题,创建一个包含正向和反向提示词的完整提示词,用于生成具有特定风格和内容的图像。

思考题

① 讨论Stable Diffusion提示词的基本书写规则,思考它是如何帮助我们更精确地控制图像生成过程的。

② 思考Stable Diffusion提示词的权重与调整对于最终生成图像的影响,并给出一个实际应用的例子。

③ 探讨Stable Diffusion提示词结构的重要性,以及如何通过结构优化来提高图像的相关性和准确性。

④ 分析正向提示词和反向提示词在图像生成中的作用,并讨论它们在实际应用中的优势和局限性。

⑤ 思考Stable Diffusion提示词在艺术创作中的潜力,以及它是如何改变艺术家和设计师的工作方式的。

扫码观看文本到图像生成技术

第7章 文生图 Stable Diffusion 模型介绍

教学目标

① 掌握 Stable Diffusion 基础大模型的各版本区别和基本的应用方法。
② 了解 Stable Diffusion 辅助模型的作用及其在图像生成中的增强效果。
③ 比较基础大模型与辅助模型的功能差异和适用场景。
④ 通过实践操作,学会根据不同需求选择合适的 Checkpoint 模型。
⑤ 探索不同模型组合的创新潜力,推动文生图领域的创意发展。

在第 6 章中,我们深入研究了 Stable Diffusion(SD)提示词的重要性及其对文生图生成过程的影响。首先,定义了提示词的概念,并探讨了不同种类的提示词及其在图像生成中的作用。然后,详细介绍了提示词的基本书写规则,包括如何通过权重调整和常用语法来优化提示词的效果。最后,还分析了提示词的结构,并讨论了正向和反向提示词的重要性,以及它们是如何帮助我们精确地引导 AI 绘图软件生成我们所期望的图像的。

随着对提示词的深入理解,我们现在转向第 7 章,本章将全面介绍 Stable Diffusion 的各种模型。在这一章中,我们将从基础大模型开始,探索它们的核心功能和特点。这些模型是文生图领域的基石,它们通过深度学习算法训练而成,能够理解并实现从文本到图像的转换。我们将了解这些模型的基本架构、训练过程以及它们如何被应用于实际的图像生成任务中。

本章还将介绍 SD 辅助模型,这些模型通过不同的处理方式来增强图像生成的效果。我们将探讨这些辅助模型是如何进一步提升图像的细节、风格和质量的,以及它们在处理复杂图像生成任务时的优势。通过学习这些内容,我们将能够更好地理解 Stable Diffusion 模型的潜力,并掌握如何利用这些模型来创作出更加丰富和多样化的视觉作品。

7.1 Stable Diffusion 模型的由来和演变

Stable Diffusion 是一种基于扩散模型的图像生成技术,由 Stability AI 公司与 CompVis 团队(隶属于慕尼黑大学)联合开发。它自 2022 年首次发布以来,迅速在生成式图像领域内取得了广泛关注和应用。Stable Diffusion 模型的核心技术来源是扩散模型(Diffusion Models),而这一类生成模型的理念和算法源自早期的研究,并经过一系列演变才发展为当前的形式。

1. Stable Diffusion 的技术基础

Stable Diffusion 基于扩散模型(Diffusion Models),这一类模型在生成图像的过程中模拟噪声扩散和还原过程。其基本原理可以描述为:首先逐渐将图像添加噪声(扩散过程),然后再通过神经网络逐步去噪,最后生成清晰图像(逆扩散过程)。

2. 扩散模型的发展历程

早期的噪声生成模型:扩散模型的理论根基可以追溯到 20 世纪中期物理学中的随机过程和噪声扩散研究。扩散模型的基本思想源于物理学中的扩散现象,这是一种自然现象,描述了粒子在介质中从高浓度区域向低浓度区域的移动。在机器学习中，扩散模型通过引入随机噪声逐步将数据转变为噪声分布，然后通过逆过程从噪声中逐步还原数据。具体来说，扩散模型包括两个主要过程——前向过程（扩散过程）和反向过程（生成过程）。前向过程是从原始数据逐步添加噪声，最终趋近于纯噪声的过程；反向过程则是模型学习如何从噪声中恢复出原始数据的过程。这种逐步加噪和去噪的过程与物理学中随机过程的研究密切相关，尤其是布朗运动和扩散方程等概念。此外，扩散模型的理论基础还涉及非平衡热力学和随机过程理论，这些理论为模型的行为和性能提供了坚实的数学基础。

深度学习中的扩散模型（DDPM）：2020年，Jonathan Ho等人在论文 *Denoising Diffusion Probabilistic Models* 中提出了基于深度学习的去噪扩散概率模型（DDPM），为扩散模型应用于生成任务铺平了道路。这个模型通过逐步将图像转化为噪声，再逐渐还原图像，从而实现生成过程。

潜在扩散模型（LDMs）：Stable Diffusion 的重要发展之一是潜在扩散模型（Latent Diffusion Models，LDMs）的出现。与原始的扩散模型不同，潜在扩散模型首先通过编码器将图像映射到一个较低维度的潜在空间中，在这个更紧凑的空间中执行扩散和去噪过程。然后，通过解码器将潜在表示还原为图像。这样不仅提高了计算效率，还降低了生成过程的内存消耗和计算需求。

3. 扩散模型的演变和改进

Stable Diffusion 模型在逐渐成为 AI 绘图的主要工具的过程中，经历了各个版本的迭代，下面是各版本时间线和技术升级的介绍：

Stable Diffusion v1.0—v1.4（2022年8月）：这些早期版本奠定了 Stable Diffusion 基础模型的架构和生成能力。潜在扩散模型通过潜在空间进行扩散与去噪，大幅减少了对计算资源的需求。这一阶段的重点是让文本生成图像在消费级硬件上运行，并优化生成效率和性能。

Stable Diffusion v1.5（2022年10月）：v1.5 是 v1 系列的顶峰版本，它进一步优化了文本提示响应的精度，同时改进了生成图像的细节与一致性。它是一个"调优"版本，相比 v1.4 并没有架构上的大变化，但在训练数据上做了更多优化。

Stable Diffusion v2.0—v2.1（2022年11月）：v2.0 系列引入了更高分辨率图像生成、更新的文本编码器以及更高效的采样机制。v2.0 的改进使模型能够生成更复杂的场景，并在大尺寸图像生成中表现得更好。

Stable Diffusion XL（SDXL）（2023年7月）：SDXL 是 Stable Diffusion 技术的一个重大飞跃，支持更高分辨率、更丰富细节的图像生成，并且通过更复杂的架构实现更自然的生成效果。

Stable Diffusion v3.0（SD v3.0）（2024年6月）：Stable Diffusion v3.0 的出现是 Stable Diffusion 系列的一个重要里程碑。这一版本在前代模型的基础上进行了显著的架构升级和性能提升。v3.0 模型采用了更先进的技术来处理复杂的文本提示，并能生成更高质量、更逼真的图像。此外，v3.0 在模型的多模态输入能力上也有了显著提升，能够更好地理解和整合详细的提示，包括对象、动作、光照、情绪和艺术风格。v3.0 的发布进一步巩固了 Stable Diffusion 在 AI 图像生成领域的领先地位，并为未来的模型发展奠定了基础。表 7-1 所列是 SD v3.0 的一些关键特性和创新点。

第7章 文生图 Stable Diffusion 模型介绍

表7-1 SD v3.0的关键特性和创新点

序号	特性	描述
1	图像质量与逼真度	SD v3.0在生成具有照片般细节、逼真色彩和自然光照的图像方面表现出色,能够准确描绘手部和面部细节
2	高级提示理解	SD v3.0能够理解复杂的自然语言提示,包括空间推理、构图元素、姿势动作和风格描述等
3	卓越的排版质量	在文本渲染方面,SD v3.0减少了拼写、字母形成和间距方面的错误
4	资源效率	SD v3.0专为标准消费级GPU设计,具有较低的视频存储器占用,使得它适合在消费级PC和企业级GPU上运行
5	Diffusion Transformer架构	SD v3.0采用了Diffusion Transformer架构,这是一种复杂的方法,用于处理和生成图像,确保了高保真度和对输入提示的严格遵循
6	Flow Matching Technology	SD v3.0使用了一种新的条件流匹配作为训练目标函数,简化了采样过程,并在减少采样步数时保持了模型性能的稳定性
7	多模态 Diffusion Transformer (MMDiT)	SD v3.0包含了一个新提出的多模态 Diffusion Transformer 模型,它能够处理文本输入和视觉隐空间特征,通过注意力机制和多层感知机进行特征转换
8	Rectified Flow Matching训练	SD v3.0使用了 Rectified Flow Matching 作为训练目标函数,定义了从数据分布到噪声分布的直线连接,引入了新的调度器和与生成分辨率相关的 shift 参数

2024年10月下旬,Stability AI 公司推出了 Stable Diffusion v3.5 模型,此开放版本包括多个可自定义的变体,可在消费类硬件上运行,GitHub 上下载推理代码,在 Hugging Face 上下载模型(Stable Diffusion 3.5 Large、Stable Diffusion 3.5 Large Turbo 和 Stable Diffusion 3.5 Medium 模型)。SD v3.5模型的详细介绍如表7-2所列。

表7-2 SD v3.5模型介绍

模型版本	模型介绍	备注
Stable Diffusion 3.5 Large	该基本模型具有80亿个参数,具有卓越的质量和及时的依从性,是 Stable Diffusion 系列中最强大的模型。此型号非常适合 1 MP 分辨率的专业用例	适合专业用户
Stable Diffusion 3.5 Large Turbo	Stable Diffusion 3.5 Large Turbo 的精简版本只需4个步骤即可生成高质量图像,使其比 Stable Diffusion 3.5 Large 快得多	较少的步数可出图
Stable Diffusion 3.5 Medium	该模型拥有25亿个参数,具有改进的 MMDiT-X 架构和训练方法,旨在"开箱即用"地在消费类硬件上运行,在质量和易于定制之间取得平衡。它能够生成分辨率在 0.25~2 MP 范围内的图像	消费级硬件上即开即用

Stable Diffusion FLUX.1(2024年8月):FLUX.1拥有12 B参数,是迄今为止参数最多的图像生成模型之一。该模型基于多模态和 Transformer 架构,能够生成高质量、细节丰富、风格多样的图像。它在图像生成领域树立了新的标杆。FLUX.1在设计上采用了创新的架

构,包括旋转式位置编码(RoPE)和并行注意力层,这些特性使得FLUX.1在处理复杂的场景和动态物体关系时表现出色。FLUX.1的发布标志着AI图像生成技术在生成逼真图像和处理复杂提示方面迈出了一大步。FLUX.1提供了多个变体,包括Pro、Dev和Schnell,以满足不同用户的需求。FLUX.1在文字生成、图像细节、清晰度和复杂构图等方面都有了显著的提升。

FLUX.1包含三个版本:Pro版、Dev版和Schnell版。其中,Pro版提供了最顶尖的性能,Dev版为非商业用途的开放权重模型,而Schnell版则是专为本地开发和个人使用的开源模型。除此之外,FLUX.1还有一些社区版本。目前FLUX.1官方提供三种版本型号,如表7-3所列。

表7-3 SD FLUX.1版本型号

模型版本	模型介绍	备注
FLUX.1 [pro]	这是最先进、性能最强的版本,提供顶尖的视觉质量、图像细节和输出多样性。它具备优秀的提示跟随能力,适合专业用途和企业定制,但需要通过官方API进行访问,并且是闭源的	仅可通过API访问
FLUX.1 [dev] FP8、FP16	这是一个FLUX.1开源模型,但与Schnell版本不同,它不支持商用。它在生成速度和内存占用方面不如Schnell版本的表现,生成效果相对也差一些	可在16 GB VRAM的显卡上运行
FLUX.1 [schnell] FP8、FP16	这是一个FLUX.1开源模型,但与Dev版本不同,它可用于商业目的。Schnell版本专为本地开发和个人使用量身定制,具有最快的生成速度和最小的内存占用。尽管其视觉质量可能略低于Pro版本,但仍然能提供良好的图像细节	较少的步数可出图

7.2 Stable Diffusion Checkpoint 模型

在Stable Diffusion的实际应用中,Checkpoint模型(也称SD的大模型)在Stable Diffusion及类似的生成式AI模型开发和应用过程中扮演着至关重要的角色。Checkpoint模型是一种保存和分享训练过程中或训练完成后的模型参数的模型,使得用户可以基于这些模型进一步进行微调、迁移学习或直接使用它们进行推理。

1. Checkpoint模型的概念

Checkpoint模型是在模型训练过程中保存的一个中间或最终状态的模型,通常包括模型的权重、网络结构以及其他必要信息。通过使用Checkpoint文件,用户可以在模型的某一阶段停止训练并保存模型,之后可以从这个阶段继续训练,或直接利用这个保存的模型进行推理(生成任务)。对于生成式AI模型,特别是Stable Diffusion来说,Checkpoint通常保存为.ckpt的文件格式。

2. Checkpoint模型在Stable Diffusion中的作用

在Stable Diffusion中,Checkpoint模型是共享、保存和重新加载模型参数的主要方式。通过Checkpoint文件,用户可以进行以下几个阶段的操作:

加载预训练模型:开发者或社区可以共享训练好的模型,这些模型经过大规模图像和文本数据的训练,用户可以直接加载这些模型来生成图像,而不需要从零开始训练。

微调和迁移学习:Checkpoint 模型可以作为基础模型,通过额外的训练数据进行微调。开发者可以在已有的预训练模型基础上,使用特定领域的数据进一步训练,来生成与特定风格或主题相关的内容。

继续训练:如果训练过程因故中断,Checkpoint 文件可以用于从之前保存的状态继续训练模型,而无需从头开始。

3. Checkpoint 模型的格式和存储内容

一个标准的 Stable Diffusion Checkpoint 模型通常包含以下三部分:

① 模型权重是神经网络中的权重参数,是模型从训练数据中学习到的核心信息。这些权重决定了模型在面对新输入时如何进行计算和生成结果。

② 优化器状态是指训练过程中,优化器(如 Adam、SGD 等)会调整模型的参数,Checkpoint 还可以保存优化器的状态,以便后续继续训练。

③ Checkpoint 文件中还会包含模型的网络架构信息,以确保在加载时能够正确重构模型。

4. 常见的 Stable Diffusion Checkpoint 模型

(1) 基础 Checkpoint

基础 Checkpoint 是指 Stable Diffusion 团队或其合作方发布的标准预训练模型。这些模型通常是在大规模的图像-文本对数据集(如 LAION-5B 数据集)上训练的,提供了通用的图像生成能力。7.1 节中列举的演变模型如 SD v1.5、SDXL 模型就是官方发布的 Checkpoint 基础模型。

(2) 微调 Checkpoint

微调 Checkpoint 是在基础模型上进一步训练的结果,通常针对特定风格、领域或任务进行优化。提供一些经过处理的图像,或是某些特征元素的训练集,或是某些画风的训练集,就可以训练一些专属特征的模型。

(3) 融合 Checkpoint

融合 Checkpoint 是指基础模型经过技术调整,两个或多个模型进行融合,通过参数比例或者权重的调整,使模型能够达到预期的效果。比如一个 2D 画风的模型和一个真实系风格的模型进行融合,基本上生成的是一个 2.5D 画风的模型。当然,模型融合后要经过反复的测试比对,才能得到一个比较理想的模型,一般使用 DreamBooth 进行 Checkpoint 训练。

5. Checkpoint 模型的使用方法

Stable Diffusion Checkpoint 模型可以通过各种方式加载和使用,下载和加载流程如下:

(1) 下载 Checkpoint

访问相关模型网站,并使用网站的筛选栏,根据模型类型、风格、版本等条件进行筛选,找到所需的 Checkpoint 模型。单击目标模型,查看模型的详细介绍、参数推荐、授权信息等内容,确保符合使用需求。确认无误后,单击下载按钮获取模型文件。

(2) 加载 Checkpoint

将下载好的以.ckpt 或.safetensors 为后缀的 Checkpoint 模型文件拷贝到 WebUI 界面根目录的 models\Stable-diffusion 文件夹下,打开 Stable Diffusion WebUI,在界面中通常有一个模型选择下拉菜单,单击下拉菜单会显示已放置在对应目录下的 Checkpoint 模型列表,从中选择需要加载的模型即可。如果没有出现,可尝试单击旁边的刷新按钮。

6. Checkpoint 模型的 ckpt、safetensors 格式区别

在 Stable Diffusion 模型的保存与管理中,Checkpoint(.ckpt)和 safetensors 是两种常用的文件格式。Checkpoint 文件由 TensorFlow 框架使用,能够全面保存模型的训练状态,包括模型权重、优化器参数以及训练进度。这使得开发者可以在训练过程中任意阶段保存和恢复模型,特别适用于需要频繁中断和继续训练的场景。然而,由于 Checkpoint 文件可能包含大量训练信息甚至潜在的 Python 代码,它们存在被注入恶意代码的风险,且文件体积较大,不利于快速传输和加载。

相比之下,safetensors 是由 Hugging Face 推出的一种专为 Stable Diffusion 设计的模型存储格式,主要用于保存模型的最终权重。该格式不包含优化器状态或其他训练信息,因此在安全性和效率方面具有显著优势。safetensors 文件不包含可执行代码,降低了被恶意利用的风险,同时由于只保存必要的模型权重,文件体积更小,加载速度更快,非常适合模型的发布和部署,尤其是在追求生产环境高效和安全的应用场景中。然而,safetensors 不支持恢复训练状态,因此不适用于需要继续训练的开发者。根据具体需求,开发者可以在需要完整训练恢复时选择 Checkpoint 格式,而在关注模型推理性能和部署效率时使用 safetensors 格式。

如果需要在某个 Stable Diffusion 模型上进行微调,使用 ckpt 格式可能更合适,因为它包含了训练过程中的所有必要信息。如果用户只关心模型的最终性能和输出结果,则 safetensors 格式是一个更好的选择,因为它更安全、体积更小、加载更快。

7.3 Stable Diffusion 辅助模型

在 Stable Diffusion 的模型生态系统中,多个辅助模型如 LoRa 模型、ControlNet 模型、VAE 模型和 Embedding 模型被广泛应用,以扩展和增强 SD 的功能。这些模型各自承担不同的任务,协同工作以提升图像生成的质量、控制性和多样性。下面介绍每个模型的功能和用途。

1. LoRa 模型

LoRa(Low-Rank Adaptation)模型利用的是一种轻量级的参数高效微调方法,旨在不大幅增加模型参数的情况下,对预训练的生成模型进行特定任务或风格的适应性调整。LoRa 通过引入低秩矩阵来调整原有模型的权重,实现快速且高效的微调。

在 Stable Diffusion 的应用中主要通过 LoRa 进行风格迁移,用户可以将 SD 模型微调至特定艺术风格,如印象派、赛博朋克等,而无需重新训练整个模型;针对特定主题(如动漫、科幻、生物等),LoRa 允许快速适配 SD 模型,生成符合特定主题的图像;用户可以基于自己的数据集,利用 LoRa 对 SD 模型进行个性化微调,生成独特的图像内容。LoRa 模型的常见格式为 safetensors,文件大小 30~800 MB 不等,存放路径为 \models\LORA。

2. VAE 模型

VAE(Variational Autoencoder)模型在 Stable Diffusion 中扮演着关键角色,主要用于将高维图像数据映射到低维潜在空间,并在生成过程中对潜在表示进行解码,恢复出高质量的图像。VAE 的引入提升了 SD 模型的生成效率和图像质量。

在 Stable Diffusion 的应用中 VAE 将高维图像压缩到低维潜在空间,SD 模型在此空间中进行扩散和去噪处理,提升了计算效率;通过解码器,VAE 将潜在空间的表示转换回高质量的图像,确保生成图像的细节和质量;利用 VAE 的编码和解码能力,用户可以在潜在空间中对图像进行编辑,如修改特定区域的内容或风格,再通过解码器恢复为高质量图像。VAE 模型的常见格式为 ckpt、pt、safetensors,文件大小 100~800 MB 不等,存放路径为\models\vae。

3. Embedding 模型

Embedding 模型在 Stable Diffusion 中用于将特定的概念、风格或主题通过向量表示嵌入到模型的潜在空间中。这些嵌入向量可以通过训练获得,允许用户通过简单的关键词或向量组合来生成特定风格或内容的图像。

在 Stable Diffusion 的应用中,Embedding 模型将特定艺术风格或流派嵌入为向量,用户可以通过引用这些向量生成对应风格的图像;针对特定主题(如科幻、奇幻、现实主义等)训练的嵌入向量,用户可以通过关键词组合生成具有特定主题的图像;通过组合多个嵌入向量,用户可以生成具有多重风格或复杂主题的图像,丰富生成内容的多样性。Embedding 模型的常见格式为 pt,文件大小几十 KB,存放路径为\embeddings。

4. Hypernetwork 模型

Hypernetwork 模型是一种用于进一步增强 Stable Diffusion 生成能力的辅助模型。Hypernetwork 通过生成或调整主模型的权重,实现对生成过程的动态控制和适应性调整,从而提升图像生成的多样性和细节表现。Hypernetwork 通常作为一个独立的网络,与主 SD 模型协同工作。它的主要任务是生成或调整主模型的某些参数,使得主模型在特定条件下能够生成符合预期的图像。具体来说,Hypernetwork 可以接收额外的输入信息(如风格向量、主题向量等),并基于这些输入动态生成主模型的部分权重或调整主模型的激活,从而实现对生成图像的精细控制。

在 Stable Diffusion 的应用中,通过 Hypernetwork,用户可以在生成过程中动态调整图像的艺术风格,例如从现实主义过渡到印象派;Hypernetwork 可以根据特定需求调整主模型的权重,增强生成图像的细节表现,如纹理、光影效果等;Hypernetwork 支持在不同任务之间切换,如从图像生成切换到图像修复或风格迁移,Hypernetwork 可以动态调整主模型以适应不同任务需求;用户可以通过训练特定的 Hypernetwork,实现对主模型的个性化调整,如生成特定人物或品牌风格的图像。Hypernetwork 模型的常见格式为 pt,文件大小几十 KB,存放路径为\models\hypernetworks。

5. ControlNet 模型

ControlNet 模型是 Stable Diffusion 的一个重要扩展模型,旨在提供更高的图像生成控制能力。通过引入辅助网络,ControlNet 允许用户在生成过程中精确控制图像的结构和布局,如姿态、边缘、深度等,从而生成更加符合预期的图像内容。ControlNet 通过在主 SD 模型的基础上添加一个辅助网络,使该辅助网络接收额外的输入(如草图、姿态图、边缘检测结果等),并将这些信息传递给 SD 模型的生成过程。这种双网络架构使得生成过程不仅依赖于文本提示,还受到结构性输入的引导,从而实现对生成图像的精确控制。

在 Stable Diffusion 的应用中,通过输入人体姿态图,ControlNet 可以指导 SD 模型生成特定姿态的角色图像,适用于角色设计和动画制作等领域;通过输入图像的边缘检测结果,用户可以控制生成图像的整体结构和轮廓,适用于建筑设计、产品设计等领域;利用深度信息,可以生成具有真实空间感和立体感的图像,提升图像的逼真度和视觉效果;用户绘制的草图可以作为 ControlNet 的输入，引导 SD 模型生成符合草图结构的详细图像，适用于艺术创作和设计草图的细化。ControlNet 模型的常见格式为 pth、safetensors，不同模型的文件大小不同，有的模型文件可能达到 1.45 GB，而一些优化过的版本可能只有几十 MB，存放路径为\extensions\sd-webui-controlnet\models。

7.4 Stable Diffusion 模型使用建议

当我们面临着图像生成任务时，该怎样选择模型，尤其是选择自己当前需要的模型，就需要我们能够对模型进行有效甄别。除了官方提供的各版本模型，网络平台和社区中存在大量的自定义模型，而且随着时间的推移，模型的数量和种类还在不断增加。根据大量的实践，推荐从以下几个方面来综合考虑模型的选择与使用。

1. 优先较高级的版本

在 2024 年 8 月之前，主流版本还是 SD v1.5 和 SDXL 1.0，因为这两个版本推出的时间较久，有大量的用户进行模型的训练与分享，在 2024 年 8 月之后，出现了新兴版本 SD v3.0 和 FLUX.1，v3.0 只开源了一个 Medium 版本，但是 FLUX.1 开源了多个版本，FLUX.1 版本由于充分考虑到了用户的使用成本，尤其是硬件成本的使用限制，故一经推出就受到广泛好评。所以社区用户也相继推出了很多简化优化版本，极大地降低了对于算力的要求，因为较高级的版本除了技术的升级，更主要是在训练的参数量上有了更高的提升，参数量更高的模型版本通过增强的图像生成质量、语义理解能力、泛化能力、多模态支持和定制化能力，在多个方面展现出显著的优势。这些优势不仅提升了模型在各种应用场景中的表现，还为用户提供了更高的灵活性和创作自由度。表 7-4 所列是主流和新兴版本使用模型的训练参数量对比。

表 7-4 主流与新兴版本模型参数量对比

序号	模型版本	参数量（M）	图像生成分辨率
1	Stable Diffusion v1.5	860	512*512、512*768、768*512
2	Stable Diffusion XL 模型	2 600	1 024*1 024
3	Stable Diffusion 3.0 Medium	800～8 000	1 024*1 024
4	Stable Diffusion FLUX.1	12 000	1 024*1 024

2. 模型的过拟合和欠拟合

目前模型分享的平台和网站，主要以大量用户和社区经过融合和微调的模型为主，每个人都是根据自己的训练集和自定义的方法训练生成的，难免因为训练时间、算力、训练数据和验证数据不够，以及训练标签的批量化导致模型泛化能力不足或无法捕捉到数据的潜在模式，从而会造成模型过拟合或欠拟合。

过拟合主要指模型在训练数据上表现良好，但在未见过的数据（验证集或测试集）上表现较差。模型过度学习了训练数据的细节和噪声，导致泛化能力下降。例如，我们训练一个叫小格的女孩模型，AI 通过提供的训练集得到的认知就是小格就是女孩，女孩就是小格，输入小格、女孩都是一样的结果。

欠拟合是指模型在训练数据和验证数据上都表现不佳，无法捕捉到数据的潜在模式。这是由于模型复杂度不足或训练不足导致的。同样，我们训练一个叫小格的女孩，AI 认为小格

第7章 文生图 Stable Diffusion 模型介绍

和女孩没有任何关系,或关联性比较弱。

所以如果我们在网站模型平台上暂时选定一个模型,就需要先看关于作者和模型类别的介绍,即模型主要用来生成哪类主题或特殊元素的效果,在模型下方一般会有大量的用户测试生图效果以供参考,下载后要根据自己的需求测试生图,参数不要调节太高,这个阶段主要是判断模型属于过拟合还是欠拟合。可以通过脚本中的 XYZ 图表对比结果,测试模型是否拟合。

3. 充分考虑目标需求

这部分是综合考虑的内容,在确定 Stable Diffusion(SD)模型版本之后,充分考虑生图需求(生成的原始图像的具体要求)对于确保最终输出符合预期目标至关重要。生图需求涵盖了从图像质量、分辨率到生成速度等多个方面。以下是详细的指导,帮助我们在选择模型后全面考虑和优化生图需求。

首先是硬件设备是否能满足客户端版本和模型的限制要求,如不能满足则可以通过算力云平台来保证算力的需求,当然需要部署客户端在云端算力分配的服务器内,专业的服务器都有相关的映像包。

其次是图像分辨率,每个模型训练集像素不一样,生图质量也不同,所以要注意模型作者建议的生图比例和具体像素尺寸,以及是否需要触发词,比如常见的 LoRa 模型就有专属的触发词和一些提示词。而且还需要了解制作的图像属于数字内容还是印刷内容,以及存储的格式。

关于模型生成的图像,细节表现在于构图、纹理、光影等,角色需要注意手部和脚部,以及关节的正常透视和比例,建筑需要注意生成的图像的建筑结构和建筑特点以及透视关系。对于图像的质量,还是要从传统的制作理论和基础上来判别,AI 生图提升了我们的效率,但是最终效果好坏取决于我们自身审美的标准,由于模型都是参考我们提供的训练数据结合当前模型的能力和技术优化手段来生图的,所以根据需求控制画面、调节各种参数是我们生图的最基本思路。

本章小结

第7章深入探讨了文生图领域的 Stable Diffusion(SD)模型,涵盖了基础大模型和叠加深化模型。SD 模型因其开源特性,拥有众多的使用者和开发者社区,他们不断训练并共享新的模型,增强了 SD 的多样性和应用范围。

总的来说,第7章为读者提供了全面的 SD 模型知识,帮助他们理解和掌握如何选择合适的模型进行文生图创作,并利用叠加深化模型来提升图像的质量和风格化效果。通过本章的学习,读者将更深入地了解 SD 模型的工作原理和应用场景,为实际的图像生成任务打下坚实的基础。

练习与思考

练习题

① 描述 Stable Diffusion 基础大模型的主要特点,并解释它是如何通过学习海量图像数

据来提升模型的基础知识水平的。

② 浏览不同的 Stable Diffusion 模型，并选择一个你感兴趣的模型分析其应用场景。

③ 根据 Stable Diffusion 的辅助模型，设计一个实验来比较大模型与辅助模型生成图像的质量差异。

④ 设定一个主题，根据模型的使用建议找到一个效果相对较好的模型，并生成多个不同内容的画面。

思考题

① 讨论 Stable Diffusion 基础大模型在降低模型训练门槛方面的作用，以及它是如何促进 AIGC 技术的发展的。

② 分析 Stable Diffusion 模型的工作原理，包括前向扩散过程和反向扩散过程，以及它们是如何共同作用生成高质量图像的。

③ 探索 Stable Diffusion 模型在新媒体、艺术创作、广告设计和游戏开发等领域的潜在应用，并讨论其对行业的影响。

④ 思考 Stable Diffusion 模型在处理复杂文本提示时的挑战，例如空间推理和风格描述，并讨论如何通过技术改进来应对这些挑战。

扫码观看各模型的界面设置生图实践训练

第 8 章 文生图采样器

> **教学目标**
> ① 掌握采样器在图像生成中的作用、工作原理以及与调度计划的协同作用。
> ② 了解采样步数对图像生成的影响以及扩散模型的深入解析。
> ③ 认识并比较不同类型采样器,包括始祖级采样器、经典 ODE 求解器、DPM 采样器、新派采样器和过时采样器的特点和应用。
> ④ 理解调度器的功能和掌握如何通过配置调度器来优化采样过程。
> ⑤ 通过实践学习如何选择和使用合适的采样器,以及如何调整参数以优化图像生成效果。

在第 7 章中,我们对 Stable Diffusion(SD)的模型进行了全面的介绍,从基础大模型到辅助模型,探讨了这些模型如何为文生图提供强大的生成能力,以及它们如何通过不同的技术手段增强图像的细节和风格。基础大模型是 SD 的核心,它们通过大量的数据训练,学会了如何将文本描述转化为视觉内容。而辅助模型则通过在基础模型上添加额外的层次,进一步提升了图像的质量和多样性。这些模型的应用,使得 SD 在文生图领域中表现出色,能够满足从简单到复杂的各种图像生成需求。

现在我们进入第 8 章,本章将聚焦于文生图的采样器。采样器在文生图中也决定了生图最终的效果,采样器负责从噪声中恢复出清晰的图像,这一过程是生成高质量图像的关键步骤。本章首先介绍采样器的基本概念,包括采样的作用、工作原理、调度计划与采样器的协同作用,以及采样步数对图像生成的影响。然后深入解析扩散模型,从而理解采样器如何在其中发挥作用。最后详细介绍各种采样器,从始祖级采样器到经典的 ODE 求解器,再到 DPM 采样器和新派采样器,以及一些已经过时的采样器。此外,我们还将探讨调度器的功能,研究它在采样过程中如何与采样器协同工作,以及如何通过调度计划来优化图像生成的过程。

8.1 采样器的基本概念

在 Stable Diffusion 及其他生成模型中,采样器(Sampler)是核心的算法组件之一,它负责将模型的潜在表示(Latent Space)转换为可见图像。采样器通过从模型学到的概率分布中生成样本,在迭代过程中引导模型生成逼真的图像。

8.1.1 采样的作用与工作原理

1. 采样器的作用

Stable Diffusion 模型使用扩散过程生成图像。在这个过程中,输入的噪声图像逐渐通过多个时间步长(Steps),在采样器的引导下生成清晰的图像。采样器在每一步负责根据模型的估计从噪声分布中提取数据,帮助恢复潜在空间中的图像。

2. 采样器的工作原理

Stable Diffusion 基于扩散模型(Diffusion Models),扩散过程可以分为两个阶段:

① 前向扩散(Forward Diffusion):将清晰的图像逐步加入噪声,直到变成完全随机的噪声。

② 反向扩散(Reverse Diffusion):从噪声开始,逐步通过采样器去噪,生成清晰的图像。

采样器负责反向扩散阶段的去噪操作,它根据模型的输出估计噪声,并利用这些估计值去逐步修正图像。

3. 常见的采样器类型

在 Stable Diffusion 中,有多种采样器算法可以使用,不同的采样器对图像生成速度、质量和风格有不同的影响。以下是一些常见的采样器类型:

① DDIM(Denoising Diffusion Implicit Models):该采样器采用的是一种高效的扩散采样算法,能够在较少的采样步骤中生成高质量图像。它具有"隐式"(Implicit)去噪的特点,通常可以通过较少的步骤生成图像,适合希望快速生成图像的用户。

② PLMS(Pseudo Linear Multi-Step):这是基于传统线性多步法的采样器,能够在保证图像质量的前提下,进一步提高采样速度。它通过多个迭代步优化去噪过程,是一种常用的高效采样器。

③ Euler & Euler Ancestral:这些采样器使用经典的 Euler 方法来执行去噪步骤。Euler Ancestral 是基于 Euler 方法的改进版,具有较大的随机性,因此生成的图像可能更加多样化和细节丰富。

④ LMS(Laplacian Pyramid Sampling):该采样器通过在不同尺度下对图像进行采样,在不同分辨率下逐步构建图像,特别适合生成精细的细节。

4. 采样步数与质量

Stable Diffusion 模型的采样过程通常需要分为多步进行。步数(Steps)越多,采样器每一步的去噪越细致,生成的图像质量也越高。但是,更多的步数也意味着更长的计算时间。不同采样器的效率和质量表现也不同,像 DDIM 这样优化采样步骤的算法,可以在减少步数的情况下依然获得较高质量的图像,如图 8.1 所示。

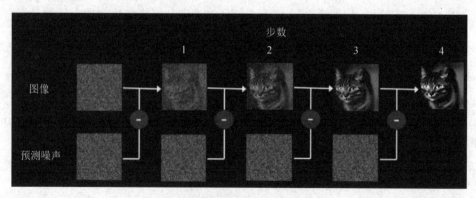

图 8.1 采样器的采样过程

8.1.2 调度计划与采样器的协同

在 Stable Diffusion v1.9 版本之后,采样器(Sampler)和调度计划(Scheduler)被分开,这样的设计使得用户可以更灵活地根据需要选择不同的采样器和调度器组合,以适应不同的图像生成需求。

在 Stable Diffusion 及类似的扩散模型中,调度计划(Scheduler)和采样器(Sampler)紧密协同工作,共同影响图像生成的质量、速度以及风格。两者在扩散模型的去噪和采样过程中承担不同的角色,调度计划决定噪声如何在多步迭代中递减,而采样器负责具体的去噪步骤与生成样本。

1. 调度计划的作用

调度计划(Scheduler)决定了在扩散过程中的噪声分布如何随着时间(或步数)变化,也就是控制噪声的递减模式。扩散模型的去噪过程是逐步迭代的,每一步都会减少噪声,而调度计划则确定了每一步中噪声值的具体大小。

调度计划产生的影响主要包括:

步长(Time Step):不同调度计划有不同的噪声递减策略,步长定义了每个时间步长的噪声减量。

去噪速率(Noise Reduction Rate):调度计划可以具有线性、指数或其他自定义的去噪速率。根据噪声递减模式的不同,图像生成的进程和最终效果也会有所不同。

2. 采样器的作用

采样器(Sampler)在每个时间步具体执行去噪操作。根据调度计划给定的噪声级别,采样器利用模型的预测生成下一步的图像表示,并且不断去除噪声。

采样器与调度计划的配合决定了模型在每个迭代步骤中如何进行:根据调度计划设定的噪声强度,采样器从当前时间步对应的潜在分布中抽取图像样本,根据模型的预测执行去噪操作,随后按照下一步调度计划继续调整。

3. 调度计划与采样器的协同工作

调度计划和采样器的协同主要体现在以下几个方面:

(1) 噪声递减策略与采样方式的平衡

调度计划控制了噪声的递减速度,而采样器需要基于当前的噪声水平执行去噪。如果调度计划设计的噪声递减过快,采样器可能无法逐步生成细腻的细节,导致图像模糊或丢失信息;如果递减过慢,采样器可能在不必要的细节上浪费过多时间。

因此,合适的调度计划与采样器协作可以保证生成过程既能快速进行,又能保持图像的质量和细节。

(2) 采样步数与噪声调度计划的配合

调度计划通常会涉及一个固定的步数(比如 50 步或 100 步),每一步会有不同的噪声强度分布。采样器根据调度计划的这些时间步长执行去噪,每一步都生成中间图像结果。

如果采样步数较少,调度计划会进行更快的噪声递减,采样器的任务会变得更加关键,需要高效去噪以保留图像细节。反之,如果步数较多,调度计划的噪声递减更平滑,采样器可以在每一步慢慢调整图像,产生更精细的结果。

(3) 不同类型的采样器与调度计划的兼容性

不同的采样器对调度计划的依赖性也有所不同。例如，DDIM 采样器通常适合较少的步数，而其他像 Euler 或 PLMS 这样的采样器可能需要更多步数才能产生高质量的图像。这就要求调度计划为不同的采样器设计不同的噪声递减曲线，以达到最佳效果。

特定的调度计划可以与某些采样器搭配使用，从而优化生成过程。例如，线性调度计划与 DDIM 采样器的配合通常可以有效减少生成时间，而指数型调度计划可能更适合 Euler Ancestral 等采样器，以获得更随机、富有变化的结果。

图 8.2 中我们可以看到调度计划是控制采样过程中噪声水平变化的蓝图。它规定了从初始的高噪声状态逐步降低到最终的无噪声状态的路径。噪声调度计划控制着每一采样步骤的噪声水平。在第一步，噪声水平最高，然后逐步降低，在最后一步时降为零。

采样器根据调度计划，在每个步骤中生成具有指定噪声水平的图像。这种配合确保了图像的逐步清晰化，同时保持了生成过程的稳定性。

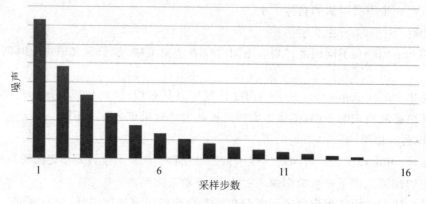

图 8.2　噪声调度计划

8.1.3　采样步数的影响

增加采样步数可以减少每次迭代中噪声的减少幅度，从而使得图像的变化更加平滑和自然。这有助于避免在去噪过程中出现明显的误差。

图 8.3 中采样步数为 31，相比图 8.2 增加了采样步数，可以减少每步之间的降噪幅度，这样可以避免截断误差。采样器在每一步采样去噪时所使用的算法都是求近似值，这个近似值和真实的解之间存在误差，即截断误差。增加采样步数，就会降低每次采样要处理的噪声数量，从而可以降低每次采样时的误差。这种方法提高了图像生成的准确性。

8.1.4　扩散模型的深入解析

Stable Diffusion 模型中的扩散过程是图像生成的核心机制，包括前向扩散和后向扩散两个阶段：

① 前向扩散：该过程涉及将实际图像转换为模型可以理解的数据表示形式，类似于将连续信号离散化。

② 后向扩散：在这一阶段，模型从数据表示中重建图像，通过生成初始的噪声图，然后根据语义提示逐步去除不相关的噪声成分。

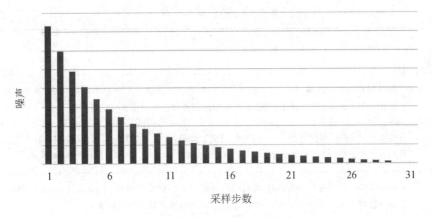

图 8.3 增加采样步数噪声的变化

在后向扩散过程中,采样器的作用是执行算法程序,以去除噪声图中的不合规成分。采样步数与采样器的性能紧密相关,每一步的噪声调控均严格按照既定的噪声调度表实施,从而确保从高噪声状态到无噪声状态的平滑过渡。

通过这种高级的采样和扩散机制,Stable Diffusion 模型能够生成高质量的图像,同时保持了生成过程的可控性和可预测性。

8.2 认识采样器

为了更全面地认识采样器,我们可以依据它们的算法特性对采样器进行细致的分类。这不仅有助于我们理解它们的工作原理,还能指导我们如何更有效地应用它们。目前最新的 Stable Diffusion WebUI 1.10 版本共有 20 种采样器,如表 8-1 所列。

表 8-1 采样器种类

全部采样器				
Euler	Restart	LCM	DPM adaptive	DPM++ 2M SDE Heun
Euler a	DDIM	DPM2	DPM++ 2M	DPM++ 2S a
Heun	PLMS	DPM2 a	DPM++ SDE	DPM++ 3M SDE
LMS	UniPC	DPM fast	DPM++ 2M SDE	DDIM CFG++

8.2.1 始祖级采样器

在扩散模型相关领域,虽没有严格统一表述的"始祖级采样器",但从概念逻辑上可理解为在反向扩散过程中,基于原始理念设计,最早出现或具有开创性意义,为后续采样器发展奠定基础的一类采样器。这一类采样器在每个采样步骤中都会向图像添加噪声,采样结果具有一定的随机性。

名称中带有"a"标识的采样器表示这一类采样器是随机采样器,需要注意的是,即使其他许多采样器的名称中没有"a",它们也可能是随机采样器,如表 8-2 所列。

表8-2 始祖级采样器

| 始祖级采样器 ||
名称	特点描述
Euler	这是最基本的采样器，类似于求解常微分方程的欧拉方法。它完全确定，不会在采样过程中引入随机噪声。Euler 采样器速度快，但可能在图像细节上不如更复杂的采样器
Euler a	这是 Euler 采样器的一个变种，属于始祖级采样器，在每一步中会添加随机噪声，因此生成的图像具有一定的随机性，不会完全收敛。这种采样器适合需要随机性和创新性的场景
Heun	这是 Euler 方法的一个改进版，通过预测两次噪声来提高准确性，但速度是 Euler 的两倍。Heun 方法提供了比 Euler 更高的准确度，适用于追求更高质量图像的场景
LMS	LMS 采样器通过最小化生成过程中的误差，优化图像的细节保留，适合需要表现高质量细节的图像生成任务

8.2.2 经典 ODE 求解器

ODE 是微分方程的英文缩写，其在科学和工程领域中广泛应用。我们通常依赖于各种算法或程序求解微分方程的数值解，这些算法或程序被称为求解器。在求解器的发展历程中，一些历史悠久、传统的算法因其经典性而被称为"经典 ODE 求解器"。

(1) Euler 采样器

Euler 采样器以其简洁性而著称，它是一种基础的求解方法，适用于初步的数值分析，大多数模型用此采样器都可以呈现一个不错的效果。

(2) Heun 采样器

Heun 采样器作为欧拉方法的一个改进版本，虽然在计算速度上可能稍显缓慢，但在求解精度上却有了显著提升。

(3) LMS 采样器

即线性多步法，其因在保持与 Euler 方法相近的计算速度的同时，提供了更高的求解精度而受到青睐。这种算法在处理复杂的微分方程时，能够在效率和准确性之间取得平衡，是求解常微分方程数值解的有力工具。

8.2.3 DPM 采样器

DPM(Diffusion Probabilistic Model Solver)和 DPM＋＋是 2022 年发布的新采样器。DPM 采样器(Denoising Diffusion Probabilistic Models Sampler)是一种用于扩散模型的采样算法，旨在通过减少噪声的方式生成高质量图像。DPM 采样器在扩散模型的反向扩散过程中扮演着重要角色，它根据模型生成的估计噪声逐步去噪，最终从随机噪声中生成图像。DPM 系列采样器的分类如表 8-3 所列。

表 8-3 DPM 系列采样器的分类

序号	名称	具体区别解析
1	DPM2	DPM2 是一种二阶求解器,相比于一阶求解器,它更准确但速度更慢
2	DPM2 a	DPM2 a 是 DPM2 的变种,每个采样步骤都会添加噪声,使得结果具有一定的随机性
3	DPM fast	DPM fast 是 DPM 求解器的变体,它在收敛性上表现不佳
4	DPM adaptive	DPM adaptive 是一种自适应步长的采样器,它会忽略设置的步数并自适应地确定自己的步数,可能会导致渲染时间非常长
5	DPM++ 2M	DPM++ 2M 是一种基于 DPM 的改进采样器,它在收敛速度和图像质量上表现良好
6	DPM++ SDE	DPM++ SDE 是一种使用随机微分方程的采样器,它可以生成逼真的写实风格画面,但渲染速度慢且不收敛
7	DPM++ 2M SDE	DPM++ 2M SDE 结合了 2M 和 SDE 的特性,速度较快但不收敛
8	DPM++ 2M SDE Heun	DPM++ 2M SDE Heun 是 DPM++ 2M SDE 的优化版本,使用了 Heun 方法来提高精度
9	DPM++ 2S a	DPM++ 2S a 是 DPM 一代算法,它在采样过程中添加了噪声
10	DPM++ 3M SDE	DPM++ 3M SDE 是一种新的采样器,它在迭代步数达到 30 以上时,能够产生高质量的图像

DPM 采样器具有以下几个特点:

① 高效性:相比传统的扩散模型采样算法,DPM 采样器可以在较短的时间内生成高质量的图像。这是因为它优化了反向扩散的步骤,使得采样过程更加高效。

② 灵活性:DPM 采样器可以在不同的调度计划下工作,支持多种噪声衰减方式,如线性、指数、平方根等。

③ 可调节性:DPM 采样器允许用户设置采样步数,控制图像生成的质量和速度之间的平衡。在步数较少时,它可以生成速度更快的图像;在步数较多时,图像的质量会更高,细节也更丰富。

在反向扩散过程中,DPM 采样器基于模型的噪声预测执行多步去噪。在每个时间步,模型会估计当前图像中的噪声,并根据预测结果去除一部分噪声。DPM 采样器的去噪过程通常包含以下几步:

① 初始噪声生成:从高斯分布中采样一个完全随机的噪声图像作为起点。

② 逐步去噪:根据扩散模型的噪声估计,DPM 采样器在每一步移除一部分噪声。

③ 图像重建:随着噪声逐渐减少,DPM 采样器生成的图像从模糊逐渐变得清晰,直到生成最终的高质量图像。

随着 DPM 采样器的发展,研究人员提出了多个版本以改进采样效率和图像生成质量。在 DPM++系列采样器中,不同的名称通常代表不同的特性和使用场景。表 8-4 所列是 DPM 系列采样器版本区别。

表 8-4 DPM 系列采样器版本区别

序号	版本后缀	具体区别解析
1	1、2、3 阶	1 阶:例如,Euler 采样器就是一阶采样器。它只使用当前的样本点来进行更新,计算复杂度最低,但精度较低。1、2、3 这些数字表示采样器的阶数,即导数或微分的阶次
		2 阶:二阶采样器比一阶采样器更精确,因为它不仅考虑当前样本点,还考虑这些点的变化,即使用了样本的二阶导数。采样质量较好,适用于需要一定精度的应用场景
		3 阶:三阶采样器比二阶采样器更精确,考虑了样本点更高阶的变化。这种方法能够更准确地估计函数的形状和行为,采样质量最高,但计算复杂度也最大,适用于对精度要求极高的场景
2	S	S(Single Step):表示单步采样器,即每次迭代只执行一步更新。采样速度较快,每次更新的计算量较小,适合需要快速反馈或实时渲染的场景。可能需要更多的采样步数来达到所需的图像质量,因此总的采样时间可能会更长
3	M	M(Multi-Step):表示多步采样器,即每次迭代执行多步更新。采样质量较高,由于每次迭代包含多个步骤,可以在较少的迭代次数下达到较高的图像质量。每次迭代的计算量较大,单次迭代速度较慢,适合可以接受较长计算时间的场景,尤其是在对图像质量要求较高的情况下
4	SDE	SDE(Stochastic Differential Equation):使用随机微分方程来引入随机噪声,因此即使使用相同的参数,每次生成的图片也可能会有所不同。这种采样器调用始祖级采样器,表现出不收敛特性。可以增加图像生成的多样性和随机性,有助于探索更丰富的样本空间。在没有多步算法加持的情况下,生成图像的速度较慢
5	DPM++	DPM++是 DPM 采样器的增强版,它针对不同的扩散策略进行了优化,尤其适合在复杂场景下生成细致的图像。DPM++通过更加平滑的噪声去除策略,实现了图像质量和生成速度的平衡

DPM++系列采样器根据其阶数和单步/多步特性,为用户提供了在采样质量和速度之间的灵活选择。SDE 标识进一步增强了随机性和多样性的能力,可以适应不同的应用需求。不同的阶数和步进设置让用户可以权衡采样的准确性、速度和计算复杂度,以满足特定场景的要求。

8.2.4 新派采样器

新派采样器代表了最新的图像生成技术,它们结合了多种先进的算法特性,以适应不同的应用需求,新派采样器的分类如表 8-5 所列。

表 8-5 新派采样器的分类

序号	名称	解析
1	UniPC	UniPC(Unified Predictor-Corrector)是一种新的采样器,它在 5~10 s 内就能实现高质量的图像生成
2	Restart	WebUI 1.6.0 版本中引入。Restart 采样器的特点是在每一步渲染过程中都重新启动,这使得它能够在较少的采样步数下生成质量较高的图像。相比 Restart 常用的 DPM++ 2M Karras 采样器,运行速度大约快 1.5 倍

续表 8-5

序号	名称	解析
3	LCM	LCM 的一个关键优势是它能够与各种预训练的稳定扩散(Stable Diffusion)模型兼容,并且可以在极少的采样步骤下生成高质量的图像。甚至可以在 2~4 步甚至单步中生成 768×768 分辨率的图像

8.2.5 过时采样器

DDIM(去噪扩散隐式模型)和 PLMS(伪线性多步方法)是伴随 Stable Diffusion v1 提出的采样方法,DDIM 也是最早被用于扩散模型的采样器。

PLMS 是 DDIM 的一种更快的替代方案。当前这两种采样方法都不再广泛使用。对于个别模型,支持效果还可以,具体看模型的测试效果,当然模型分享者一般会先行测试后给出建议采样器。

过时采样器的分类如表 8-6 所列。

表 8-6 过时采样器的分类

序号	名称	解析
1	DDIM	DDIM 采用的是一种非马尔可夫链的采样方法,它允许在更少的采样步骤下生成高质量的图像。DDIM 通过在每一步中使用确定性的转换来近似扩散过程,从而加快生成速度
2	PLMS	PLMS 采用的是一种多步采样方法,它通过预测未来的状态来减少所需的采样步骤。PLMS 试图通过估计下一步或多步之后的噪声分布来加速采样过程,从而在较少的迭代中达到与标准采样方法相似的结果
3	DDIM CFG++	DDIM CFG++是一种基于扩散模型的采样器,它从 DDIM 改进而来,主要变化是使用无条件噪声来指导去噪,而不是条件噪声

8.3 调度器

调度器的作用在前面已经分析过了,调度器一定要搭配采样器来使用,调度器最新版的 1.10 版本共有 11 种调度器,同时在调度类型下拉菜单的第一项有一个自动适配选项,在不了解如何选择的时候,也可以选择默认系统来自动匹配。不同调度器的解析如表 8-7 所列。

表 8-7 调度器

序号	名称	解析
1	Uniform	Uniform 调度器采用了一种极为简单的调度策略,它通过每个时间步的噪声水平等比例递减。该调度器假定噪声在所有时间步上均匀分布,因此噪声的变化呈现线性。这种调度器的优点是简单直观,但在某些情况下,它可能并不最优 特点:线性、简单 适用场景:对生成时间和图像质量要求不是特别高的场景 优缺点:虽然简洁,但无法根据图像复杂度进行动态调节,因此在高精度图像生成方面不够理想

续表 8－7

序号	名称	解析
2	Karras	Karras 调度器是基于 Karras 等人在图像生成领域的工作而得名的。这种调度器通过使用非线性的时间调度方案，使得生成过程在高质量阶段更加稳定。它通常根据噪声分布的性质，动态调整步长，以实现图像的逐步清晰。图 8.4 是采用 Karras 调度器与不使用 Karras 调度器的噪声变化，可以发现，karras 调度器在初始采样步骤设置了较高的噪声水平，而在结尾采样步骤将噪声水平设置得较低。实验表明，这种设置有助于提升生成图片的质量 特点：非线性噪声控制，重点在高质量区域 适用场景：需要高质量图像生成的场景 优缺点：生成质量高，但计算复杂度相对较大
3	Exponential	Exponential（指数）调度器使用指数衰减的方式来调整噪声。在每一个时间步，噪声量都以指数形式递减。这种调度器通过在早期快速降低噪声，从而保留更多高质量细节。具体而言，在去噪初期，它会去除大部分噪声，而在接近完成时则加速减少噪声，可以对噪声进行更为精细的调整。这种特性使得它在高步数条件下效果显著，可以带来更多的背景虚幻效果 特点：噪声减少迅速，后期处理更加稳定 适用场景：适合在较少步数下仍保持较好图像质量的场景 优缺点：前期的去噪较快，有助于提升生成速度，但可能会导致早期信息损失，需要调整参数以平衡质量
4	Polyexponential	Polyexponential 调度器采用的是一种融合了多项式衰减与指数衰减的调度方法。在时间步推进过程中，噪声依据多项式与指数相结合的特定形式变化。此调度器能够在起始阶段维持一定的噪声水平，之后实现噪声的快速衰减，这样既保证了图像的生成细节，又兼顾了效率。它通过精细地调整和优化噪声减少的速率，达到了速度快且质量高的效果。该调度器在 Exponential 调度器的基础上，额外添加了多项二次函数，以此对噪声减少过程进行更精准的控制，从而使生成的图像在细节方面得到显著增强 特点：平滑的多项式＋指数噪声衰减 适用场景：需要保持较长时间高噪声水平的场景 优缺点：灵活但复杂，适合需要高细节和低噪声的生成过程
5	SGM Uniform	SGM Uniform 调度器源于 Stochastic Gradient Matching（SGM）方法，它采用均匀调度噪声的策略，能让模型在生成过程中展现出更稳定的梯度特性。在时间步推进过程中，该调度器会维持较为均匀的噪声变化，以此降低不同时间步之间的差异。它在 Uniform 调度器的基础上进行了改进，能够更为均匀地管控噪声减少的过程，并且增加了对 SDXL Lightning 模型的支持，使 SDXL Lightning 模型在图像生成任务中能有更出色的表现，比如可以在较少的步数内生成高质量的图像 特点：均匀噪声调度，增强梯度稳定性 适用场景：需要生成高稳定性图像的场景，如图像修复 优缺点：生成过程平滑稳定，但可能缺少在一些复杂场景下的细节表现力

续表 8-7

序号	名称	解析
6	KL Optimal	KL Optimal 调度器运用了一种基于 Kullback-Leibler(KL)散度优化的调度策略。KL 散度用于衡量两个概率分布之间的差异。在图像生成过程中，该调度器致力于最小化模型预测分布与真实分布之间的 KL 散度。它通过实时监测和计算这两个分布的散度，动态地调整噪声步长。这种动态调整机制十分关键，因为它能够在保证生成图像质量的前提下，有效提升采样速度 特点：基于 KL 散度的最优噪声步长调节 适用场景：需要高效生成且要求较高图像保真度的场景 优缺点：生成质量高且效率好，但计算复杂
7	Align Your Steps	Align Your Steps 调度器通过对齐不同时间步的噪声水平，保证生成过程的一致性和连贯性。这种调度器尤其注重在各个时间步保持图像的平滑过渡，减少生成中的跳变和不一致 特点：平滑、连贯的时间步噪声调度 适用场景：长序列图像生成或动画生成场景 优缺点：保证了生成过程的一致性，但生成速度可能不如其他调度器
8	Simple	Simple 调度器采用的是扩散模型中最基础的调度策略之一，采用固定步长的噪声衰减方式，直接以线性方式递减噪声。与其他调度器相比，Simple 调度器的设计相对直观、简单，没有复杂的自适应机制 特点：线性噪声递减、无自适应调节、易于理解实现 适用场景：适用于生成简单图像或者对生成细节要求不高的场景 优缺点：速度较快，无法理解复杂图像生成任务
9	Normal	Normal(正态分布)调度器使用正态分布的噪声步长调度方式，通过高斯噪声分布控制生成过程的平滑性。这种调度器通常在稳定性和生成质量上表现良好 特点：基于正态分布的噪声步长控制 适用场景：需要在较短时间内进一步保持高稳定性的场景 优缺点：稳定性高，但灵活性可能不足
10	DDIM	DDIM(Denoising Diffusion Implicit Models)调度器是一种高效的去噪扩散调度器。DDIM 通过引入隐式采样策略，减少了对时间步数的需求，从而提高了生成速度。它也是生成模型领域中常用的调度之一，因其可以快速生成高质量图像而广受欢迎 特点：隐式采样，减少时间步，提升生成速度 适用场景：需要快速生成高质量图像的场景 优缺点：生成速度快，质量高，但对模型的稳定性要求较高
11	Beta	Beta 调度器通过控制噪声参数的 Beta 分布来进行噪声调度。Beta 分布的参数可以控制生成过程中的噪声幅度，使得调度过程更加灵活，并能够针对不同的生成需求做出调整 特点：基于 Beta 分布的灵活噪声调节 适用场景：需要自适应调节噪声水平的场景 优缺点：灵活但复杂，适合特定任务和生成需求

使用 Karras 调度器与不使用 Karras 调度器的噪声变化如图 8.4 所示。

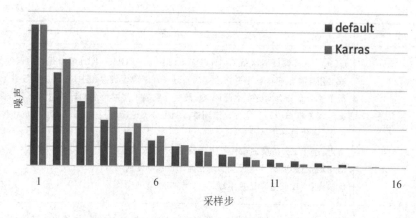

图 8.4　使用 Karras 调度器与不使用 Karras 调度器的噪声变化

8.4　选择合适的采样器

8.4.1　如何选择采样器和调度器

Stable Diffusion WebUI 中默认已经集成了 20 种采样器，11 种调度器，理论上是混合适配使用，这就意味着有 220 种采样器和调度器的协同方案，而且随着算法的改进和新算法的出现，未来估计还会不断增加新的采样器。这些采样器在图像生成的效果和速度上各不相同，我们应该如何选择呢？这里我们归纳出 2 种情况供选择时参考。

1. 已知模型信息

搜索模型发布者在发布模型时提供的关于模型使用的信息，一般情况下有推荐使用的采样器、采样步数和其他信息，参考模型发布者推荐的采样器，如图 8.5 所示。

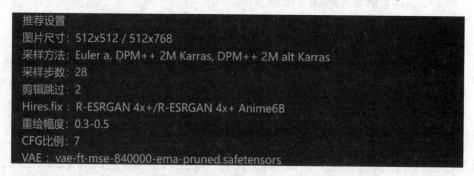

图 8.5　选择模型发布者推荐的采样器

2. 未知模型测试采样器

如果拿到的是未知平台下载的模型，没有关于此模型的介绍和说明，甚至不知道此模型属于哪一类风格的模型，此时就需要自己进行测试，对模型的信息有了一个了解后再选择采样器，如图 8.6 所示，方法如下：

（1）选择 XYZ 图表

在脚本的下拉菜单中，选择"XYZ 图表"选项以创建一个三维数据图表。XYZ 图表是一

第 8 章 文生图采样器

图 8.6 XYZ 脚本设置

种有效的数据可视化工具,可以展示三个变量之间的关系。

(2) 设置 X 轴参数

在图表的 X 轴设置中,指定"迭代步数"作为变量。迭代步数是指在图像生成过程中,从噪声图像到清晰图像所需的步骤数量。设置具体的步数为 5、10、15、20、25、30,这些值应该用英文逗号分隔,以确保正确的数据格式。

(3) 选择 Y 轴采样方法

在 Y 轴的选择中确定用于图像生成的采样方法。采样方法决定了如何从噪声中恢复出清晰的图像。根据我们的常用方法或实验需求选择合适的采样器。如果时间和资源允许,可以对每种采样方法进行多次实验,以便进行更全面的比较。

(4) 设置 Z 轴调度类型

在 Z 轴设置中,选择"调度类型"作为变量。由于使用的是最新版本的软件,调度器已经从采样器中独立出来,因此可以在 Z 轴上增加调度器的选择。根据我们的时间和机器的运算速度,选择一种或多种调度器进行分析。

在进行分析时,可以根据每个采样方法和调度器组合的效果,评估它们在不同迭代步数下的性能和图像质量。这样的实验设计有助于深入理解不同参数如何影响最终的图像生成结果。得到的结果如图 8.7 所示。

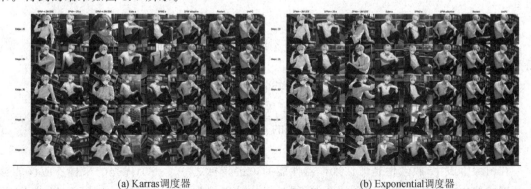

(a) Karras 调度器　　　　　　　　(b) Exponential 调度器

图 8.7　不同采样器与调度器组合的效果图

这样就可以根据我们对画面的要求进行测试,如写实风格、二次元风格,从而加深我们对未知模型的理解,最后再确定采用哪种采样器进行图像的创作生成,这里给的提示词示例如下:

正向提示词:masterpiece,best quality,(1girl:1.5),white shirt,Black Trousers,short blonde hair,full_shot。

负向提示词:lowres,bad anatomy,bad hands,text,error,missing fingers,extra digit,fewer digits,cropped,worst quality,low quality,normal quality,jpeg artifacts,signature,watermark,username,blurry。

8.4.2 画面收敛与不收敛

在选择采样器时,除了考虑我们对于画面的需求外,还需要参考采样器是否具有收敛的效果。

1. 收敛

定义:收敛(convergence)指的是随着迭代过程的进行,算法生成的结果逐渐稳定到一个特定值或状态。在图像生成的上下文中,收敛意味着连续的采样步骤不再显著改变图像,图像的细节和结构已经达到预期的质量。

画面分析:

① 稳定细节:图像中的对象和特征变得清晰,不再出现大的变化。

② 一致性:连续的采样结果之间的差异非常小,表明算法已经接近或达到了最优解。

③ 噪声减少:图像中的随机噪声逐渐被去除,图像变得更加平滑和干净。

2. 不收敛

定义:不收敛(divergence)指的是算法或过程未能随着迭代稳定下来,结果可能会无限波动或发散到不切实际的状态。在图像生成中,不收敛意味着采样过程未能正确去除噪声,或者图像的细节和结构未能稳定下来。

画面分析:

① 细节模糊:图像中的对象和特征不清晰,可能随着每次迭代而变化,缺乏一致性。

② 随机波动:图像可能显示出随机的噪声模式,没有明显的结构或模式。

③ 图像失真:随着迭代的进行,图像可能出现不自然的扭曲或失真,无法识别出有意义的内容。

3. 影响收敛的因素

① 采样器的选择:不同的采样器可能有不同的收敛特性。一些采样器可能更快地收敛,而另一些可能需要更多的迭代步骤。

② 噪声水平:初始噪声水平的高低会影响收敛速度和最终图像的质量。

③ 迭代步数:在自适应采样器中,迭代步数调整对收敛至关重要。

④ 初始条件:随机种子或初始图像状态的不同可能会导致不同的收敛路径。

4. 收敛性在图像生成中的应用

在图像生成中,收敛性是评估采样器性能的关键指标之一。一个优秀的采样器应该能够在合理的迭代次数内生成高质量图像,同时保持较高的收敛性。例如,使用DDIM或DPM++等采样器时,可以通过监控图像的变化来判断收敛性,从而确定何时停止采样过程以获得最佳结果。

不收敛的情况可能需要调整采样器参数或采取其他策略,如引入正则化项或使用更先进的采样技术,以提高生成图像的稳定性和质量。

8.4.3 采样器使用推荐

本小节对于采样器只做一个大概的推荐,并非绝对,因为每个 SD 模型都是不一样的,很多模型都兼容一个或多个采样器。使用推荐参考如表 8-8 所列。

表 8-8 采样器、调度器、采样步数推荐

序 号	图像要求	采样器	调度器	采样步数
1	真实系、3D	DPM++2M/3M	Karras	20~40
2	二次元	Euler a/Euler	Exponential	20~40
3	增加创意性	Euler/DPM++SDE	Karras	20~35

注意:实际的效果可能会因具体的模型、数据和其他因素而异,因此在实际应用中可能需要进行实验来确定最佳策略。

本章小结

第 8 章全面探讨了 Stable Diffusion 中的采样器及其调度器的核心知识,详细解析了采样器如何在去噪过程中逐步将潜在空间的噪声图像转化为清晰图像。通过对采样器基础概念、采样步数影响及采样器与调度器协同作用的说明,介绍了不同采样器的特点及适用场景,包括传统的 Euler、Heun 和新型的 DPM、DPM++、UniPC 等采样器。总体而言,第 8 章可以帮助读者系统理解采样器和调度器在图像生成中的关键作用,并为选择合适的采样器提供了指导,以实现高质量的图像生成。

练习与思考

练习题

① 描述采样器在 Stable Diffusion 中的作用,并解释其工作原理。

② 讨论调度器与采样器是如何协同工作的,以及采样步数对生成图像的影响。

③ 研究不同的采样器(如 Euler、DPM++、DDIM),并比较它们在图像生成的效果和速度上的差异。

④ 选择一个特定的采样器(例如 DPM++ 2M Karras),尝试使用不同的采样步数生成图像,记录下步数变化对图像质量的影响。

⑤ 尝试使用过时的采样器(如 DDIM 或 PLMS)与现代采样器(如 UniPC)生成相同的图像,比较结果的差异。

思考题

① 讨论采样器的选择是如何影响 Stable Diffusion 生成图像的质量和速度的。

② 探索采样步数对图像生成过程的影响,包括在不同应用场景下的最优步数选择。

③ 分析扩散模型中噪声的使用,以及它是如何影响采样器的性能的。

④ 思考调度器在采样过程中的作用,以及它是如何帮助控制噪声水平和图像生成速度的。

⑤ 讨论采样器的未来发展,包括可能的新算法和技术创新,以及它们对图像生成领域的影响。

扫码观看文本到图像生成中采样器的对比效果实践训练

第 9 章 文生图 ControlNet

教学目标

① 掌握 ControlNet 插件的基本概念、安装方法以及界面功能。
② 了解 ControlNet 模型的分类,并理解不同模型的应用场景。
③ 学习使用各种控制器,包括 Canny、MLSD、Lineart 等,以实现对图像生成过程的精细控制。
④ 深入学习特定控制器的使用方法,如 Depth、NormalMap、Segmentation 等,以及学会使用 Inpaint、OpenPose 等进行图像修复和姿态估计。
⑤ 探索 ControlNet 插件的高级功能,包括 Shuffle、Reference-only、IP-Adapter 等,并掌握如何使用 SparseCtrl 和 InstryctP2P 等工具进行高效的图像控制。

在第 8 章中,我们深入研究了文生图采样器的基本概念和工作原理。探讨了采样器在图像生成中的作用,调度器与采样器的协同工作,以及采样步数对生成图像质量的影响。除此之外,还对扩散模型进行了深入解析,以理解在整个文生图过程中采样器工作的技术细节。通过对始祖级采样器、经典 ODE 求解器、DPM 采样器以及新派采样器的介绍,了解了文生图领域中不同采样技术的发展历程和各自的优势。同时,我们也讨论了过时采样器,以及调度器如何有效地管理采样过程,以提高图像生成的效率和质量。

随着对采样器的深入了解,第 9 章将介绍 ControlNet 在文生图中的应用。ControlNet 是一种先进的插件,它通过引入控制器来增强 Stable Diffusion 的能力,使得用户能够更精确地控制图像生成的过程。本章将详细介绍 ControlNet 插件的安装、界面功能以及模型分类,为读者提供了一个全面的 ControlNet 使用指南。

第 9 章还将深入探讨各种控制器的使用,包括 Canny、MLSD、Lineart、SoftEdge、Scribble、Recolor、Depth、NormalMap、Segmentation、Inpaint、OpenPose、Shuffle、Reference-only、IP-Adapter、T2I-Adapter、Revision、Instant-ID、Tile/Blur、SparseCtrl 和 InstryctP2P 等。这些控制器的使用将帮助我们实现从边缘检测到深度感知,从颜色修正到姿态估计等多种功能,极大地扩展了文生图的应用范围。

9.1 ControlNet 插件

ControlNet 是一个用于控制 AI 图像生成的插件,它基于 Stable Diffusion 的功能,利用条件生成式对抗网络(Conditional Generative Adversarial Networks,CGAN)技术来生成图像。这个插件的出现极大地增强了用户在图像生成过程中的控制能力,使得 AI 图像生成不再是一个完全随机的过程,而是一个可以根据用户的具体需求进行精细化调整的过程。

ControlNet 在 Stable Diffusion 的图像生成过程中,通过结合用户输入的提示词、原始噪声图和用户上传的控制图像,在中间和解码阶段引导扩散结果,使生成的图像更符合用户预期。使用ControlNet时,用户需上传包含特定信息的控制图像,调用ControlNet插件并选择合适的预处理器和模型,随后输入关键词或调整参数以引导图像生成,最后通过预览和微调获得理想的图像。总之,ControlNet凭借其精细的控制能力和多样化的应用场景,显著提升了AI图像生成的可控性和灵活性,拓展了用户的创作空间和可能性,推动了AI图像生成领域的革命性发展。

9.1.1 ControlNet核心基础

ControlNet[15]是一种基于深度学习的神经网络模型,专注于图像生成任务中的精确控制。其核心基础在于通过条件输入或结构引导(如边缘图、姿态图、深度图等),在生成图像的过程中加入外部控制信号,从而使生成过程既保留模型的生成能力,又能够响应特定的图像结构或内容要求。ControlNet通常是在稳定扩散模型(Stable Diffusion)或生成式对抗网络(GAN)等基础上引入附加的控制网络,增加模型对指定特征的感知和处理,从而在生成高质量图像的同时提供更多定向控制。这种方式使得生成的图像更加符合用户预期,使其广泛应用于图像编辑、动画生成和内容创作等领域。

从ControlNet 1.1版本开始,引入了一种标准化的命名规则(SCNNR),用于统一命名所有模型,这使得模型的使用和管理更加方便和直观,如图9.1所示。

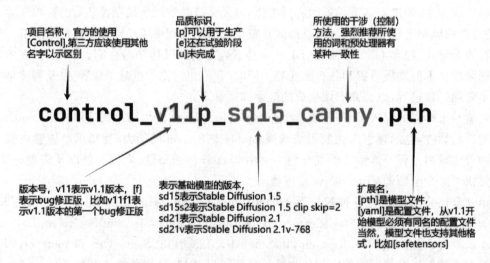

图9.1 ControlNet命名规则

9.1.2 ControlNet插件安装

1. 启动器安装

一般情况下,整合包都是自带ControlNet,可以在启动器的版本管理中看到,如果已安装则可以看到图9.2中的信息,其中标注①处为安装网址,后面箭头指向更新图标,有更新时会以红色或其他颜色显示。

如需重新安装,可以直接单击卸载按钮,然后在启动器的顶部切换安装新扩展面板,输入"ControlNet"即可搜索到插件,最后单击右侧的安装按钮,如图9.3所示。

第9章　文生图 ControlNet

图 9.2　扩展插件更新界面

图 9.3　安装新扩展

2. UI 界面安装

用户还可以直接在启动器的 UI 界面中便捷地通过扩展面板来安装 ControlNet 插件。只需在搜索框中输入"ControlNet",就能迅速定位并找到相应的安装程序,随后单击安装按钮即可完成操作。这一流程直观且高效,具体步骤可参照图 9.4。

图 9.4　扩展面板

3. 控制器安装

用户可以选择直接在控制器中操作,实现 ControlNet 的安装。具体步骤如下:

① 导航至整合包内的扩展文件夹(extensions)。

② 在文件浏览器的地址栏中输入"cmd"后回车,快速打开当前目录的控制台面板,如图 9.5 所示。

图 9.5　在地址栏中输入"cmd"

③ 在控制台中输入"git clone"命令后加上 ControlNet 的 Git 仓库网址,即可开始克隆并安装插件,如图 9.6 所示。

④ 安装完毕后,重启 WebUI 即可看到 ControlNet 插件应用面板(见图 9.7)。

AIGC 新媒体技能应用与实战

图 9.6 控制台

图 9.7 ControlNet 应用面板

9.1.3 ControlNet 插件界面功能

1. ControlNet 插件信息

ControlNet 插件界面功能信息如图 9.8 所示。

图 9.8 ControlNet 界面功能信息

① 版本更新：图 9.8 使用的是 ControlNet 的 1.1.455 版本。

② 插件面板配置：在 ControlNet 插件面板的第一行，"ControlNet 单元 0~3"表示系统默认提供了 3 个 ControlNet 配置界面，允许用户在 Stable Diffusion 的图像生成过程中同时使用 3 个不同的 ControlNet 模型。用户可以在设置面板中根据需要手动增加或减少配置界面的数

量,例如,图 9.8 中已经将其调整为 5 个,最多可调整到 10 个。

③ 通道图像处理能力:ControlNet 支持对单张图像、多张图像以及批量图像的处理。

④ 通道图像操作:从左到右的功能按钮依次是: 创建新的画布、启动摄像头、启用镜像摄像头模式以及将当前选定的图片发送至生成设置进行处理。

2. 通道启用及控制界面信息

① 启用(Enable)。当在 WebUI 界面中选中"启用"选项后,单击"生成"按钮将触发 ControlNet 模型辅助图像生成过程。如果未选中此选项,则该功能不会被激活。

② 低显存模式(Low VRAM):如果显卡的显存容量小于 4 GB,可以开启此模式以减少 ControlNet 在生成图像时的显存消耗。

③ 完美像素模式(Pixel Perfect):一旦启用此模式,ControlNet 将自动确定预处理器的分辨率,无需手动设置。这种自动化调整确保了图像质量和清晰度达到了最高标准。可以这样理解,ControlNet 的完美像素模式类似于 YOLOv5 的自适应锚点,它通过自动化参数调整简化了我们的工作。

④ 允许预览(Allow Preview):此功能启用后,将展示图像经过预处理器处理后的结果,包括图像的边缘、深度和关键点等信息。

⑤ 高效子区蒙版:启用此功能后,会额外提供一个图片上传界面,允许用户自行定义生成图像的区域。

3. 高效子区蒙版

(1) 直接控制图像生图

当不需要通过蒙版控制局部区域时,可以直接上传图像,选择控制器类型,直接控制图像生图,如图 9.9 所示。具体步骤如下:

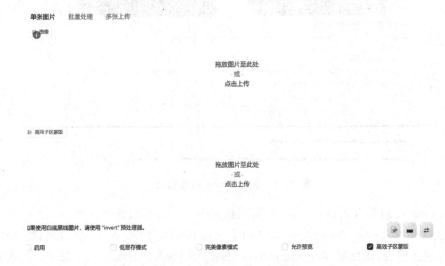

图 9.9 蒙版图像及子区蒙版

① 单击图像区域面板,上传原始图像(见图 9.10)。

② 在控制类型区域选择 Canny(硬边缘),然后单击"爆炸"按钮,生成蒙版图像(见图 9.11)。

③ 利用 Canny 控制器精确地从原始图像中提取出每一条线框和边缘结构。

图 9.10　上传原始图像

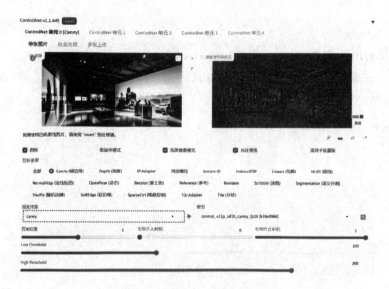

图 9.11　选择 Canny 预处理器

打开 Canny 控制器后，ControlNet 控制面板如图 9.12 所示，其中：

a. 控制类型（Control Type）：ControlNet 扩展插件提供了 20 种不同的控制类型供选择。选定一个控制类型后，预处理器（Preprocessor）和模型（Model）选项将自动限制为与所选控制类型兼容的算法和模型，使用起来非常便捷，如图 9.12 所示。

b. 预处理器（Preprocessor）：在预处理器选项中，可以选择适合的预处理功能。不同的预处理器具备不同的功能，例如 Canny 预处理器能够提取图像的边缘特征。如果图像无需预处理，则可以选择"无"（none）选项。

c. 模型（Model）：在模型选项中，可以选择 ControlNet 模型，以便在 SD 生成图像时进行控制。

第9章 文生图 ControlNet

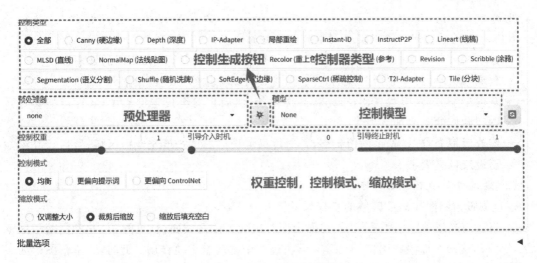

图 9.12 ControlNet 控制面板

d. ControlNet 权重（Control Weight）：表示在使用 ControlNet 模型辅助生成 SD 图像时，该模型的影响力大小。

e. 引导介入时机（Starting Control Step）：指明在图像生成过程中何时开始应用 ControlNet 进行控制。设置为 0 意味着从生成过程的一开始就进行控制；设置为 0.5 则表示从生成过程的 50% 开始控制。

f. 引导退出时机（Ending Control Step）：指明在图像生成的哪个阶段结束 ControlNet 的控制。默认设置为 1，表示控制将持续至图像生成完成。调节范围为 0～1，例如设置为 0.8 意味着在生成过程的 80% 停止控制。

g. 控制模式（Control Mode）：在使用 ControlNet 进行控制时，可以选择三种不同的控制模式，以确定 ControlNet 与提示词（Prompt）之间的权重分配。可以选择均衡（Balanced），更偏向提示词（My prompt is more important），或者更偏向 ControlNet（ControlNet is more important）。

知识拓展——三种控制模式的工作原理

均衡（Balanced）：在 CFG Scale 的范围内，ControlNet 的功能被均衡地应用。通常情况下，可以默认选择平衡模式，以实现 ControlNet 和 SD U-Net 模型之间的和谐协作，如图 9.13 所示。

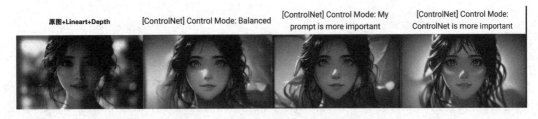

图 9.13 ControlNet 控制模式对比图

更偏向提示词：虽然 ControlNet 的功能仍在 CFG Scale 中发挥作用，但其在 SD U-Net 模型中的权重会逐渐降低。在这种模式下，提示词在图像生成过程中的影响力更大。

更偏向 ControlNet：ControlNet 主要在 CFG Scale 的条件控制部分发挥作用，并给予 ControlNet 更大的空间去推断提示词中可能缺失的内容。

h. 缩放模式(Resize Mode)：此选项用于调整图像的尺寸，有三种不同的处理方式：
- 仅调整大小：忽略原始图像的宽高比，直接将图像拉伸至设定像素大小。
- 裁剪后缩放：保留宽高比，首先将图像裁剪，然后扩展至设定像素大小，这可能会导致图像两侧的一些细节丢失。
- 缩放后填充空白：先将图像扩展，再通过添加噪声的方式填充空白区域，最后将其缩放至设定像素大小。

(2) 通过蒙版控制图像局部区域

通过蒙版控制图像局部区域的步骤如下：

① 当启用高效子区蒙版功能后，界面会同时出现图像区域面板(见图 9.14)和高效子区蒙版区域面板，这两个面板在图像的处理和编辑过程中都起着重要作用。此时，若单击图像区域面板，则该面板会显示原始的参考图像。通过展示原始参考图，用户能更直观地对比和操作，为后续基于蒙版的图像编辑工作提供清晰的参照。

图 9.14　图像区域面板

② 在高效子区蒙版面板上传 PS 软件制作的黑白蒙版图。这种黑白蒙版图具有明确的指示作用，其中白色区域所对应的部分是在图像生成过程中会被 AI 控制并生成内容的区域；黑色区域所覆盖的部分属于非生成区域，即该部分的图像内容在生成过程中会保持不变，维持原始的状态。如图 9.15 所示。

第 9 章 文生图 ControlNet

图 9.15 蒙版通道上传黑白蒙板图

9.1.4 ControlNet 控制模型分类

ControlNet 是一种用于控制图像生成的神经网络模型,它通过不同的控制类型来影响生成图像的内容和风格。ControlNet 控制模型可以大致分为图 9.16 所示的几种类型。

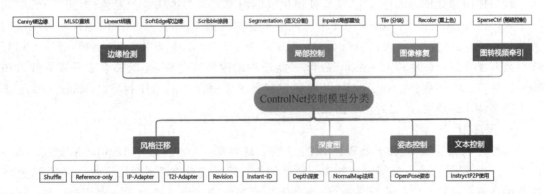

图 9.16 ControlNet 控制模型分类

1. 边缘检测控制

这类控制器通过参考图像中元素轮廓来限制画面内容,包括 Canny 硬边缘、MLSD 直线、Lineart 线稿、SoftEdge 软边缘、Scribble 涂鸦等。这些模型通过识别图像中的边缘特征,帮助用户在生成新图像时保持原有的布局和结构。例如,Canny 硬边缘模型可以提取图像中的边缘特征,并将其应用到新图像中;MLSD 直线专注于检测图像中的直线段,适用于提取结构化图像中的线条信息,该算法通过多尺度分析,能够在不同的分辨率下有效识别直线;Lineart 算法专门用于提取线稿,适合漫画和手稿图像的处理,它能够生成黑底白线的线稿效果,帮助实现手稿转绘的效果;SoftEdge 算法可以提取柔和的边缘线条,强调轮廓而非细节,生成的线条具有更自然的过渡效果,适合需要柔和表现的场景;Scribble 算法模拟蜡笔涂鸦效果,生成自由风格的线稿,它允许更大的创作自由度,适合表现手绘风格的图像。

2. 图像修复

这类控制器借助特定的算法与功能对整体画面效果进行全方位的处理与优化,包括 Recolor(重上色)、Tile(分块)。这类模型可以对画面进行超分辨率生成更多的细节或对画面进行整体色彩的调整,并保持原有画面结构和内容,用于图生图较多。比如 Recolor(重上色)主要用于对黑白图像进行上色处理,而 Tile(分块)主要用于对图像进行细节补充或对模糊图像进行清晰化处理。

3. 局部控制

这类控制器借助特定的算法与功能对画面进行局部控制,包括 Segmentation(语义分割)、Inpaint(局部重绘)。这类模型可以利用语义分割进行整体结构的划分或者通过手绘控制区域,选择性地对画面进行再处理,并保持原有画面结构和内容,用于图生图较多。比如,Segmentation(语义分割)通过预处理器对画面进行分割,并局部修改颜色,对照语义分割表生成对应的元素,也可进行蒙版处理。Inpaint(局部重绘)对于补充画面细节元素或局部精细调节有很强的可控性,等同于 PS 软件中的内容识别填充,还可以进行延展性重绘。

4. 风格迁移

这类控制器以提供的图像为参考,通过特定操作,把参考图像的特征迁移到即将生成的画面上。这类控制器包括 Shuffle、Reference-only、IP-Adapter、T2l-Adapter、Revision、Instant-ID。这类模型首先需要一张参考图像,通过设定不同的预处理器和模型,有目的地参考图像的特征信息进行画面相应特征的迁移,从而影响生成画面的内容。比如 Shuffle,通过预处理器把图像处理为配色方案,从而使得生成的图像完全参考图像的配色,等同于 PS 中的颜色匹配设置;Reference-only 主要用于带有角色的画面生成,生成的图像能够参考此图的角色样貌、服饰等特征,解决角色特征的一致性问题;IP-Adapter 对于角色的脸部特征和服饰材质有很好的迁移性;T2l-Adapter 除了能迁移图像特征之外,还能够生成马赛克效果和提取边缘特征局部重绘;Revision 可以理解为带有图像融合功能的控制器;Instant-ID 主要用于脸部特征的提取,例如对已有图像进行换脸。

5. 深度图

这类控制器主要聚焦于处理图像的三维信息特征,其中涵盖了 Depth(深度)和 NormalMap(法线贴图)。它能够提取图像中物体的前后深度关系或保留图像中的纹理信息,并将这些关键特征迁移到生成的图像中,以此增强生成图像的三维视觉效果与真实感。如 Depth 控制器,它通过识别图像中的亮度和灰度来决定生成图像中元素的前后位置,越亮的部分越靠前,越暗的部分越靠后。NormalMap 通过分析输入图像中的 3D 法线向量,从而利用这些向量作为参考来生成新的图像,并对图像光影进行优化处理。法线贴图不是表示颜色,而是表示每个像素所在表面的朝向,为表面提供了方向信息。生成的图像也可用于传统制作软件中,在没有此工具前这类信息的处理也都是以插件形式出现在传统制作软件中的。

第9章 文生图 ControlNet

6. 姿态控制

这类控制器主要提取图像中人物的姿态信息，其中的典型代表是 OpenPose 控制器。它能够高效地识别图像或视频中的人体关键点，并实时估计人体的姿态。此姿态信息会对后续图像中角色的姿势控制产生影响，无论是单个或多个元素，常被用来满足生成角色的三视图等需求。值得一提的是，每个骨骼点可以通过编辑器来进行细节调整，功能非常强大。目前，该控制器还配备了一个用于处理动物姿态的预处理器，进一步拓展了其应用范围。

7. 文本控制

这类控制器主要通过文本进行控制，即通过提示词引导控制，主要是 InstructP2P 控制器。通过参考原始图像信息进行再创作，类似于一种图像生成图像的功能，它不依赖于外部预处理步骤，而是通过特定的提示词来引导图像的生成。

8. 图转视频牵引

这类控制器主要通过文本生成视频，并通过图像进行引导性约束，主要是 SparseCtrl 控制器。通过引入稀疏性约束来提升视频生成的质量和用户控制的灵活性，兼容多种图像，如草图、深度图和所有的 RGB 图像，能够影响视频的细节和风格。

以上归纳了 8 种 ControlNet 控制模型类别，便于读者充分了解 ControlNet 控制器的功能和用途。关于预处理器和模型的详细说明，将在 9.2 节中更为细致地介绍。同时这也是目前市面上所有 AI 生图工具包和平台中各种功能的底层使用逻辑，这部分内容的学习能为未来使用其他 AI 图像生成工具打下良好的基础。

9.2 ControlNet 控制器使用

9.2.1 Canny 使用

Canny 边缘检测算法能够精确捕捉原始图像中各个对象的边缘和轮廓特征，并据此生成线稿图。这些线稿图可以作为条件，用于指导 SD 模型在图像生成过程中的创作。

通过为 SD 模型设置不同的提示词，可以生成构图相同但内容有所差异的画面。这种方法还可以用来对线稿图重新上色，赋予图像新的视觉效果，如图 9.17 所示。

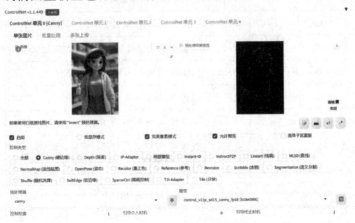

图 9.17　Canny 控制器使用

Canny 算法提供了两种预处理选项,分别是 Canny 和 invert(反转,将白色背景和黑色线条互换)。当输入图像背景为白色且线条为黑色时,可以选择使用 invert 预处理选项。该选项的效果如图 9.18 所示。

图 9.18 invert 预处理器使用效果

Canny 的 ControlNet 模型是一系列用于不同应用场景的人工智能模型,这些模型可以被用来增强图像处理、特征提取、控制信号生成等。ControlNet 模型的功能描述如表 9-1 所列。

表 9-1 ControlNet 模型的功能描述

序号	模型	功能描述
1	coadapter-canny-sd15v1	适配器模型,与 Canny 算法结合,用于特定版本的图像处理或特征提取
2	control_any3_canny	处理多种类型的控制信号或数据流,具有通用性
3	control_sd15_canny	专为 SD15 系列设计的控制模型,用于提供精确的控制信号
4	control_canny-fp16	Canny 算法变体,使用半精度浮点数(FP16)优化性能和资源使用
5	control_v11p_sd15_canny	产品级应用版本,可能与 SD15 系列相关
6	controlnet-canny-sdxl-1.0	应用于 sdxl 模型,是 1.0 版本的特定应用
7	diff_control_sd15_canny_fp16	用于差异性控制,使用 FP16 优化,适用于 SD15 系列
8	sdxl_canny_fp16	使用 sdxl 技术和 FP16 优化的控制模型,用于提高性能
9	t2iadapter_canny_sd14v1	配合 t2iadapter 预处理器使用,用于 SD14 系列的版本
10	t2iadapter_canny_sd15v2	配合 t2iadapter 预处理器使用,用于 SD15 系列的版本

9.2.2 MLSD 使用

MLSD(移动最小二乘法检测)算法是一种专门用于线条检测的算法,它通过分析图像中的线条结构和几何形状来识别并构建直线轮廓。这种算法特别适合于提取具有直线边缘的对象,如室内设计元素、建筑外观、街道场景、相框以及纸张的边缘。然而,它在处理具有曲线边缘的对象,如人体或其他弧形物体时,效果则不尽如人意。

在需要对室内或建筑图片进行重构的场景中,如果原始图像中包含人物,但希望在新生成的图像中排除这些人物,MLSD 算法便能发挥作用。它能够有效避免检测到人物的线条,从而生成只包含建筑元素的图像。所以,ControlNet MLSD 算法特别适合用于室内设计和建筑设计等领域。

MLSD 算法提供了两种不同的预处理器选项,如表 9-2 所列。

表 9-2 MLSD 两种预处理器

序号	预处理器	功能描述
1	mlsd	适合用于建筑、室内设计、路桥设计等领域
2	mlsd_invert	将手绘线稿转换成模型可识别的预处理线稿图

1. mlsd 预处理器

MLSD 是一种用于直线检测的算法,它在图像处理中用于提取图像中的直线特征。mlsd 预处理器在 ControlNet 中用于保留图像中的直线边缘,而忽略曲线特征。这种预处理非常适合用于建筑、室内设计、路桥设计等领域,因为它可以准确地提取物体的线型几何边界,如图 9.19 所示。

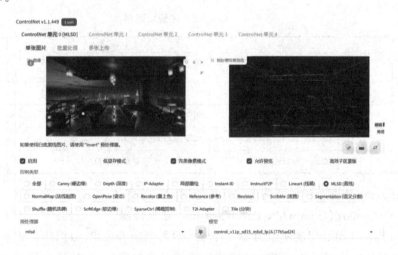

图 9.19 mlsd 预处理器使用效果

2. mlsd_invert 预处理器

mlsd_invert 预处理器是 mlsd 预处理器的一个变体,它不仅执行直线检测,还进行颜色反转。在默认情况下,mlsd 提取的线稿图通常是黑底白线,但许多传统线稿是白底黑线。mlsd_invert 预处理器能够将线稿的颜色反转,使得黑底白线的线稿变成白底黑线,从而更适合后续的处理或直接使用。这种预处理在需要将手绘线稿转换成模型可识别的预处理线稿图时非常有用，如图9.20所示。

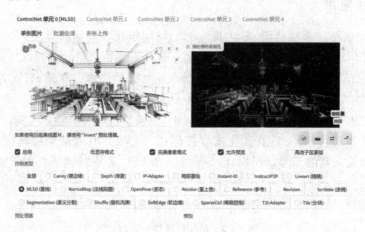

图9.20 mlsd_invert预处理器使用效果

目前ControlNet官方发布的MLSD模型一共有两个，分别是control_sd15_mlsd模型和control_v11p_sd15_mlsd模型。

9.2.3 Lineart使用

ControlNet Lineart是一个专门用于生成线稿的深度学习模型，它能够针对不同类型的图片进行不同的处理，以提取出线稿。Lineart模型可以识别并生成写实风格的线条，适用于多种应用场景，包括提取动漫线稿、给素描图片上色、从照片提取线稿生成二次元头像，以及给黑白线稿上色等。Lineart算法提供了5种不同的预处理器选项，如表9-3所列。

表9-3 Lineart 5种预处理器

序 号	预处理器	功能描述
1	lineart_anime	用于生成动漫风格的线稿
2	lineart_anime_denoise	在提取动漫线稿的同时进行去噪处理
3	lineart_coarse	用于提取较为粗糙的线稿细节
4	lineart_realistic	用于提取现实主义风格的线稿
5	lineart_standard	提供标准线稿提取功能

以下是Lineart算法中各种预处理器具体使用效果的概述。

1. lineart_standard（from white bg & black line）预处理器

lineart_standard预处理器使用的是一种独特的图像处理技术，专门用于将具有白色背景和黑色线条的图片转换成线稿或素描的形式。通过精确的算法，有效地捕捉并再现了场景中的线条细节，生成的图像与原始图像能保持高度的相似性，如图9.21所示。

2. lineart_realistic预处理器

lineart_realistic预处理器是ControlNet插件中一个重要的功能模块，专门用于生成写实物体的真实线稿或素描。这一预处理器在处理图像时，强调对线条细节和精度的提取，以提供最接近实际物体轮廓的线条和形状，如图9.22所示。

第 9 章 文生图 ControlNet

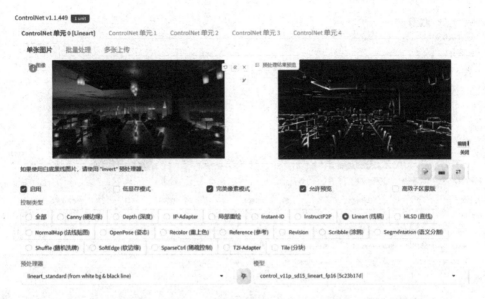

图 9.21 lineart_standard(from white bg & black line)预处理器使用效果

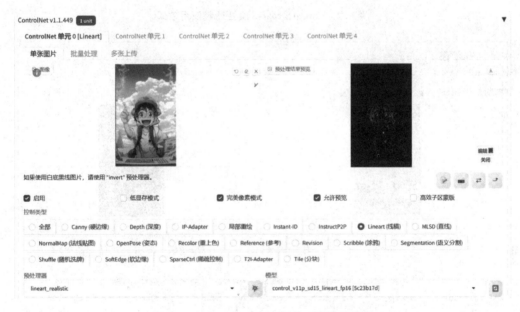

图 9.22 lineart_realistic 预处理器使用效果

3. lineart_coarse 预处理器

lineart_coarse 预处理器生成的草图或素描线条,虽然相较于其他预处理器略显粗犷,但其效果仍然令人满意。这种处理方式所产出的图像更具有真实感,如图 9.23 所示。

4. lineart_anime 预处理器

lineart_anime 预处理器是 ControlNet 插件中一个专门用于生成动漫风格线稿或素描的功能模块。它通过对输入图像进行处理,能够识别并提取出具有动漫特色的线条,为图像创作提供了一种独特的艺术效果,如图 9.24 所示。

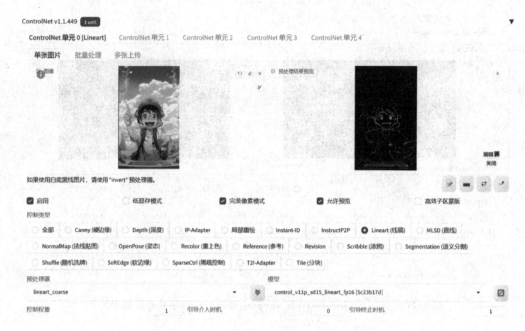

图 9.23 lineart_coarse 预处理器使用效果

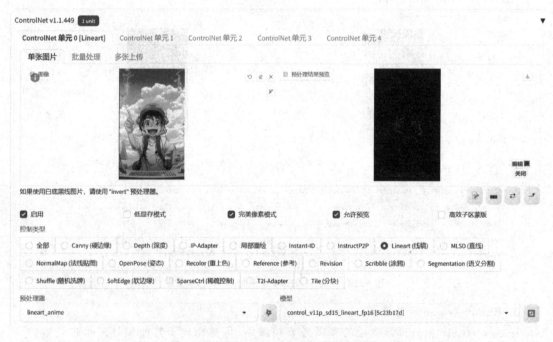

图 9.24 lineart_anime 预处理器使用效果

5. lineart_anime_denoise 预处理器

lineart_anime_denoise 预处理器是 lineart_anime 预处理器的优化版,在提取动漫风格线稿/素描信息的同时能进行降噪处理,如图 9.25 所示。

第 9 章 文生图 ControlNet

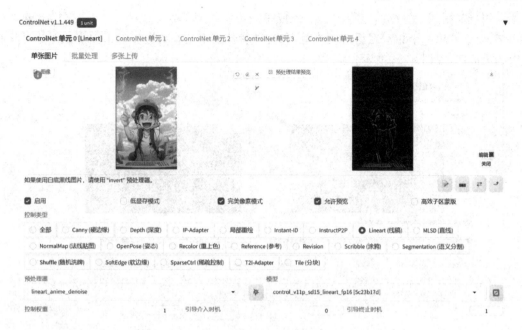

图 9.25 lineart_anime_denoise 预处理器使用效果

9.2.4 SoftEdge 使用

ControlNet SoftEdge 算法致力于捕捉图像中的柔和边缘轮廓。与 Canny 算法相比，SoftEdge 在边缘检测上展现出更大的宽容度和适应性，为人工智能绘画创作提供了更广阔的自由空间和无限的想象可能性。在图像处理领域，边缘是指颜色或亮度发生剧烈变化的地带，它们界定了物体与背景或不同物体之间的界限。SoftEdge 算法通过精准识别这些边缘特征，协助我们提取图像中的关键元素，如形状、纹理和结构。SoftEdge 算法目前提供了 6 种预处理器，如表 9-4 所列。

表 9-4 SoftEdge 6 种预处理器

序 号	预处理器	功能描述
1	softedge_pidinet	具有更强的泛化性和鲁棒性，适用于需要高稳定性的边缘检测任务
2	softedge_teed	高效边缘检测，能让提取的边缘线条柔和自然
3	softedge_pidinetsafe	softedge_pidinet 的精简版，注重内容的适当性
4	softedge_hedsafe	softedge_hed 的精简版，确保生成的图像内容适当
5	softedge_hed	类似于 Canny 算法，提取的边缘更柔和，细节更丰富，适合在保持原有构图的同时进行重新着色或风格变换
6	softedge_anyline	anyline 使用的技术基于小型高效边缘检测泛化模型（teed），显示出明显的优越性，其在边缘精度、物体特征、表面纹理以及文字辨识上表现突出，噪声抑制能力强，有助于实现清晰的图像处理效果

1. softedge_pidinet 预处理器

softedge_pidinet 预处理器通过检测图像的边缘，并生成一种相对模糊、柔性的边缘信息，来帮助用户控制图像生成的过程。它不像传统的边缘检测算法（如 Canny 等）那样精确地确定边缘，而是给出一个相对宽泛的边缘范围，这种特性使得它在处理复杂或多变的图像时具有更大的灵活性，如图 9.26 所示。

图 9.26　softedge_pidinet 预处理器使用效果

2. softedge_teed 预处理器

softedge_teed 预处理器以其高效的边缘检测能力在 AI 绘画领域中得到了广泛应用。它能够帮助艺术家或设计师更准确地捕捉到图像的边缘信息，并在后续的图像处理过程中获得更加自然和精细的效果。在使用时，建议根据具体的图像和需求选择合适的参数和组合方式，以达到最佳的图像处理效果，如图 9.27 所示。

图 9.27　softedge_teed 预处理器使用效果

第 9 章 文生图 ControlNet

3. softedge_pidinetsafe 预处理器

softedge_pidinetsafe 预处理器是 softedge_pidinet 预处理器的精简版,它提取的边缘具有柔和、渐变的特点,不是非常锐利和清晰的线条,而是一个边缘区域,这样的边缘在生成新图片时,能让图像的过渡更加自然,与原图产生更多的变化,适用于生成具有艺术感、风格化或需要柔和效果的图像,缺点是会忽略一些细节,如图 9.28 所示。

图 9.28　softedge_pidinetsafe 预处理器

4. softedge_hedsafe 预处理器

softedge_hedsafe 预处理器提供了一种相对宽松的线条检测方法,与硬边缘检测(如 Canny 算法)相比,它生成的线条更加柔和、过渡自然。这种预处理器的特点是在保持边缘检测精度的同时,提高了稳定性和安全性,减少了可能产生的不良边缘信息,如图 9.29 所示。

5. softedge_hed 预处理器

softedge_hed 预处理器具有强大的边缘检测能力和独特的软边缘效果。它适用于多种图像处理场景,包括 AI 绘画、图像修复和图像分析等。softedge_hed 通过捕捉图像中的边缘信息并呈现出自然的软边缘效果,从而为用户提供了更加灵活和高效的图像处理解决方案,如图 9.30 所示。

6. softedge_anyline 预处理器

softedge_anyline 预处理器专门用于从图像中提取高精度的线稿图。它在轮廓精度、对象细节和字体识别方面表现出色,尤其是在大型场景中。与其他线条预处理器相比,anyline 在减少噪点和实现更清晰图像处理方面具有显著优势。它可以提取非常微小的细节,即使是很小的文字也能复现,而传统的 Canny 和 Lineart 预处理器在细节上可能会有所丢失,如图 9.31 所示。

图 9.29 softedge_hedsafe 预处理器使用效果

图 9.30 softedge_hed 预处理器使用效果

9.2.5 Scribble 使用

　　Scribble 算法具备从图像中识别出曝光差异显著的区域,并将其转换为黑白草图的能力,其灵活性超越了 Canny 算法,并且还能应用于对手绘线条进行上色。也可以直接上传草图,

第9章 文生图 ControlNet

图 9.31 softedge_anyline 预处理器使用效果

利用 Scribble 算法来完成补充绘制的工作。ControlNet Scribble 算法提供了4种不同的预处理器,如表9-5所列。

表 9-5 Scribble 4 种预处理器

序号	预处理器	功能描述
1	scribble_pidinet	生成更清晰的轮廓线条,同时保留较少的细节元素
2	scribble_invert	反转图像的颜色,将原本的黑色变为白色
3	scribble_xdog	可调节的 XDoG 阈值参数,能够更细致地控制图像效果
4	scribble_hed	擅长生成类似于真人绘制的轮廓

1. scribble_pidinet 预处理器

pidinet(Pixel Difference Network)构建的网络能够识别图像中的曲线和直线边缘等特征。其输出效果与 scribble_hed 预处理器相似,但往往能够生成更清晰的轮廓线条,同时保留较少的细节元素,如图 9.32 所示。

2. scribble_invert 预处理器

scribble_invert 预处理器的作用是反转图像的颜色,将原本的黑色变为白色,白色变为黑色,以及其他颜色的相应反转。这在处理某些类型的图像时非常有用,特别是当需要强调图像中的暗部细节或在特定光照条件下增强对比度时,如图 9.33 所示。

3. scribble_xdog 预处理器

基于扩展的高斯差异(Extended Difference of Gaussian,XDoG)技术,scribble_xdog 预处理器也是一种用于图像边缘检测的算法。与其他预处理器相比,scribble_xdog 预处理器提供

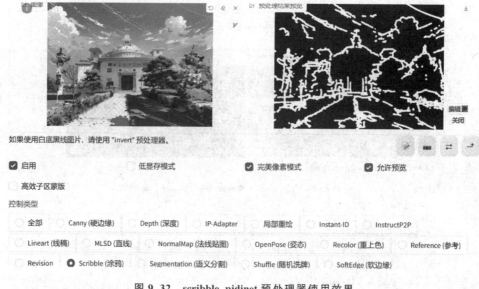

图 9.32 scribble_pidinet 预处理器使用效果

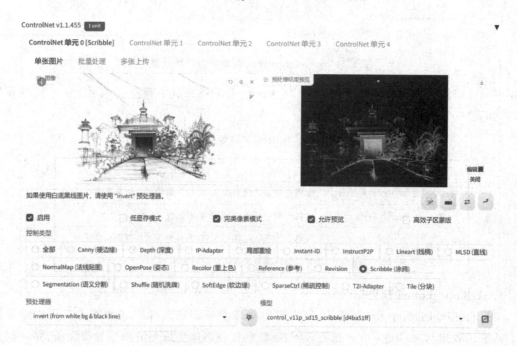

图 9.33 scribble_invert 预处理器使用效果

了一个可调节的 XDoG 阈值参数,这使得我们能够更细致地控制图像效果,如图 9.34 所示。

4. scribble_hed 预处理器

scribble_hed 预处理器由全嵌套边缘检测器(Holistically-Nested Edge Detection, HED)构成,该技术擅长生成类似于真人绘制的轮廓。它能够与 SD 系列模型协同工作,用于执行图像的重新着色和风格重塑等任务,如图 9.35 所示。

第 9 章 文生图 ControlNet

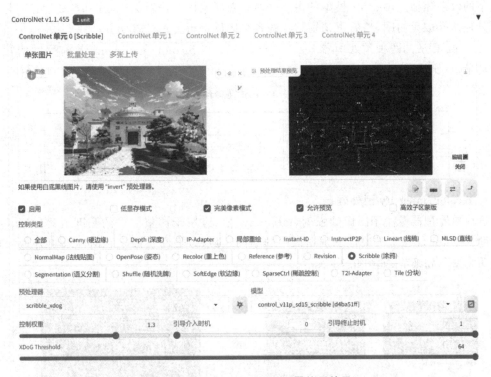

图 9.34 scribble_xdog 预处理器使用效果

图 9.35 scribble_hed 预处理器

9.2.6 Recolor 使用

ControlNet 模型中的 Recolor 可以在"文生图"和"图生图"两种方式下使用,并且这两种方式下的效果相似。Recolor 模型的主要功能是对黑白图片进行上色,其基本处理过程是先使用预处理器提取黑白图,然后再识别图片的各个区域进行上色处理。

Recolor 算法的两种预处理器 recolor_intensity 和 recolor_luminance 具有不同的特点和应用场景,对比描述如表 9-6 所列。

表 9-6 Recolor 两种预处理器

序 号	预处理器	功能描述
1	recolor_intensity	专注于图像的强度(intensity)信息
2	recolor_luminance	将手绘线稿转换成模型可识别的预处理线稿图

1. recolor_intensity 预处理器

这种预处理器专注于图像的强度(intensity)信息,用于调整图像的亮度或对比度。它可以帮助 Recolor 算法更准确地识别图像中的不同区域,以便在重新上色时能够更好地保留原有的明暗关系和细节,如图 9.36 所示。

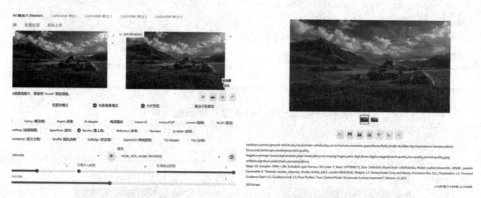

图 9.36 recolor_intensity 预处理器使用效果

2. recolor_luminance 预处理器

与 recolor_intensity 不同,recolor_luminance 预处理器关注的是图像的亮度(luminance)信息。亮度通常与颜色的感知有关,因此这种预处理器可以用于调整图像的整体亮度水平,或者在上色过程中确保颜色的一致性和自然性,如图 9.37 所示。

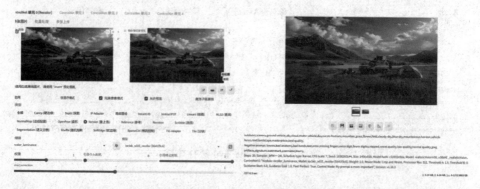

图 9.37 recolor_luminance 预处理器使用效果

Recolor 算法一共包含了 3 个 ControlNet 模型:ioclab_sd15_recolor,搭配 SD v1.5 模型

第 9 章　文生图 ControlNet

使用；sai_xl_recolor_128lora 和 sai_xl_recolor_256lora，搭配 SDXL 模型使用。

Recolor 算法包含 1 个重要的参数，即伽玛校正（Gamma Correction）。伽玛校正是一种用于调整图像亮度或颜色的非线性过程，常见于影像处理系统中。其核心目标是通过优化图像数据，使其更好地符合人类视觉对亮度和色彩的感知，从而确保图像在各种显示设备上都能被正确展示。伽玛校正的默认值设为 1，如果生成的图像显得太暗，可以适当降低这个值；反之，如果图像显得过亮，则可以增加这个值。可以根据需要调整图像的亮度，以达到最佳视觉效果。

9.2.7　Tile 使用

ControlNet 内的 Tile 算法与超分辨率技术有相似之处，它能够提升图像的分辨率。然而，Tile 算法的独特之处在于，在提升分辨率的同时，它还能创造出丰富的细节特征，而非仅仅执行简单的插值操作。

概括来说，ControlNet 的 Tile 算法提供了两种主要的应用方式：在保持图像尺寸不变的情况下，对图像的细节进行优化，提高其质量；在对图像进行超分辨率处理的同时，补充必要的细节，以优化放大后的图像效果。由于 Tile 算法能够创造新的细节，故它可以用来消除不理想的细节，比如模糊，并添加更加精细的元素。这在处理因超分辨率处理或尺寸调整导致的图像细节失真时特别有用。Tile 算法包括 4 种预处理器，如表 9-7 所列。

表 9-7　Tile 4 种预处理器

序号	预处理器	功能描述	预处理器使用效果的示例图
1	tile_resample	通过分块重采样的方式提升图像质量	
2	tile_colorfix+sharp	在固定颜色的同时增加图像的锐度	
3	tile_colorfix	专注于调整图像的颜色，提高色彩的准确性	

续表 9-7

序 号	预处理器	功能描述	预处理器使用效果的示例图
4	blur_gaussian	使用高斯模糊技术来平滑图像	
5		原图	

Tile 算法目前提供了两种模型，分别为 control_v11u_sd15_tile 和 control_v11f1e_sd15_tile 模型。其中，control_v11u_sd15_tile 模型专为提升图像分辨率和细节而设计；control_v11f1e_sd15_tile 模型同样致力于增强图像分辨率，同时保持图像的原始特征和风格，减少平铺过程中可能出现的重复模式或失真。

9.2.8 Depth 使用

Depth 算法是一种先进的技术，它通过分析原始图像并提取其中的深度信息来创建深度图。这种深度图能够反映出与原图相同的深度结构，其中颜色较浅（白色）的区域表示物体距离镜头较近，而颜色较深（黑色）的区域则表示物体距离镜头较远。这种算法对于理解场景的三维结构非常有用，特别是在计算机视觉、机器人导航和增强现实等领域中的应用。

Depth 算法包括 7 种预处理器，每种都针对不同的深度提取需求和优化，如表 9-8 所列。

表 9-8 Depth 7 种预处理器

序 号	预处理器	功能描述
1	depth_midas	主要功能是捕捉画面深度，获取图片的前后景关系。图像中颜色越浅的区域代表距离镜头越近，颜色越深代表距离镜头越远
2	depth_zoe	提供更精细的深度信息，使生成图像的空间感更立体
3	depth_leres	专注于提供高分辨率的深度图，以确保在细节丰富的场景中也能保持深度信息的精确度
4	depth_leres++	保持高分辨率的同时，进一步增强了深度信息的准确性和鲁棒性
5	depth_hand_refiner	专门设计用于精细化和改善手部区域的深度信息。需要加载单独的模型协同处理
6	depth_anything	可以处理任何图像，在没有明确预处理器的时候可以选择使用
7	depth_anything_v2	depth_anything 的升级版

1. depth_midas 预处理器

depth_midas 预处理器能够从图像中估算出深度信息。这种模型在处理自然场景和复杂背景时表现出色，具有高准确性。depth_midas 预处理器的主要优势在于其能够利用大规模数据集进行预训练，从而具有良好的泛化能力，适用于多种不同的场景，效果如图 9.38 所示。

图 9.38　depth_midas 预处理器使用效果

2. depth_zoe 预处理器

depth_zoe 预处理器是一种中等细节水平的深度信息估算预处理器，它结合了相对深度估计和度量深度估计的新算法。这种预处理器在细节程度上介于 depth_midas 和 depth_leres 之间，适用于具有较大纵深的风景画面，能够更好地表示出远近关系。depth_zoe 预处理器在较大纵深的场景下，其远景效果优于 depth_midas，并且相较于其他预处理器具有更少的误差和更准确的结果。效果如图 9.39 所示。

3. depth_leres 预处理器

这种预处理器专注于提供高分辨率的深度图，以确保在细节丰富的场景中也能保持深度信息的精确度，其成像焦点在中间景深层，适合需要广泛景深范围的场景。效果如图 9.40 所示。

4. depth_leres＋＋预处理器

作为 depth_leres 的改进版，depth_leres＋＋预处理器在保持高分辨率的同时，进一步增强了深度信息的准确性和鲁棒性，效果如图 9.41 所示。

5. depth_hand_refiner 预处理器

这种预处理器专门设计用于精细化和改善手部区域的深度信息，控制台自动加载单独的模型协同处理，识别和增强手部的轮廓、指关节和其他细节。适用于需要高精度手部追踪的应用，效果如图 9.42 所示。

图 9.39 depth_zoe 预处理器使用效果

图 9.40 depth_leres 预处理器使用效果

6. depth_anything 预处理器

depth_anything 预处理器是一种用于单目深度估计的先进模型,由香港大学、字节跳动、浙江实验室和浙江大学共同研发。其目标是建立一个简单而强大的基础模型,能够处理任何图像,并在任何情况下都能提供鲁棒的单目深度估计。depth_anything 通过利用大规模未标

第 9 章 文生图 ControlNet

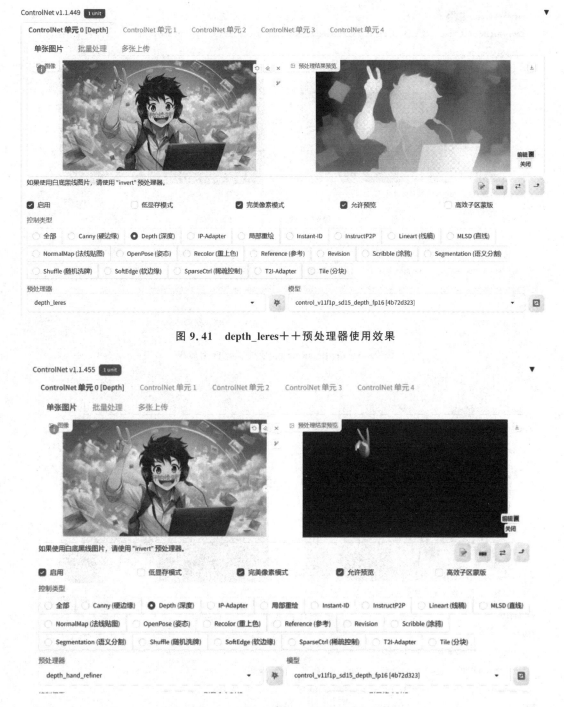

图 9.41 depth_leres++ 预处理器使用效果

图 9.42 depth_hand_refiner 预处理器使用效果

记数据,使用数据引擎自动收集和注释大量图像,从而减少泛化误差。效果如图 9.43 所示。

7. depth_anything_v2 预处理器

作为 depth_anything 的升级版,depth_anything_v2 预处理器在原有基础上进行了优化和改进,包括提高深度估计的准确性、增强算法的鲁棒性、减少计算资源的消耗以及提升处理速

图 9.43 depth_anything 预处理器使用效果

度,效果如图 9.44 所示。

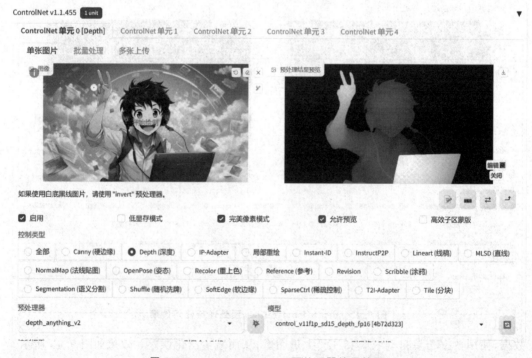

图 9.44 depth_anything_v2 预处理器使用效果

每种预处理器都设计有特定的优化目标,以适应不同的应用场景和图像特性。用户可以根据具体的深度估计需求和图像内容选择最合适的预处理器来进行深度图的生成。

9.2.9 NormalMap 使用

NormalMap 算法能够根据输入图像创建一张法线贴图,这张贴图记录了图像的凹凸纹理信息。它通过分析输入图像中的 3D 法线向量,利用这些向量作为参考来生成新的图像,并对图像内容进行优化的光影处理。法线贴图不是表示颜色,而是表示每个像素所在表面的朝向,为表面提供了方向信息。

在 ControlNet 中,NormalMap 算法类似于 Depth 算法,都旨在传递参考图像的三维结构特征。与 Depth 算法相比,NormalMap 在保持几何形状的准确性方面表现更佳。在深度图中可能不够明显的细节,在法线图中则可以清晰地展现出来。

法线贴图在游戏开发中经常被用来在低多边形模型上模拟出高多边形模型的复杂光影效果,这对 CG 建模师来说是一个宝贵的工具。NormalMap 算法提供了 3 种预处理器选项,详细描述如表 9-9 所列。

表 9-9 NormalMap 3 种预处理器

序 号	预处理器	功能描述
1	normal_bae	基础算法,适用于任何图像
2	normal_midas	局部细节识别得更好一些
3	normal_dsine	适用于处理具有复杂几何形状和光照变化的场景

1. normal_bae 预处理器

normal_bae 预处理器是一种用于生成法线贴图的工具,它能够根据图像生成法线贴图,特别适合 CG 建模师使用。normal_bae 预处理器的效果优于 MIDAS(Multi-scale Inverse Distance Accumulation),它可以直接从一张普通的 RGB 彩色图像中估算出每个像素点的表面法线,经 BAE(Basic Algorithm for Estimation)预处理后的图像更趋近于真实照片,效果如图 9.45 所示。

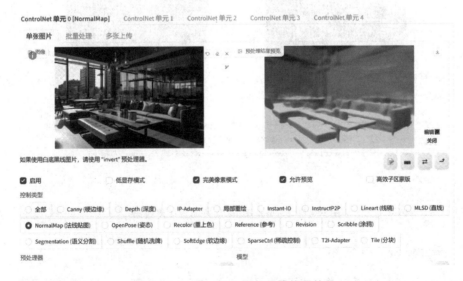

图 9.45 normal_bae 预处理器使用效果

2. normal_midas 预处理器

normal_midas 预处理器通过从 MIDAS 方法获得的深度贴图来估计法线贴图的过程。MIDAS 法线图擅长将主体从背景中分离出来，有时候呈现的抽象效果也很惊艳，效果如图 9.46 所示。

图 9.46　normal_midas 预处理器使用效果

3. normal_dsine 预处理器

normal_dsine 预处理器利用的是一种先进的表面法线估计技术，它通过深度学习模型 DSINE (Deep Sliding Inverse Normal Estimation) 来提高精度和适应性，这种方法特别适用于处理具有复杂几何形状和光照变化的场景，效果如图 9.47 所示。

图 9.47　normal_dsine 预处理器使用效果

9.2.10　Segmentation 使用

Segmentation (SEG) 算法作为深度学习中的核心组成部分之一，与分类和检测并列，主要执行对图像内容（如人物、背景、建筑等）的语义分割任务。这项技术能够有效地区分图像中的不同色块,通过深度学习模型对输入图像进行像素级的分析,将图像分割成多个区域或对象,每个区域或对象都被赋予一个特定的类别标签。这一过程不仅涉及边缘检测和形状识别,还包括对图像内容的深入理解,从而实现对图像中各个元素的精确区分。在实际应用中,SEG算法使得用户能够对图像中的特定对象进行隔离和编辑,例如在合成图像时改变背景,或者在艺术创作中突出特定的视觉元素。此外,SEG算法还可以与其他 ControlNet 功能如多控制网络和潜在耦合技术相结合,为用户提供更高层次的创作自由度和更精细的图像控制能力。Segmentation 算法一共有 4 种预处理器,如表 9-10 所列。

表 9-10　Segmentation 4 种预处理器

序　号	预处理器	功能描述
1	seg_ofade20k	适合用于处理包含多种不同类型对象的图像分割任务
2	seg_ufade20k	适合用于处理室内场景的图像分割任务
3	seg_ofcoco	适合用于处理日常物体和动物的图像分割任务
4	seg_anime_face	专门用于动漫图像中人脸的分割

1. seg_ofade20k 预处理器

seg_ofade20k 预处理器包含 150 个类别,适用于广泛的物体和场景识别,是 ControlNet 中推荐使用的预处理器之一,因其性能优于其他选项,20k 表示这个预处理器至少使用了 20 000 个训练样本或特征。这个预处理器专门用于处理和优化深度学习模型在图像分割任务中的表现,效果如图 9.48 所示。

图 9.48　seg_ofade20k 预处理器使用效果

2. seg_ufade20k 预处理器

seg_ufade20k 预处理器基于 U‐ADE20K 数据集,该数据集是 ADE20K 的一个子集,包含 35 个类别,主要针对室内场景和家具,适用于处理特定类别较少的室内图像,效果如图 9.49 所示。

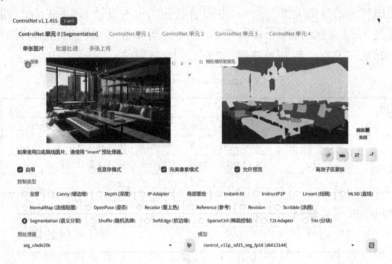

图 9.49 seg_ufade20k 预处理器使用效果

3. seg_ofcoco 预处理器

seg_ofcoco 预处理器使用 COCO 数据集,包含 80 个类别,主要针对常见的物体和动物,适合需要识别和分割日常物体的场景,效果如图 9.50 所示。

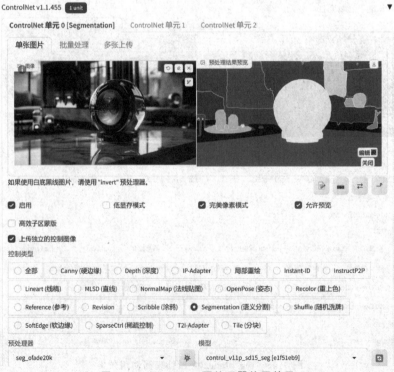

图 9.50 seg_ofcoco 预处理器使用效果

4. seg_anime_face 预处理器

seg_anime_face 预处理器专门用于处理和优化动漫风格图像中的人脸分割。它包括特定的特征提取和增强步骤,以更好地识别和分割动漫图像中的人脸,效果如图 9.51 所示。

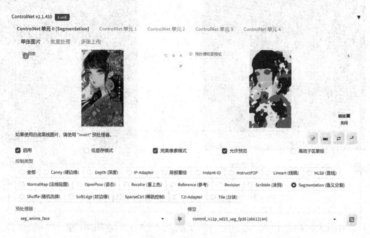

图 9.51　seg_anime_face 预处理器使用效果

9.2.11　Inpaint 使用

ControlNet Inpaint 算法与 Stable Diffusion 系列模型中自带的 Inpainting 功能相似,它通过使用蒙版(Mask)覆盖需要重新绘制的区域,从而对该区域进行局部图像生成。

Inpaint 主要用于图像修复和插值生成,通过将输入的提示词元素与原始图像进行混合,从而更好地预测图像的重绘细节。此外,ControlNet Inpaint 算法还支持扩展性重绘(Outpainting),例如将半身人物图像扩展为全身图像,或者对风景画进行内容补充,生成更大尺寸的图像。这种 AI 扩图技术经常在社交平台上引起讨论的热潮,其背后的核心技术正是 ControlNet Inpaint。目前,ControlNet Inpaint 算法提供了 3 种预处理器,如表 9-11 所列。

表 9-11　Inpaint 3 种预处理器

序　号	预处理器	功能描述
1	inpaint_only	重绘效果随机性大,不够稳定
2	inpaint_only+lama	减少了画面生成的随机性,效果相对稳定
3	inpaint_global_harmonious	注重参考整体画面效果进行局部重绘

1. inpaint_only 预处理器

inpaint_only 预处理器主要针对局部重绘,不会更改未遮罩的区域,能保持原有图像的完整性,适用于需要对图像的特定部分进行修复或修改的情况,例如去除水印或修复老照片的损坏部分。inpaint_only 预处理器提供了一种简单直接的方法,使得用户可以快速对图像进行局部编辑。但同时也会产生一些随机对象,导致图像不够稳定,效果如图 9.52 所示。

2. inpaint_only+lama 预处理器

inpaint_only+lama 预处理器是 Inpaint 模型的另一种版本,它结合了 Inpaint 模型和 lama 预处理器进行图像处理。这种模型在处理图像时,会先使用 lama 预处理器对图像进行处

图 9.52 inpaint_only 预处理器使用效果

理,然后再使用 Inpaint 模型进行填充。这种方法可以减少随机对象,提高图像的稳定性,效果如图 9.53 所示。

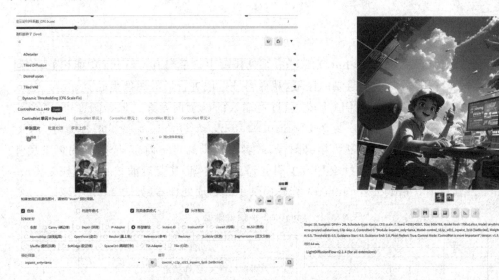

图 9.53 inpaint_only+lama 预处理器使用效果

3. inpaint_global_harmonious 预处理器

inpaint_global_harmonious 预处理器在应用时,会对原始图像进行分析,并利用 ControlNet 的控制信息对图像中的缺失或损坏部分进行填充和修复。在修复过程中,它不仅考虑到了图像的局部特征,还充分考虑了全局的和谐性,将图像的各个部分有机地结合在一起,使得生成的图像具有更好的整体效果,如图 9.54 所示。

9.2.12 OpenPose 使用

OpenPose 是一种基于深度学习的实时多人二维姿态估计应用,由卡内基梅隆大学(CMU)的研究团队开发。它能够高效地识别图像或视频中的人体关键点,并实时估计人体的

第 9 章 文生图 ControlNet

图 9.54 inpaint_global_harmonious 预处理器使用效果

姿态。它通过分析人体姿势来识别和提取关键部位,如面部、手部、腿部和身体等。这项技术能够实现对人体动作的精确控制。它不仅可以捕捉单人的姿态,还能处理多人场景,并且具备手部骨骼模型,能够提高手部绘图的准确性。

如图 9.55 所示,通过提供一张图像和一个描述性提示(Prompt),OpenPose 算法能基于这些输入精确识别人体骨骼姿势。结合 Stable Diffusion 模型的文生图功能,通过描述主体内容、场景细节和期望画风的 Prompt,可以生成一张保持相同姿势但风格迥异的人物图像。

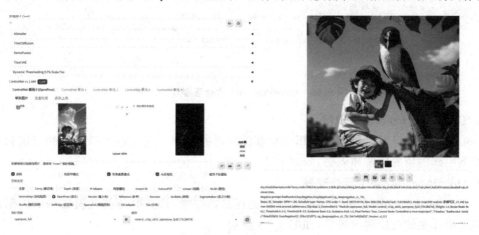

图 9.55 OpenPose 使用示例

OpenPose 算法一共有 9 种预处理器,如表 9-12 所列。

表 9-12 OpenPose 9 种预处理器

序 号	预处理器	功能描述
1	OpenPose_full	能够识别图像中人物的整体骨架+脸部关键点+手部关键点
2	OpenPose_hand	专门用于手部关键点的检测
3	OpenPose_faceonly	仅处理面部图像,忽略身体其他部分的检测

续表 9-12

序号	预处理器	功能描述
4	OpenPose_face	专门用于面部关键点的检测,更准确地检测面部特征和表情
5	OpenPose	OpenPose算法的基本预处理器,用于身体关键点的检测
6	Dw_openpose_full	OpenPose DW 通过深度和宽度的优化,显著提升效果
7	Densepose_parula (black bg & blue torso)	使用黑色背景和蓝色突出躯干部分
8	Densepose (pruple bg & purple torso)	使用紫色背景和紫色来突出躯干部分
9	Animal_openpose	专门用于动物的身体关键点检测

1. OpenPose_full 预处理器

OpenPose_full 预处理器集成了身体和面部关键点检测的完整版本。它提供了一个全面的解决方案,用于同时检测身体和面部的关键点,如图 9.56 所示。

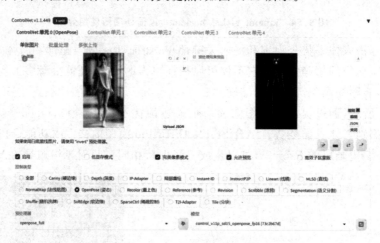

图 9.56　OpenPose_full 预处理器使用效果

2. OpenPose_hand 预处理器

OpenPose_hand 预处理器专门用于手部关键点的检测。它包括手部区域的识别和增强,以便检测手部的精确位置和姿态,如图 9.57 所示。

3. OpenPose_faceonly 预处理器

OpenPose_faceonly 预处理器仅专注于处理面部图像,而忽略身体其他部分的检测,适用于只需要面部关键点检测的场景,如图 9.58 所示。

4. OpenPose_face 预处理器

OpenPose_face 预处理器专门用于面部关键点的检测。它包括面部区域的定位和预处理,以便更准确地检测面部特征和表情,如图 9.59 所示。

5. OpenPose 预处理器

OpenPose 预处理器是 OpenPose 算法的基本预处理器,用于身体关键点的检测,它通常包括图像的预处理步骤,如灰度化、滤波等,以便准备图像数据进行关键点检测,如图 9.60 所示。

第 9 章 文生图 ControlNet

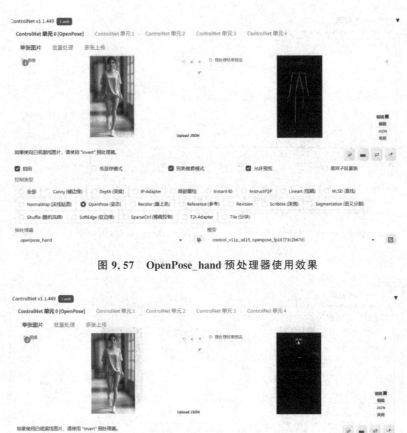

图 9.57 OpenPose_hand 预处理器使用效果

图 9.58 OpenPose_faceonly 预处理器使用效果

6. Dw_openpose_full 预处理器

Dw_openpose_full 预处理器是 OpenPose_full 的增强版本,它利用的是一种人体姿态检测算法,能够实现与 OpenPose_full 相同的功能,但是在人物手势的识别上表现得更好。这个预处理器能够全面检测图像中人物的整体骨架、脸部关键点以及手部关键点,提供了一个非常全面的人体姿态识别解决方案。由于其在手势识别上的优势,故推荐在需要精准控制人物动作,尤其是手部动作的场合使用,如图 9.61 所示。

7. Densepose_parula (black bg & blue torso) 预处理器

Densepose_parula (black bg & blue torso) 预处理器是一种基于 DensePose 技术的预处理工具,专门用于人体姿态估计和关键点检测。这种预处理器生成的图像具有黑色背景和蓝色人体躯干,这使得人体与背景的区分更加明显,便于后续的处理和分析。它能够提供详细的人体表面关键点,适用于需要精确人体姿态信息的应用,如虚拟试衣、动作捕捉和 3D 人体模型重建等场景,如图 9.62 所示。

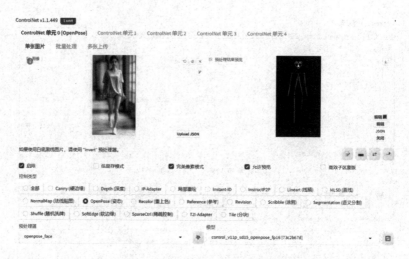

图 9.59 OpenPose_face 预处理器使用效果

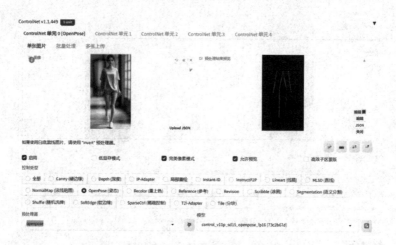

图 9.60 OpenPose 预处理器使用效果

图 9.61 Dw_openpose_full 预处理器使用效果

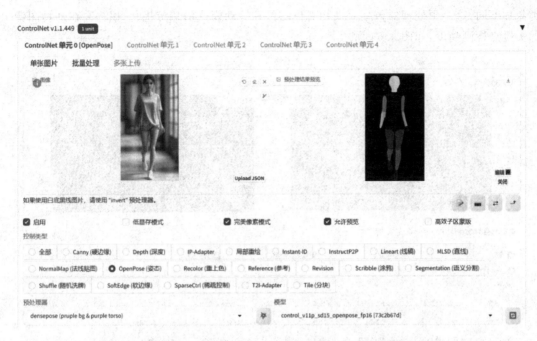

图 9.62 Densepose_parula（black bg & blue torso）预处理器使用效果

8. Densepose（pruple bg & purple torso）预处理器

与 Densepose_parula 预处理器作用一致，区别在于此预处理器使用紫色背景和紫色来突出躯干部分，如图 9.63 所示。

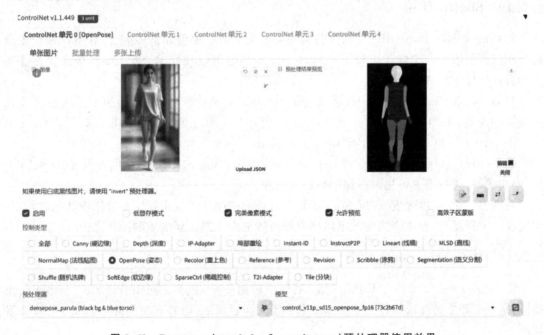

图 9.63 Densepose（pruple bg & purple torso）预处理器使用效果

9. Animal_openpose 预处理器

Animal_openpose 预处理器专门用于动物身体关键点的检测。与 OpenPose 算法针对人类身体不同,这个预处理器包括对动物身体结构和运动模式的特定优化,以提高在动物图像上的关键点检测精度,如图 9.64 所示。

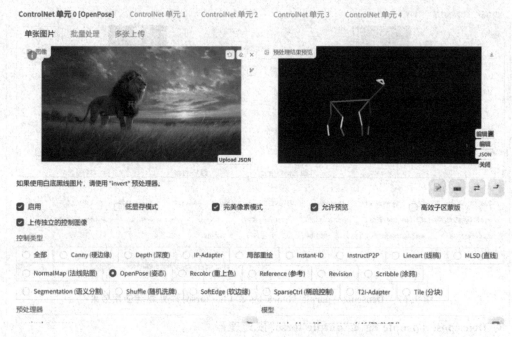

图 9.64　Animal_openpose 预处理器使用效果

9.2.13　Shuffle 使用

在 ControlNet 中,Shuffle 算法具备从参考图像中提取配色方案的能力,并指导模型生成具有相似色彩搭配的图像。相较于 ControlNet 的其他预处理技术,Shuffle 算法的设计显得更为直观和易于理解。

目前,Shuffle 算法配备了一种预处理器,即 shuffle 预处理器,它专门用于实现色彩方案的提取和应用,如图 9.65 所示。此外,Shuffle 算法还关联了两个 ControlNet 模型,分别是:

① control_v11e_sd15_shuffle.pth:这是 Shuffle 算法的常规模型文件。

② control_v11e_sd15_shuffle.safetensors(FP16):这是 Shuffle 算法的半精度(16 位浮点数)模型文件,通常用于优化内存使用和处理速度。

观察图 9.65 可以发现,应用 Shuffle 算法后得到的图片不仅保留了参考图像的色彩特点,而且在一定程度上,参考图像的艺术风格也被巧妙地融入到了新生成的图像之中。

9.2.14　Reference-only 使用

Reference-only 算法在 ControlNet 系列中独树一帜,它不依赖于特定的 ControlNet 模型,而是一个独立的算法实体。这意味着它不需要经过训练,能够直接作为一个纯粹的算法来使用。

该算法的预处理器能够直接将输入图像作为参考图,以此来指导 SD 模型的图像生成过程。这一过程与 inpainting 操作相似,能够创造出与参考图像风格相似的新图像,同时,生成过程仍然受到用户给出的 Prompt 的指导和约束。主要用于解决角色一致性的问题,尤其是

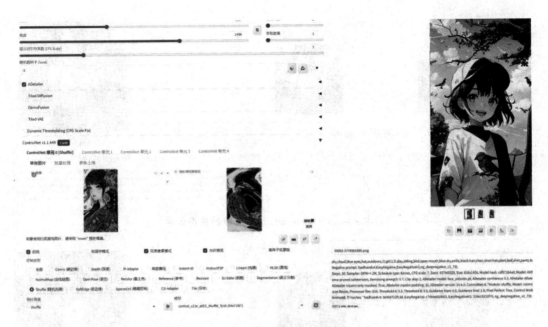

图 9.65　Shuffle 预处理器使用效果

面部特征。

Reference-only 算法的实现基于一种巧妙的方法：它将 SD U-Net 的自注意力模块与参考图像相结合。具体来说，就是先将参考图像添加噪声后输入 U-Net，然后在自注意力模块中提取 keys 和 values，并与 SD 模型的原始特征进行叠加。通过这种方式，算法能够将参考图像的特征与模型自身的特征结合起来，实现无需训练即可使用参考图像作为图像提示词的功能。Reference-only 算法提供了 3 种预处理器，如表 9-13 所列。

表 9-13　Reference-only 3 种预处理器

序　号	预处理器	功能描述
1	reference_adain	能够实现图像风格的有效迁移和融合，姿态识别不完整
2	reference_adain+attn	在 adain 基础上引入注意力机制
3	reference_only	默认常用的预处理器，姿态和元素信息较完整

1. reference_adain 预处理器

reference_adain 预处理器能够实现图像风格的有效迁移和融合。通过采用自适应实例归一化技术，能够根据参考图像的特征来生成与原图风格一致但细节不同的新图像。这使得用户在 AI 绘画、图像编辑与修复以及艺术创作等领域中能够获得更多的灵活性和创造力，效果如图 9.66 所示。

2. reference_adain+attn 预处理器

reference_adain+attn 预处理器结合了风格迁移和注意力机制的优势，为用户提供了更加精细和定制化的图像生成能力，效果如图 9.67 所示。通过合理使用该预处理器，用户可以轻松实现各种创意和想象，创作出符合自己期望的图像作品。

图 9.66　reference_adain 预处理器使用效果

图 9.67　reference_adain+attn 预处理器使用效果

3. reference_only 预处理器

reference_only 预处理器能够帮助用户快速生成与参考图像风格相似的图像作品,效果如图 9.68 所示。

图 9.68　reference_only 预处理器使用效果

reference_only 3 种预处理器的综合对比效果如图 9.69 所示,此外,Reference-only 算法与 Stable Diffusion 1.x 至 2.x 版本以及 Stable Diffusion XL 模型兼容。

第9章 文生图 ControlNet

图 9.69　3 种预处理器效果对比图

9.2.15　IP-Adapter 使用

IP-Adapter 是腾讯 AI Lab 实验室的创新成果，一个专注于图像提示（Image Prompt）的控图模型。这款模型与 T2I-Adapter 一样，以其小巧的体积和高效的性能著称，但其核心优势在于显著提升了文生图（Text-to-Image）模型的图像提示能力。

自 2023 年 9 月 8 日发布以来，IP-Adapter 因其卓越的画面内容还原能力而获得业界的广泛好评。在将图生图（Image-to-Image）作为参考时，IP-Adapter 展现出的效果令人印象深刻，其生成的图像质量与 Midjourney 的 V 按钮功能相媲美，为用户提供了一种全新的视觉体验。IP-Adapter 算法赋予了 SD 模型模仿艺术大师作品风格的能力，并将这种风格应用到新生成的图像中。在某种程度上，它的功能类似于 Midjourney 中的"垫图"技术，即在创作过程中使用参考图像来影响输出结果的风格和内容。官方给出的效果对比图如图 9.70 所示。

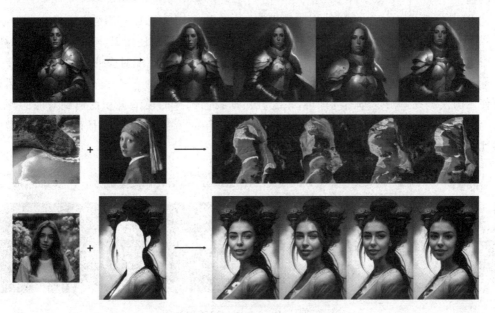

图 9.70　IP-Adapter 生成对比图

在实际运用 IP-Adapter 算法时，有几个关键要点需要我们留意：首先，必须将预处理步骤与算法的要求精准对应，同时选对专属模型。然后，在生成图像的过程中，还得明确所使用的是 SD1.5 模型，还是 SDXL 模型。因为这两种不同的模型在生成图像的效果、参数设置等方面可能会存在差异,所以会对最终结果产生影响。为了能让大家更清晰、直观地理解这些要点,接下来通过图 9.71 来进行详细说明。

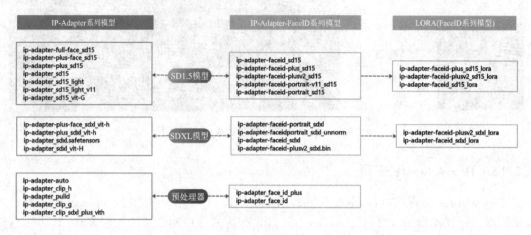

图 9.71　IP‑Adapter 各版本模型对应的预处理器

① IP‑Adapter 算法有两种系列模型,分别是 IP‑Adapter 系列模型和 IP‑Adapter‑FaceID 系列模型。

② 图 9.71 中左侧对应的是 IP‑Adapter 系列模型,其获取图像的整体信息作为参考;图 9.71 中右侧对应的是 IP‑Adapter‑FaceID 系列模型,其获取图像中的面部信息作为参考。总体来说,名字带 face 的模型更侧重于面部特征的提取,其他模型基本上参考的是整体图像特征。

③ 对于后缀是 SD1.5 的预处理器和模型,则应选择使用 SD1.5 版本的 LORA 模型。

④ 图 9.71 中间是对应的大模型和预处理器的类别,我们在使用 IP‑Adapter 算法时需要先了解使用的大模型类别,并通过了解需要参考的图像内容去匹配对应的模型。

⑤ 我们在使用 IP‑Adapter 时,只需将预处理器默认选择为 ip‑adapter‑auto,然后选择需要使用的模型并单击爆炸图标即可,系统会根据我们选择的模型自动切换到对应的预处理器,避免因手动选择的模型和预处理器不匹配导致出错的情况。图 9.72 是几种不同模型的效果对比。

图 9.72　IP‑Adapter XYZ 对比图

⑥ 在选择好 IP‑Adapter 算法后,没有我们常见的均衡模式、更偏向提示词、更偏向 ControlNet 这三个选项,替换为了权重类型的选项,常规情况下选择默认的 normal 模式即可,如图 9.73 所示。

第 9 章 文生图 ControlNet

图 9.73 控制模式

9.2.16 T2I-Adapter 使用

T2I-Adapter 是由腾讯公司开发的一种先进算法,能够对 Stable Diffusion 模型生成图像的过程施加控制。鉴于 T2I-Adapter 算法与 ControlNet 在算法功能上的相似性,为了进一步拓展 ControlNet 算法的功能和应用场景,ControlNet 集成了三种 T2I-Adapter 算法的预处理器(见表 9-14)。通过这种集成,ControlNet 能够借助 T2I-Adapter 算法的优势,在图像生成和处理任务中展现出更强大的性能和更丰富的效果。

表 9-14 T2I-Adapter 3 种预处理器

序号	预处理器	功能描述
1	t2ia_color_grid	专注于颜色网格的预处理器,类似于马赛克效果
2	t2ia_sketch_pidi	适用于草图和线条的预处理器
3	t2ia_style_clipvision	用于风格转换的预处理器

1. t2ia_color_grid 预处理器

t2ia_color_grid 预处理器能够帮助用户快速提取和处理图像中的颜色信息,为后续的图像处理、艺术创作和设计工作提供有力的支持。t2ia_color_grid 预处理器将输入参考图像缩小到原始大小的 1/64,再将其拉伸至原始尺寸,可以作为马赛克效果处理的一种方法,如图 9.74 所示。

图 9.74 t2ia_color_grid 预处理器使用效果

2. t2ia_sketch_pidi 预处理器

t2ia_sketch_pidi 预处理器是 ControlNet 中用于图像生成的一种预处理工具,它侧重于从参考图像中提取手绘边缘或轮廓信息。该预处理器能够识别并保留图像中的关键线条和形状,同时忽略掉一些不必要的细节。在图像生成过程中,t2ia_sketch_pidi 通过提供这些线条和形状信息,引导生成模型按照特定的构图或轮廓进行创作。因此,它特别适用于需要固定图像主要构图或进行线稿上色等场景,效果如图9.75所示。

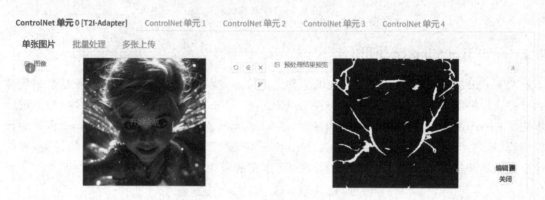

图 9.75　t2ia_sketch_pidi 预处理器使用效果

3. t2ia_style_clipvision 预处理

t2ia_style_clipvision 预处理器是 ControlNet 中用于风格迁移和图像处理的一种高级工具。它通过将输入图像转换为 CLIP 视觉嵌入,从而提取和保留图像中的内容和风格信息。这种嵌入方式不仅包含了图像的整体风格特征,还涵盖了颜色、构图以及细小元素等多方面的细节。在图像生成过程中,t2ia_style_clipvision 利用这些丰富的视觉嵌入信息,指导生成模型产生与参考图像风格相似但又具有一定创新性的新图像。因此,该预处理器在艺术创作、风格迁移以及图像修复等领域具有广泛的应用前景。其预处理效果强于一般的 Reference 风格参考,能够提供更加精确和个性化的风格迁移体验,效果如图9.76所示。

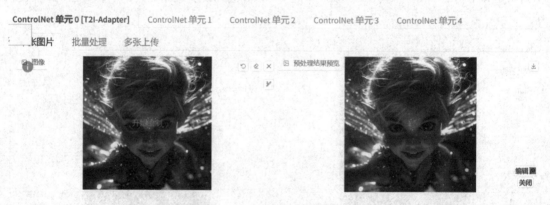

图 9.76　t2ia_style_clipvision 预处理器使用效果

9.2.17　Revision 使用

ControlNet 里的 Revision 算法主要是在控制的过程中加入"底图",可以理解为图像融合。Revision 算法可以单独适用于 SD 系列模型的生成,也可以与提示词(Prompt)组合使用。

在 ControlNet 中,Revision 算法通过引入一个基础图像,利用池化后的 CLIP Embedding 技术,创造出与原始底图在概念上相似的新图像。这种算法不仅可以独立应用于 SDXL 系列模型的图像生成过程中,还能与文本提示词(Prompt)相结合,以增强生成效果。Revision 算法与 Stable Diffusion 以及 Stable Diffusion XL 模型都具有很好的兼容性。当前,Revision 算法提供了两种预处理器选项,如表 9-15 所列。

表 9-15 Revision 两种预处理器

序 号	预处理器	功能描述
1	revision_clipvision	利用 CLIP Vision 模型来提取和应用图像特征
2	revision_ignore_prompt	在生成过程中忽略文本提示词,专注于底图的特征

与其他 ControlNet 模型不同,Revision 算法不需要特定的模型文件,因为它主要通过对输入图像的处理来提取 Embedding 特征。

1. revision_clipvision 预处理器

revision_clipvision 预处理器是 ControlNet 框架中的一个特定模块,专为图像修正和风格迁移而设计的。它利用 CLIP(Contrastive Language-Image Pre-training)的视觉嵌入能力,结合图像修正任务,提升图像修正的准确性和视觉效果。当使用该预处理器时,它会分析参考图像和当前图像的差异,并尝试在修正过程中保留或增强图像中的关键风格特征。这有助于生成既符合修正要求又保持原图像风格的图像结果。revision_clipvision 预处理器特别适用于那些需要精细调整图像风格或内容的场景,为图像编辑和创意设计提供了强大的工具。如图 9.77 所示,左图是原始图像,中间是提供给 ControlNet 的参考图像,使用 revision_clipvision 预处理器处理后得到右侧的图像,可以看出 revision_clipvision 预处理器很好地迁移了中间图像的画风笔触和色调。

图 9.77 revision_clipvision 预处理器使用效果

2. revision_ignore_prompt 预处理器

revision_ignore_prompt 预处理器则是 ControlNet 中另一个独特的模块,它允许在图像修正或生成过程中忽略用户输入的提示词(Prompts)。这种设计打破了传统的依赖提示词控制图像生成的方式,使模型能够在没有特定指令的情况下自由发挥,生成更加多样化和意想不到的图像结果。revision_ignore_prompt 预处理器适用于那些希望探索图像生成的新颖性和创造性的用户,它可以作为盲盒模式的一种实现方式,为用户带来惊喜和灵感。然而,由于忽略了提示词,生成结果可能会更加随机和不可预测,需要用户具备一定的创意解读和审美能力。如图 9.78 所示,最左侧的图片为图生图原始图,中间两个图片为使用 revision_ignore_prompt 预处理器的垫图,最右侧的图片为最后生成的效果图,可以看到 1 很好地参考了 3 的角色表情,参考了 2 的画风特征。

图 9.78 revision_ignore_prompt 预处理器使用效果

Revision 算法具备强大的图像特征提取能力,不仅可以单独提取单张图片的特征作为生成参考,还能将多张图片的特征进行综合处理和融合。

通过 Revision 算法实现的多图像特征融合,能够产生令人满意的结果。值得注意的是在进行多图像融合时,正确配置各图像的权重至关重要。权重越高的图像,其特征在最终生成的图像中的表现也就越显著。这意味着用户可以根据自己的需求调整不同图像的相对重要性,以控制生成结果的风格和内容。

9.2.18 Instant-ID 使用

Instant-ID 算法通过单一图像输入即可实现特定身份(ID)的保留,并生成具有不同风格的图像。传统方法通常需要依赖多样本和多轮次的训练微调来开发具有特定身份特征的模型,例如 Textual Inversion、DreamBooth 和 LORA 等技术。Instant-ID 算法简化了这一过程,无需如此复杂的前期工作。目前,Instant-ID 算法提供了两种预处理器,如表 9-16 所列。

表 9-16 Instant-ID 两种预处理器

序号	预处理器	功能描述
1	instant_id_face_keypoints	负责检测并提取面部的关键点信息
2	instant_id_face_embedding	专注于提取面部的特征嵌入

目前,Instant-ID 算法仅与 Stable Diffusion XL(SDXL)模型兼容,并且在使用时需要同时激活 instant_id_face_keypoints 预处理器(用于精确捕捉面部的关键点位)和 instant_id_face_embedding 预处理器(用于深入分析并提取面部的独特特征)。一般情况下需要开启两个通道完成最终的效果控制,每个通道操作步骤如下:

(1) 第一个通道

① 上传目标角色图像。

② 启用控制通道,开启完美像素模式,允许预览,上传独立的控制图像。

③ 选择 instant-id 控制类型:预处理器选择 instant_id_face_embedding,模型选择 ip-adapter_instant_id_sdxl。单击爆炸图标 ✱ 生成预处理效果,设置步骤如图 9.79 所示。

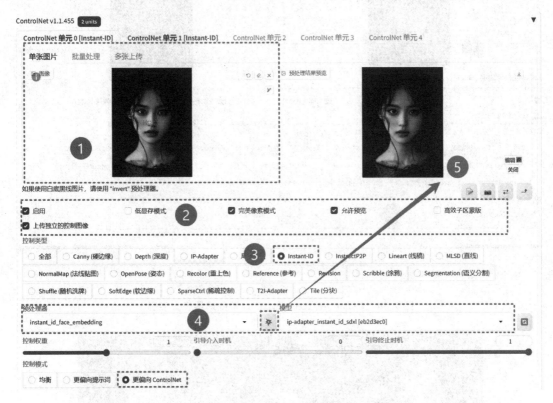

图 9.79 instant_id_face_embedding 预处理器设置步骤

(2) 第二个通道

① 上传被替换角色图像。

② 启用控制通道,开启完美像素模式,允许预览,上传独立的控制图像。

③ 选择 instant-id 控制类型:预处理器选择 instant_id_face_keypoints,模型选择 control_instant_id_sdxl。单击爆炸图标 ✱ 生成预处理效果,设置步骤如图 9.80 所示。

使用 Instant-ID 算法前后的图像对比如图 9.81 所示。

9.2.19 InstryctP2P 使用

InstryctP2P 是一种基于生成式对抗网络(GAN)的图像转换技术,它能够实现从一张图像到另一张图像的转换。这种模型依赖大量的成对训练数据来确保其有效性,并且其输出质量与所使用的数据集和模型训练的深度密切相关。InstryctP2P 通过参考原始图像信息进行再创作,类似于一种图像生成图像的功能,但它不依赖于外部预处理步骤,而是通过特定的提示词来引导图像的生成。

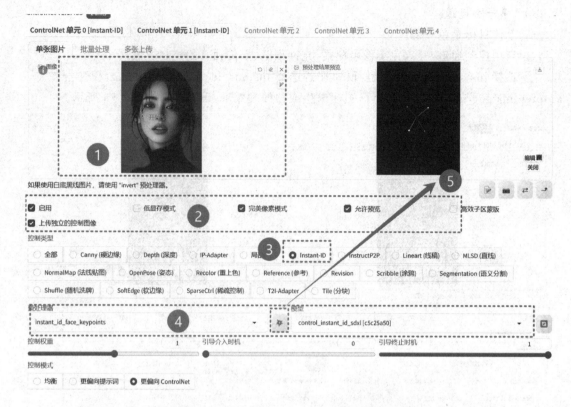

图 9.80　instant_id_face_keypoints 预处理器设置步骤

图 9.81　使用 Instant-ID 算法前后的图像对比

ControlNet InstryctP2P 算法的设计中不包含预处理器,目前仅推出了一个名为 control_v11e_sd15_ip2p 的模型版本。下面,让我们对 ControlNet InstryctP2P 算法的性能进行测试,通过输入简单的火焰与冰提示词,即可生成图 9.82 和图 9.83 所示的火焰和冰。

从图中的结果可以看到,InstryctP2P 可以根据提示词较好地对输入图像进行特定的编辑。

第9章 文生图 ControlNet

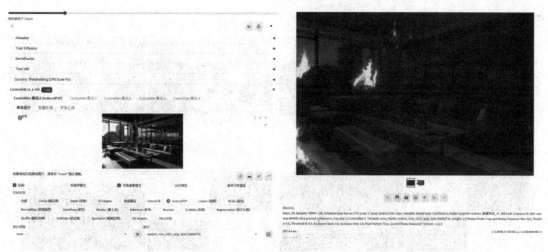

图9.82 提示词控制生成火焰

图9.83 提示词控制生成冰霜

9.2.20 SparseCtrl 使用

基于香港中文大学、上海人工智能实验室及斯坦福大学团队的联合研究成果,文本转视频(T2V)技术已取得显著进步,但传统方法因空间不确定性常导致帧构建模糊。为克服此局限,研究团队创新性地提出了 SparseCtrl 方法,通过引入时间稀疏信号实现灵活的结构控制,仅需少量输入即可。

该方法巧妙集成条件编码器处理稀疏信号,同时保持预训练 T2V 模型稳定,兼容草图、深度图及 RGB 图像等多种模态,为视频生成提供了前所未有的灵活性和实用性,推动了故事板设计、深度渲染、关键帧动画及插值等应用的发展。广泛实验验证了 SparseCtrl 在标准与个性化 T2V 生成器上的强大泛化能力,标志着 T2V 技术迈向了新高度,SparseCtrl 使用效果如图 9.84 所示。

目前 SparseCtrl 主要应用在 comfyui 工作流上,如图 9.85 所示。使用时需加载 v3_sd15_sparsectrl_rgb 模型,与其他插件配合使用,comfyui 不建议初学者直接上手学习,建议在对 WebUI 有一定的使用经验后再接触学习。

图像动画 = RGB 图像编码器 + 起始帧

图像输入　　　　　　输出视频　　　　　　图像输入　　　　　　输出视频

关键帧插值 = RGB 图像编码器 + 第一帧和最后一帧

图像输入　　　　　　输出视频　　　　　　图像输入　　　　　　输出视频

(a) 图像插值

视频插值 = RGB 图像编码器 + 低帧率输入

低帧率输入　　　　　　输出视频　　　　　　低帧率输入　　　　　　输出视频

视频预测 = RGB 图像编码器 + 初始 N 帧

输入起始帧　　　　　　输出视频　　　　　　输入起始帧　　　　　　输出视频

(b) 视频预测+视频插值

深度引导生成 = 深度编码器 + 任意深度图

输入深度　　　　　　输出视频　　　　　　低帧率输入　　　　　　输出视频

(c) 深度引导生成

图 9.84　SparseCtrl 使用效果

第 9 章 文生图 ControlNet

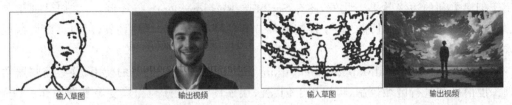

(d) 草图控制生成视频

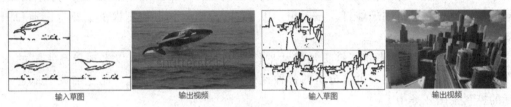

(e) 情节提要控制

图 9.84 SparseCtrl 使用效果（续）

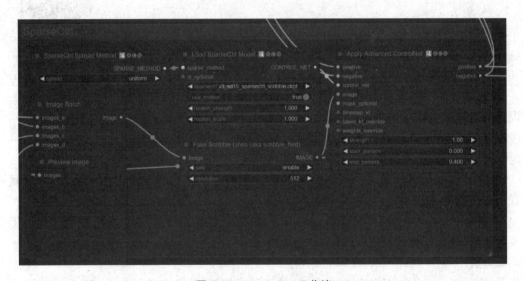

图 9.85 SparseCtrl 工作流

本章小结

第 9 章详细介绍了文生图领域中 ControlNet 插件的使用方法和功能。ControlNet 是一种用于 Stable Diffusion 的扩展插件，它通过各种控制器来引导图像生成过程，从而实现更精确的图像控制和编辑。

本章首先介绍了 ControlNet 插件的核心基础，包括其安装方法和界面功能。ControlNet 插件通过提供多种控制器，使得用户能够对生成的图像进行细致的调整和优化。这些控制器包括 Canny、MLSD、Lineart、SoftEdge 等，每个控制器都针对图像的不同特征进行操作，如边缘检测、颜色分割、线条绘制等。在控制器使用部分，详细介绍了各个控制器的具体应用方法。

例如,Canny控制器用于边缘检测,MLSD用于颜色分割,Lineart用于线条绘制,而SoftEdge则用于创建柔和的边缘效果。此外,还有Scribble、Recolor、Depth等控制器,它们分别用于涂鸦、颜色调整和深度感知处理。每个控制器都有其独特的功能和应用场景,用户可以根据创作需求灵活选择和组合使用。

本章还介绍了NormalMap、Segmentation、Inpaint等高级控制器的使用,这些控制器主要处理深度信息和进行区域控制,可以用于创建法线贴图、图像分割和修复等复杂操作。OpenPose控制器则可以用于人体姿态估计,而Shuffle控制器则提供了随机化图像元素的功能。本章还介绍了一些特殊的控制器,如IP-Adapter、T2I-Adapter、Revision等,它们用于适配不同的输入类型和进行图像修订。Instant-ID和Tile/Blur控制器则提供了即时识别和图像模糊等功能。

通过本章的学习,读者将能够更加灵活地使用ControlNet插件,以实现更高水平的图像创作和编辑。但一定要结合讲解分析的各种预处理器进行多次实践,才能更加灵活地运用到实际的控制生图任务中。

练习与思考

扫码观看使用openpose控制生成角色三视图实践训练

练习题

① 描述ControlNet插件的安装过程,包括从GitHub下载模型文件和安装插件的步骤。

② 选择一个ControlNet模型(例如Canny),解释如何使用它来提取图像的边缘并生成新的图像。

③ 讨论ControlNet在图像风格化中的应用,并尝试使用T2I-Adapter模型将一张图片的风格迁移到另一张图片上。

④ 使用ControlNet的OpenPose模型,尝试生成一个具有特定姿态的人物图像,并描述过程中的注意事项。

⑤ 探索ControlNet的多模型组合使用,例如结合使用Lineart和Depth模型来提升图像生成的精度,并记录你的发现。

思考题

① 讨论ControlNet插件如何改变AI绘画的可控性,并思考其对艺术创作和设计行业的潜在影响。

② 分析ControlNet的不同模型(如Canny、MLSD、Lineart)在提取图像特征时的异同,并讨论它们各自的优势应用场景。

③ 思考ControlNet在图像修复和老照片翻新中的应用潜力,以及它是如何帮助保存和恢复历史图像的。

④ 探讨ControlNet在视频制作中的可能应用,例如如何利用其控制能力来生成动态图像序列。

⑤ 思考ControlNet未来可能的发展趋势,包括新的模型、预处理器和应用场景,并讨论它们是如何影响内容创作行业的。

第 10 章　Stable Diffusion 图生图

> **教学目标**
>
> ① 熟悉图生图界面布局和操作流程,掌握基本的图像生成和编辑方法。
> ② 掌握图生图功能,包括图像转换(img2img)和涂鸦绘制(sketch),以实现快速图像创作。
> ③ 学习局部绘制技巧,包括局部绘制、局部绘制之涂鸦蒙版和局部绘制之上传蒙版,以精确编辑图像特定区域。
> ④ 了解批量处理功能,提高图像生成的效率和处理大量图像的能力。
> ⑤ 掌握 TAG 反推-WD1.4 标签器的使用,通过标签器进行图像特征的精确控制和生成。

在第 9 章中,我们深入探讨了 ControlNet 插件在文生图中的应用,这是 Stable Diffusion 中一个关键的扩展,它通过各种控制器增强了图像生成的控制能力。第 9 章从 ControlNet 的核心基础开始,介绍了 ControlNet 插件的安装过程、界面功能以及模型分类。随后,详细讨论了多种控制器的使用,包括 Canny、MLSD、Lineart、SoftEdge、Scribble、Recolor、Depth、NormalMap、Segmentation、Inpaint、OpenPose、Shuffle、Reference-only、IP-Adapter、T2I-Adapter、Revision、Instant-ID、Tile/Blur、SparseCtrl 和 InstryctP2P 等。这些控制器为我们提供了从边缘检测到深度感知,从颜色修正到姿态估计等多种功能,极大地扩展了文生图的应用范围和提升了创作精度。

随着对 ControlNet 插件及其控制器的深入了解,第 10 章将对 SD 图生图进行全面介绍。图生图,即通过已有图像生成新图像。本章将从图生图界面的介绍入手,逐步展开其具体功能。我们将探讨图生图的基本概念,包括 img2img、涂鸦绘制(sketch)、局部绘制(inpaint)、局部绘制之涂鸦蒙版(inpaint sketch)、局部绘制之上传蒙版(inpaint upload)以及批量处理(batch)等。这些功能使得用户能够以更直观和灵活的方式进行图像创作和编辑。

第 10 章还将详细介绍 TAG 反推-WD1.4 标签器的主要功能,包括其工作原理和使用场景。WD1.4 标签器是一个强大的工具,它能够通过分析图像内容来推荐相应的标签(TAG),从而帮助用户更准确地描述和生成所需的图像。

10.1　图生图界面介绍

Stable Diffusion 的图生图功能为用户在图像编辑和创作方面提供了强大的工具,使得基于现有图像的创新和改造变得更加简单和高效,图生图界面如图 10.1 所示,主要包含图生图(img2img)、涂鸦绘制、局部绘制、局部绘制之涂鸦蒙版、局部绘制之上传蒙版、批量处理 6 种功能,如表 10-1 所列。

Stable Diffusion 的图生图蒙版功能用于在图像生成过程中精确控制图像修改区域,其界面如图 10.2 所示。

图 10.1　图生图界面

表 10-1　图生图界面功能

功能界面	处理任务描述	参数调整
图生图	基于上传的图片生成新的图像,可以调整图像的风格和内容	调整重绘强度、缩放模式等
涂鸦绘制	将上传的图片转换成素描风格	选择素描模式、调整线条粗细等
局部绘制	对图片的局部区域进行编辑或修复	选择局部区域、调整蒙版边缘模糊度,蒙版区域内容处理等
局部绘制之涂鸦蒙版	类似局部重绘,但用户可以自由绘制蒙版,提供更多的创造性控制	蒙版透明度、涂鸦颜色选择
局部绘制之上传蒙版	上传预先制作好的蒙版图片,用于需要精确控制重绘区域的场景	蒙版图片上传、蒙版模式选择、重绘倍数
批量处理	对多张图片进行批量化的处理和生成,提高处理效率	输入目录和输出目录设置、批量处理菜单使用

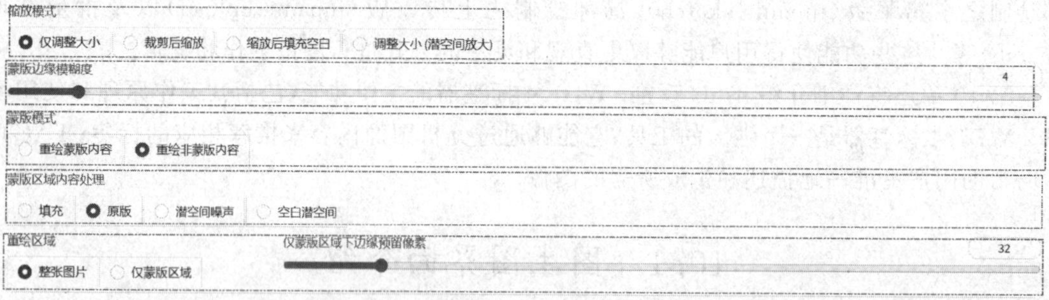

图 10.2　图生图蒙板界面

蒙版(Mask)本质上是一种与原始图像尺寸相同的黑白图像或灰度图像。在 SD 的图生图操作中,白色区域通常代表需要进行修改或重绘的区域,黑色区域则代表要保留的原始内容、不改变的部分,而灰度值则可以表示不同程度的混合或透明度信息,用于更精细地控制图像生成的过渡效果。

蒙版的主要作用包括以下几点:

① 精准重绘：用户可以通过绘制蒙版，明确指定原始图像中哪些部分需要根据输入的提示词进行重新绘制。例如，若想将一幅风景图中的天空部分替换成其他风格的天空，就可以在蒙版中把天空区域涂成白色，其余部分涂成黑色，SD 仅会对白色的天空区域进行重绘，而保留黑色区域的原始风景内容。

② 局部修改：能够对图像的特定局部进行修改或调整，而不影响其他部分。比如要修改人物图像中的服装款式，可在蒙版中只选中人物服装部分为白色，然后输入关于新服装款式的提示词，SD 会只针对服装部分进行修改，人物的其他部分及背景等都保持不变。

③ 创意合成：利用蒙版可以将不同图像的元素或不同生成结果进行融合。比如将一张动物图片中的动物提取出来（在蒙版中将动物区域涂为白色，背景涂为黑色），然后与另一张风景图片进行图生图操作，并设置合适的提示词，就可以将动物合成到新的风景背景中，创造出独特的创意图像。

蒙版有以下两种使用方法：

① 外部软件绘制：通常可以使用像 Photoshop 这样的图像编辑软件来绘制蒙版。打开原始图像后，使用画笔工具等将需要重绘的区域涂成白色，保留的区域涂成黑色，然后保存为与原始图像对应的蒙版文件。

② SD 界面操作：在 SD 的图生图界面中，找到加载蒙版的选项，将绘制好的蒙版文件加载进来。之后，根据需求设置相关的重绘参数，如提示词、重绘强度等，SD 会依据蒙版和设置的参数对图像进行处理，生成最终的结果。

在 Stable Diffusion 的图生图操作中，蒙版的设置会影响最终生成图像的效果，以下是对蒙版界面设置的详细介绍：

(1) 缩放模式

缩放模式主要用于处理当原始图像与即将生成的图像在宽度和高度不一致时的情况。它包含以下几种模式：

① 仅调整大小：直接对图像进行拉伸操作以适应新的尺寸要求。

② 裁剪后缩放：先对图像进行裁剪，然后再调整大小至目标尺寸。

③ 缩放后填充空白：在调整图像大小的同时，通过填充的方式使图像完整地适应目标尺寸。

④ 调整大小（潜空间放大）：这是一种基于潜空间的特殊缩放方式。但是效果不理想，不推荐使用。

一般而言，当原始图像和生成图像的宽高不一致时，建议选择"裁剪后缩放"模式；而当两者宽高一致时，选择前三种任意一种模式均可。具体可参考图 10.3。

图 10.3 缩放模式效果对比

(2) 蒙版边缘模糊度

蒙版模糊度的调节范围为 0~64。它的作用是使我们涂抹的蒙版区域从边缘向中间呈现出透明过渡的效果。当数值较小时,蒙版边缘会显得更加锐利。通常情况下,保持默认数值即可,这样能让生成的图像看起来更加自然真实。

(3) 蒙版模式

蒙版模式主要有以下两种:

① 重绘蒙版内容:选择此模式时,SD 会仅在蒙版所覆盖的区域内进行重绘操作。

② 重绘非蒙版内容:与前者相反,该模式下 SD 会对蒙版以外的区域进行重绘。

(4) 蒙版区域内容处理

这是对蒙版所覆盖区域内容进行预处理的设置选项,包含以下几种方式:

① 填充:使用蒙版边缘图像的颜色对蒙版区域进行填充,不过填充的颜色会经过高度模糊处理。

② 原版:保留蒙版区域原始图像中的所有细节,不做任何改变。

③ 潜空间噪声:利用噪点来填充蒙版区域。

④ 空白潜空间:此时噪点值为 0。

在这些选项中,只有"原版"能够完整保留原来的画面内容。因此,在大多数情况下,选择"原版"选项是比较合适的。

(5) 重绘区域

重绘区域的模式主要有以下两种:

① 整张图片:在原始图像的尺寸基础上,对蒙版区域进行绘制。这种方式的优点是重绘后的内容与原始图像能够更好地融合,但缺点是细节表现可能不够丰富。

② 仅蒙版区域:在处理时,先将蒙版区域放大到与原始图像相同的尺寸进行绘制,完成后再缩小并放置回原始图像的相应位置。此方式的优点是能够展现出更丰富的细节,但缺点是由于细节过多,可能导致与原始图像的融合效果欠佳。

10.2 图生图具体功能

10.2.1 图生图

在 Stable Diffusion 的图生图功能模块中,当我们上传一张图像后,软件能够根据这张原图创作出一张新的角色图像。在不改变提示词(Prompt)以及其他参数设置,仅采用默认参数的情况下,最终生成的角色图像与原图中的角色相比,常常会出现显著的差异。出现这一现象的主要原因在于,重绘幅度这一参数在默认状态下被设定为 0.75。较高的重绘幅度意味着系统会对原图进行较大程度的重新绘制,从而使得生成的新角色图像与原图在外观、姿态等方面产生较大的变化,重绘后的对比效果如图 10.4 所示。

重绘幅度的参数值越高,图像的重绘幅度就越大,最终生成的图片与原图之间的差异也就越明显。通过大量测试发现,当参数值超过 0.75 时,生成图片与原图在内容呈现上基本会有较大差别。因此,在一般使用场景中,建议将重绘幅度参数值调整在 0.7 以下。调整重绘幅度参数后的对比如图 10.5 所示。

第 10 章 Stable Diffusion 图生图

图 10.4　图生图重绘

图 10.5　调整重绘幅度参数后的对比图

如果加入提示词"红色头发",重绘幅度设为 0.4,效果如图 10.6 所示。

10.2.2　涂鸦绘制

涂鸦绘制可以进行二次创作,如衣服换色、线稿上色等。其使用方法也比较简单:单击涂鸦绘制,移入图片就可以进行涂鸦绘制。例如我们用画笔随便画上两笔,然后添加提示词"Mountains and rivers,lake"(山川湖泊),重绘幅度设为 0.6,结果如图 10.7 所示。

10.2.3　局部绘制

局部重绘大多数的应用场景都用在换装上,偶尔也用在某些部位的调整,比如手部或者脸部、发型等。但是,局部绘制并不会让涂鸦颜色生效。

例如,我们想在图 10.8 中学生的右手上增加一块电子手表,则可以添加提示词"electron-

图 10.6 加入提示词后的重绘效果

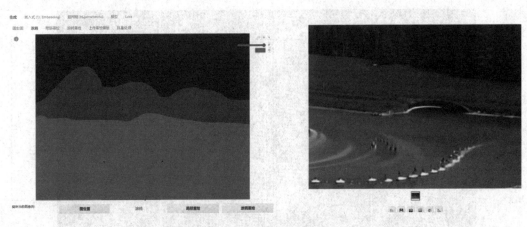

图 10.7 涂鸦绘制效果图

ic watch"(电子手表),重绘幅度设为 0.7,效果如图 10.8 所示。

图 10.8 局部重绘手表

若添加提示词"black eyes"(黑色眼睛),重绘幅度设为0.7,则效果如图10.9所示。

图10.9　局部重绘眼睛

10.2.4　局部绘制之涂鸦蒙版

从名称可以看出来,局部绘制之涂鸦蒙版其实是涂鸦绘制(sketch)和局部绘制(inpaint)的结合版,也就是说使用本模块可以实现前两者的功能,在对作品进行局部绘制的同时还可以自定义颜色。例如,添加提示词"pants"(长裤),重绘幅度设为0.6,效果如图10.10所示。

图10.10　局部绘制之涂鸦蒙版

10.2.5　局部绘制之上传蒙版

局部绘制之上传蒙版与局部绘制之涂鸦蒙版的区别在于一个是手绘,一个是借助其他工具。局部绘制之上传蒙版可以借助PS工具先画出来个蒙版,然后再上传。在界面上方上传原始需要局部绘制的图像,下方上传经PS处理后的蒙版图,默认重绘区域为白色区域,保留原始图像部分为黑色区域。例如,添加提示词"in the park"(公园里),重绘幅度设为0.6,选择重绘为非蒙版,那么此时黑色区域为重绘区域,测试效果如图10.11所示。

图10.11 局部绘制之上传蒙版

10.2.6 批量处理

Stable Diffusion 的图生图批量处理功能极具实用价值。当我们需要在保持相同参数设置的情况下对多个文件进行处理时,这一功能便能大显身手。

在使用批量处理功能之前,首先要在 Stable Diffusion 的图生图页面中找到专门的批量处理菜单。接下来,需要分别创建输入目录文件夹和输出目录文件夹。这里要特别注意的是,文件夹的路径不能包含中文字符,否则可能会导致程序运行出错。完成文件夹创建后,再将那些需要进行重绘的图片统一放置到输入目录文件夹中。当我们设置好各项参数并启动生成图像的操作后,经过重绘处理的图片就会自动保存到之前设定好的输出文件夹中。整个过程简便高效,大大节省了我们对图片逐一进行处理的时间和精力,尤其适用于大规模的图片处理任务。批量处理的设置如图10.12所示。

① 输入目录:即将被用作图生图的图片文件夹目录,最好不带有中文字符。

② 输出目录:即在图生图处理后放置的图片文件夹目录,最好不带有中文字符。

③ 批量重绘蒙版目录(仅限批量重绘使用):需要通过蒙版协同处理图像,蒙版放置在此目录。

④ ControlNet 输入目录:需要通过 ControlNet 协同控制图像生成,控制图放置在此目录。

⑤ PNG 图片信息目录:在进行图生图前需要被提取图片信息的图片所属的文件夹目录,最好不带有中文字符。

图10.12 批量处理的设置

10.3 TAG反推-WD1.4标签器

10.3.1 WD1.4标签器概述

WD1.4标签器是一款专为Stable Diffusion设计的插件,它能够帮助用户分析上传的图片并提取出背后的提示词,从而深入理解图片的元素和风格,为二次创作提供支持。通过这个工具,用户可以更精准地控制AI绘画的生成效果,优化图像的质量和风格一致性。WD1.4标签器支持多种替代模型查询,类似于DeepDanbooru查询,使得用户能够通过ControlNet等技术进一步提升图像生成的视觉效果。

10.3.2 WD1.4标签器的主要功能

WD1.4标签器的主要功能如下:

① 标签提取:通过上传图片,WD1.4标签器可以反推出图片中的元素和特征,生成相应的标签。

② 模型比较:它允许用户使用不同的模型来对图片进行分析,比如wd14-vit-v2-git模型。

③ 权重排名:生成的标签会给出识别度排名,自动获取权重排名较高的标签。

TAG反推-WD1.4标签器是一个具有反推提示词功能的插件,当我们想知道一张精美的图片是通过哪些提示词生成的时候,可以选择此类插件进行处理,从而得到提示词的参考。不论此图片是否采用SD生成,都可以反推出提示词,提示词数量与阈值有关,默认为0.35,即反推出的提示词在图片生成中的贡献比例在35%以上的,都会被提取为此图片的提示词。

TAG 反推-WD1.4 标签器的界面如图 10.13 所示。

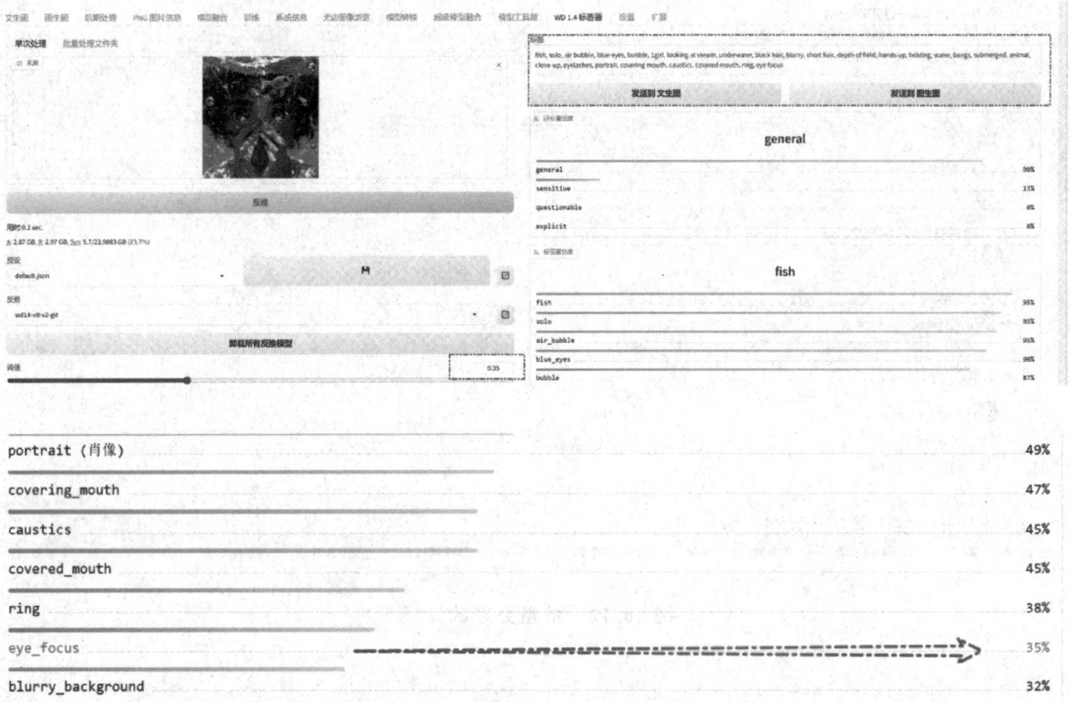

图 10.13　TAG 反推-WD1.4 标签器

本章小结

第 10 章主要介绍了 Stable Diffusion（SD）的图生图功能，即实现基于现有图像生成新图像的过程。本章从图生图界面的介绍开始，逐步深入到具体功能的详细说明，为读者提供了一个全面的图生图操作说明。

本章首先介绍了图生图界面，包括其布局和基本操作方法。用户可以通过这个界面上传已有的图像，并利用 SD 的能力进行各种形式的图像编辑和创作。

然后详细阐述了图生图的具体功能。图生图（img2img）功能允许用户基于一张现有的图像生成新的变体，例如改变图像的风格或者进行艺术化处理。涂鸦绘制（sketch）功能则可以将图像转换成素描或草图的风格。局部绘制（inpaint）功能用于对图像的特定区域进行编辑或修复，而局部绘制之涂鸦蒙版（inpaint sketch）和局部绘制之上传蒙版（inpaint upload）则提供了更多控制局部编辑区域的方法。本章还介绍了批量处理（batch）功能，这一功能使得用户可以一次性处理多张图像，大大提高了工作效率。

最后，在 TAG 反推-WD1.4 标签器部分，介绍了如何使用 WD1.4 标签器来分析图像并生成相应的标签（TAG），这些标签可以用于指导图像生成过程，使得生成的图像更符合用户的创意需求。WD1.4 标签器的主要功能包括图像分析、标签生成等，这些功能对于图像编辑和创作都非常有用。

通过本章的学习，读者将能够更加熟练地使用 SD 的图生图工具，以实现个性化的图像创作目标。

练习与思考

练习题

① 访问 Stable Diffusion 的图生图界面,并描述其布局和主要功能区的作用。

② 使用图生图(img2img)功能将一张风景照片转换成类似梵高画风的图像,并记录下你使用的提示词(Prompt)。

③ 尝试使用涂鸦绘制(sketch)功能,为一张动物图片创作一幅简单的素描风格草图。

④ 使用局部绘制(inpaint)功能,为一张缺失一角的图片恢复缺失部分,并讨论使用体验。

⑤ 探索局部绘制之涂鸦蒙版(inpaint sketch)功能,为一张图片添加涂鸦蒙版并重新生成图像。

⑥ 使用局部绘制之上传蒙版(inpaint upload)功能,上传自定义蒙版以修改图片的特定区域。

⑦ 利用批量处理(batch)功能,对一系列图片应用相同的图生图转换效果,并评估效率。

⑧ 使用 WD1.4 标签器为一组图片生成标签,并分析其准确性和潜在的应用场景。

思考题

① 讨论图生图界面的设计是如何影响用户的使用体验和生成图像的效率的。

② 探索图生图(img2img)功能在艺术创作中的应用潜力,以及它是如何改变传统艺术创作流程的。

③ 分析涂鸦绘制(sketch)和局部绘制(inpaint)功能在修复和增强旧照片或图像中的作用。

④ 思考局部绘制之涂鸦蒙版和上传蒙版功能在专业图像编辑中的应用,以及它们是如何辅助设计师和艺术家工作的。

⑤ 讨论批量处理功能在处理大量图像时的优势,以及它是如何提升工作效率的。

扫码观看生成产品图 AI 换背景实践训练

第 11 章 AIGC 文生音频

> **教学目标**

① 了解 AI 音频生成的基本概念、发展历程和技术基础。
② 掌握 AI 音频生成的核心方法,包括语音合成、语音识别与转录、语音情感分析。
③ 熟悉市场上的主要 AI 音频生成工具和平台,并学会如何使用它们。
④ 探索 AI 音频生成技术在不同领域的应用实例,并分析其对行业发展的影响。
⑤ 讨论 AI 音频生成面临的挑战,并展望其未来的发展趋势和机遇。

随着第 10 章的深入探讨,我们对 Stable Diffusion(SD)图生图的功能有了全面的认识。从 img2img 的高级功能到涂鸦绘制,从局部绘制的精细控制到批量处理的高效能力,这些工具极大地提升了我们的图像编辑和创作效率。特别是 WD1.4 标签器的引入,它通过智能标签推荐,提高了图像生成的准确性和效率。这些技术为我们在视觉艺术创作中提供了强大的支持。

第 11 章主要探索 AIGC 领域中的文生音频技术,包括语音合成、语音识别与转录,以及语音情感分析等。通过学习我们将了解到这些技术如何使得音频内容的创作和处理变得更加智能和高效。同时,我们也将探讨 AI 音频生成工具与平台,它们为音频制作专业人士和爱好者提供了便捷的创作途径。最后,我们将讨论 AI 音频生成的应用场景,以及在未来发展中可能遇到的挑战与机遇。

11.1 AIGC 音频生成概述

1. AIGC 音频生成定义

AIGC 音频技术是 AIGC 中的重要组成部分,其利用深度学习和神经网络等先进技术,生成、处理和增强音频内容。随着 AI 技术的不断进步,AI 音频技术被广泛应用于语音生成、音乐创作、音频修复、实时语音交互等多个领域。该技术的应用不仅改变了人机交互的方式,还推动了音乐产业、内容创作、娱乐和生产力工具的创新。

2. AI 音频生成的分类

AI 音频技术不仅改变了音频生成和处理的方式,还推动了内容创作、音乐产业、音频互动等多个领域的变革。从语音生成到自动作曲,再到音频修复和情感识别,AI 音频技术正在帮助人们更高效地生成和处理音频内容。随着 AI 技术的不断进化,未来 AI 音频领域将朝着更智能、更个性化和实时互动的方向发展,给各行业带来更加丰富的应用场景和机遇。AI 音频技术可以分为以下几个核心领域。

(1) 语音生成

AI 通过文字转语音(TTS)等技术将文本内容转化为自然的语音输出。现代 TTS 系统采用深度学习技术生成高质量、流畅且具备情感和语调的语音。虚拟人声合成技术通过 AI 生成歌声,用于音乐创作和虚拟偶像等应用场景。AI语音生成技术广泛用于智能语音助手、自动配音、虚拟助理等场景。

(2) 语音识别

语音识别技术将语音内容转换为文本,涵盖实时和离线语音识别应用。实时语音识别用于语音助手、电话会议等场景,而离线语音识别则适合自动字幕生成、音频转录等任务。AI通过深度学习技术提升语音识别的准确率,帮助用户更高效地处理语音内容。

(3) 音频生成与自动作曲

AI自动作曲技术通过分析音乐风格、旋律、节奏等要素,生成原创音乐作品。AI不仅能够生成背景音乐,还能自动创作带歌词的歌曲,包括合成人声部分。这一技术应用于游戏、影视配乐、广告音乐等创作领域,使音乐生成更加高效和个性化。

(4) 音频增强与修复

AI音频增强技术用于提升音频质量,去除背景噪声、增强音质、修复破损音频。AI在录音、影视后期制作以及老旧音频档案的修复等领域得到了广泛应用。音频修复技术结合了深度学习模型和音频分析技术,为历史资料的数字化存档提供了强大的工具。

(5) 语音分析与情感识别

AI不仅能够识别语音内容,还能通过语音中的情感特征、说话者身份进行分析。情感识别技术可判断语音中的情感状态,用于智能客服、虚拟助理等场景中,提供更人性化的交互体验。说话人识别则用于安全认证和个性化服务中,提升语音交互的个性化程度。

(6) 实时音频处理

AI实时音频处理技术广泛应用于需要即时反馈的场景,如实时语音翻译、游戏音效、虚拟现实中的音效处理等。通过实时调整和生成音频内容,AI提升了用户的沉浸体验,在游戏、直播和多媒体互动场景中应用越来越广泛。

3. AI音频生成的历史与发展

AI音频生成技术起源于20世纪60年代的早期实验,如贝尔实验室的语音合成项目。AI音频生成的历史与发展是一个不断演进的过程,从早期的实验性阶段到现代的成熟应用。早期,AI音频生成主要基于规则式方法,通过预录制的音素片段组合生成语音,但这种方法生成的语音较为生硬,缺乏自然流畅感。随着计算机技术的发展,音频生成逐渐形成了以"文本分析—声学模型—声码器"为基本结构的语音合成方法,并经历了拼接合成、参数合成、端到端合成等关键阶段。

近年来,深度神经网络技术的发展使得语音合成更加自然,趋近真人发声效果。特别是端到端合成的方法,利用编码器—注意力机制—解码器的声学模型,能够直接将字符或音素序列作为输入输出梅尔频谱并生成波形,简化了特征抽取的过程,降低了训练难度。

AI音频生成技术的应用领域也在不断扩展,从语音助手、语音广告、残障人士辅助工具等语音合成技术,到音乐创作、游戏音效、电影配乐等领域的音乐生成技术,再到语音搜索、智能客服、语音翻译等语音识别技术。AI音频生成技术还在医疗领域展现出应用潜力,例如帮助语言障碍者与他人进行交流,方便视觉障碍者有效获取文本和图片信息。

AI音频生成技术的发展也伴随着版权保护和伦理问题。例如,Stability AI在开发音频模型时,通过使用音频标记器识别并删除潜在的受版权保护的音乐,以尊重创作者的权利。未来,随着技术的不断进步和道德规范的完善,AI音频生成技术有望在更多应用场景中发挥其潜力，推动音频生成技术的发展和普及。

11.2　AIGC音频生成工具基本使用方法

AI语音生成工具主要集中在网站平台或一些开源资源包，下面对其工具和基本的使用方法分类介绍一下。

1. 文字转语音

文字转语音工具集中在网站平台，能够将文本内容转化为自然的语音输出，现代TTS系统采用深度学习技术生成高质量、流畅且具备情感和语调的语音。支持多语言和多音色，可定制化语音的语速、音调、音量等参数，详细功能如图11.1所示。

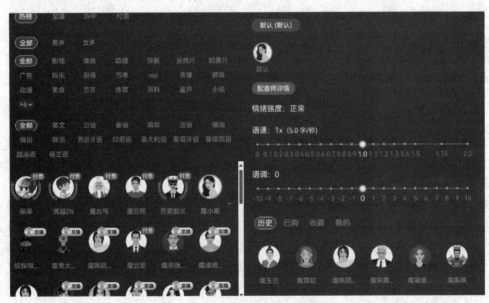

(a) 魔音工坊文字标注设置

(b) 魔音工坊文字转语音设置

图11.1　文字转语音功能设置

这里提供一个免费的文字转语音工具——马克配音（https://ttsmaker.cn），官网提供了PC和MAC系统的版本，并提供了几十种预设声色，支持多国语言界面，如图11.2所示。

马克配音具体参数设置比较多，可以根据预期要求多次设置和测试，图11.3所示为马克配音的设置面板。

2. 语音识别

语音识别工具主要用于将语音内容转换为文本，支持实时和离线语音识别。实时语音识别适用于语音助手、电话会议等，而离线语音识别适用于自动字幕生成、音频转录等任务。

在会议记录中，AI实时语音技术在保持语音记录的同时能够区分多人对话，并且能够识别中英文。如果离线的会议有音频文件，则可以上传进行解析。通义听悟在这方面的功能较

第 11 章　AIGC 文生音频

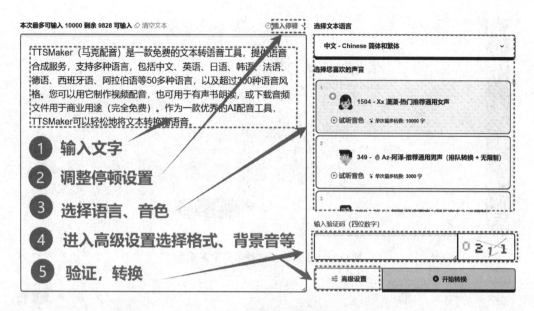

图 11.2　马克配音文字转语音设置

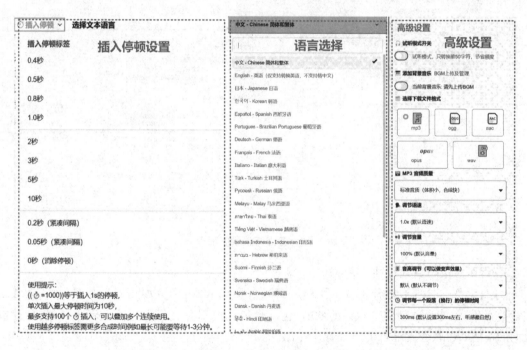

图 11.3　马克配音的设置面板

完善,其音频识别设置面板如图 11.4 所示。

　　声音设置完成后,进入实时录制界面,此界面主要有三项功能:实时解析声音转文字;文字内容识别和发声者音色识别;进行概括总结,而后对导读内容、思维导图、笔记等导出各种设定的格式。如图 11.5 所示。

　　离线语音识别主要用于新媒体内容创作,例如把视频内容中的声音信息转换为文字以作为字幕使用。在剪映中使用此功能比较方便,具体操作如图 11.6 所示。

图 11.4 通义听悟音频识别设置面板

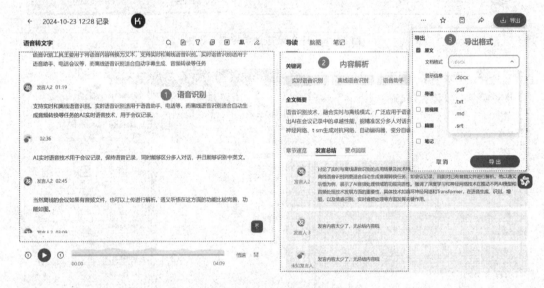

图 11.5 通义听悟录制面板

3. 音频生成与自动作曲

AI自动作曲技术通过分析音乐风格、旋律、节奏等要素,生成原创音乐作品。AI能够生成背景音乐,也能自动创作带歌词的歌曲,包括合成人声部分。只需要输入音乐风格、旋律或歌词的描述,AI软件就能自动生成音乐作品。

Suno AI是一款具有革命性意义的音乐创作平台。它通过使用先进的人工智能技术,让音乐创作变得更加简单和可访问。用户只需输入简单的文本提示,比如音乐风格、歌词内容、音色等(操作界面如图11.7所示),Suno AI就能快速生成带有歌词和伴奏的音乐作品。最近,Suno AI进行了重大更新,推出了 v4 版本,带来诸多改进与新功能:在音质提升方面,Remaster 功能可将旧版作品升级为高质量 v4 版本,修复噪音等问题,且整体音质在清晰度、人声真实感及立体声效果方面显著提升;在创作功能方面,AI 歌词助手 ReMi 能根据描述生成多样歌词,封面艺术创作系统能够匹配音乐风格进行特色设计,翻唱功能可以探索不同风格,

图 11.6　剪映音频提取字幕流程

人声一致性技术与 Personas 功能能够塑造独特稳定的声音效果与延续风格,还支持复杂歌曲结构,提升旋律准确性,Pro 和 Premier 用户可替换歌曲部分、裁剪歌曲、排除特定风格,SunoScenes 能将照片和视频转成音轨;在个性化与协作方面,新版有更个性化的首页,Pro 和 Premier 用户有积分系统,还有创新合作功能,beta 版本支持借视频或照片激发创作灵感。

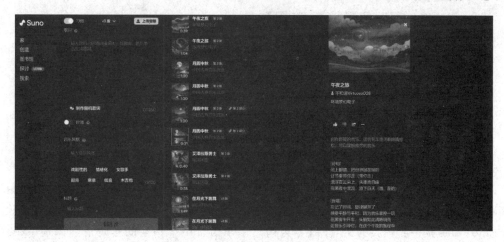

图 11.7　AI 编曲工具 Suno 操作界面

网易天音是网易云音乐推出的一站式 AI 音乐创作工具,适合零基础用户写歌,易于上手,它通过使用先进的人工智能技术,提供了包括词、曲、编、唱、混等音乐创作全流程的辅助功能,具备生产力级别的专业音乐创作能力。网易天音界面如图 11.8 所示。

4. 音频增强与修复

AI 音频增强技术用于提升音频质量,去除背景噪声、增强音质、修复破损音频。在录音、影视后期制作以及老旧音频档案的修复等领域得到了广泛应用。使用时需要上传需要修复或增强的音频文件,软件通过 AI 技术进行处理,最后下载处理后的音频文件即可。

Adobe Podcast AI 是 Adobe 推出的一款基于人工智能的音频编辑工具,旨在简化播客的制作和编辑过程。可以去除语音录音中的背景噪声和回声,使声音听起来像是在专业录音室录制的。它支持 mp4、mov 等多种视频格式,并且可以调整增强的强度以达到更自然的声音

图 11.8　网易天音界面

效果。不同于专业编辑软件,Adobe Podcast AI 只进行一次性处理,其界面如图 11.9 所示。

图 11.9　Adobe Podcast AI 界面

5. 语音分析与情感识别

AI 能够识别语音内容,并通过语音中的情感特征、说话者身份进行分析。情感识别技术可判断语音中的情感状态,可用于智能客服、虚拟助理等场景中,提供更人性化的交互体验。

EmoVoice 是一款强大的工具集,专为构建基于语音声学特性的实时情感识别系统而设计。不同于依赖于词汇信息的情感识别方法,EmoVoice 通过分析语音的声学属性,能够在不涉及语言内容的情况下,准确捕捉和识别说话者的情感状态。这一创新性的方法为语音情感分析领域带来了新的可能性,尤其适用于需要高度隐私保护或无法获取语言内容的场景。

6. 实时音频处理

AI 实时音频处理技术广泛应用于需要即时反馈的场景,如实时语音翻译、游戏音效、虚拟现实中的音效处理等。通过实时调整和生成音频内容,AI 提升了用户的沉浸体验。在需要实时音频反馈的场景中,AI 根据反馈情况实时使用音频处理软件进行音效的生成和调整。

这部分工具主要集中在移动客户端或一些有直播功能的软件界面内,如文小言客户端的智能体,可以设置智能体的功能特征,如角色性格,还可以使用固定音色或定制化自己的声音模型。在人机交互中,可以实时使用设置好的声音进行自由交互。文小言智能体界面如图 11.10 所示。

第 11 章 AIGC 文生音频

图 11.10　文小言智能体界面

7. 语音克隆与个性化 GPT‑SoVITS

结合 AI 技术,可以根据声音数据集进行训练或克隆音频,用于生成固定音色的内容(说话或者唱歌),音频精准度与数据集的参数量和质量关系较大。

GPT‑SoVITS 是一个开源的声音克隆项目,它结合了 GPT(Generative Pre‑trained Transformer)模型和 SoVITS(Speech‑to‑Video Voice Transformation System)变声器技术。这项技术能够通过少量的样本数据实现高质量的语音克隆和文本到语音转换(TTS)。GPT‑SoVITS 特别适合于需要快速生成特定人声的场景,可以帮助用户在没有或只有少量目标说话人语音样本的情况下,训练出能够模仿该说话人声音的模型,包括情感、音色、语速等特征。训练集数据分析界面如图 11.11 所示,声音训练界面如图 11.12 所示。

11.3　AIGC 音频生成的应用及展望

11.3.1　AIGC 音频生成的应用

1. 虚拟助手与客服

AI 生成音频技术在虚拟助手和客服系统中扮演着重要角色。通过自然语言处理和语音合成技术,这些系统能够提供更加流畅和自然的对话体验。例如,Siri 和 Alexa 不仅能够理解用户的指令,还能以接近人类的声音回应,使得交互更加亲切。此外,一些客服系统利用 AI 生成音频技术,提供 24/7 小时的自动语音服务,减少了人力成本并提高了响应速度。

2. 教育与培训

在教育领域中,AI 生成音频技术通过定制化的教学内容和辅导,帮助学生获得更加个性化的学习体验。Khan Academy 等在线教育平台使用 AI 技术来分析学生的学习习惯和能力,提供定制化的学习建议和辅导内容。此外,一些语言学习应用如 Duolingo,利用 AI 生成的语音来帮助学生练习发音和听力。

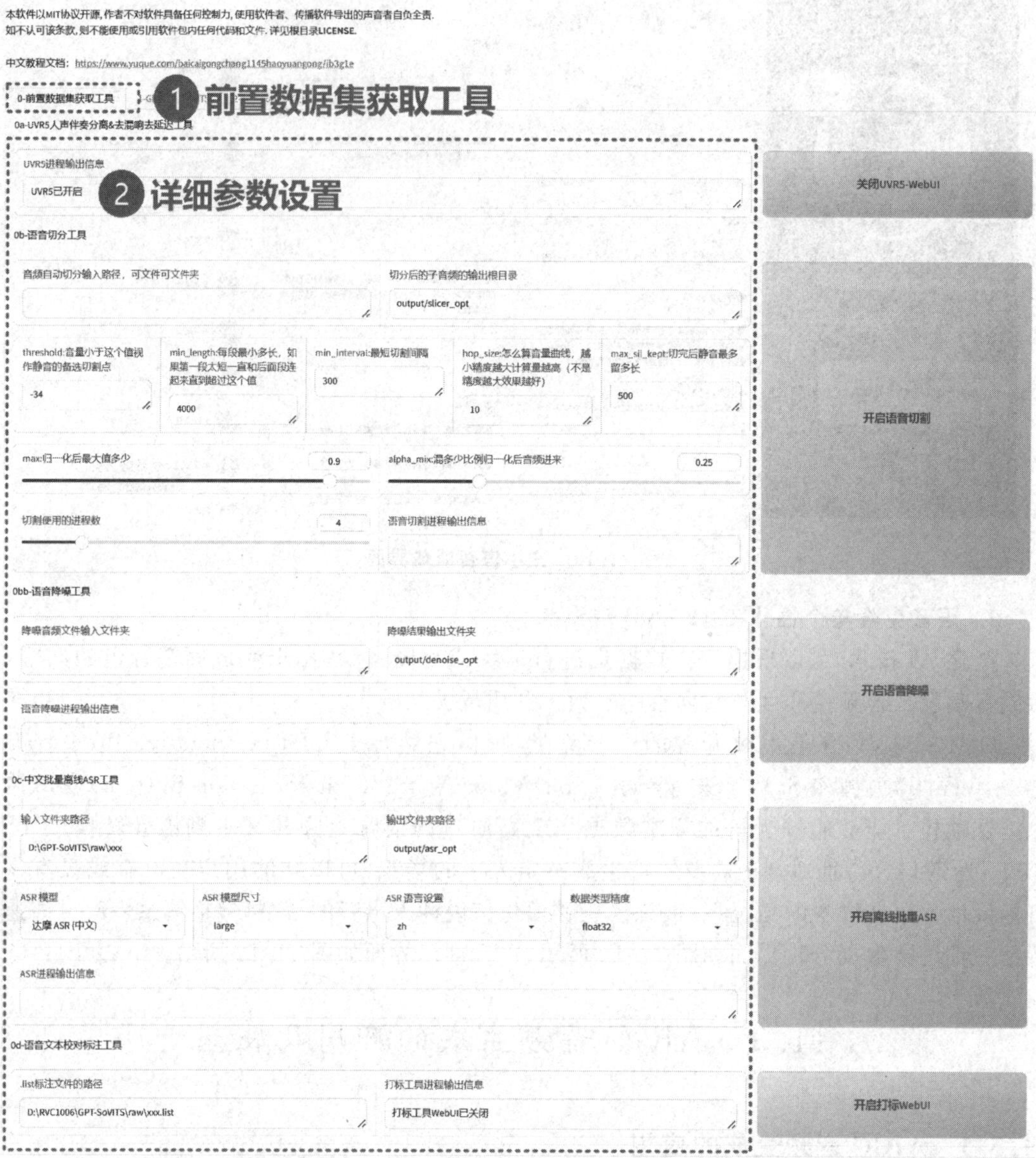

图 11.11　训练集数据分析界面

3. 娱乐与媒体制作

在娱乐和媒体制作领域中，尤其是在音乐创作和电影配音方面，AI 极大地提高了创作的效率和质量。Jukedeck 等平台可以根据用户的需求生成各种风格的背景音乐，而 Adobe Audition 等软件则可以通过 AI 技术自动生成或编辑音效，为电影、游戏和广告制作提供支持。

4. 辅助技术与无障碍服务

对于视觉障碍者来说，AI 生成音频技术为他们提供了极大的便利。例如，一些应用程序能够将文本转换为语音，帮助视障人士阅读电子书或网页内容。此外，导航应用如 Google Maps，通过 AI 生成的语音指导，帮助视障人士更安全、更便捷地出行。还有像 Amazon 的 Echo 设备，通过集成的 AI 助手 Alexa，提供语音控制的家居自动化服务，改善了视障人士的

图 11.12　声音训练界面

生活质量。

11.3.2　AIGC 音频生成的发展和挑战

1. 发展趋势

AI 音频生成技术在发展过程中面临着诸多技术难题，如模型的计算复杂性，这要求更高效的算法和更强大的硬件支持。同时，获取高质量的数据集也是一项挑战，因为数据的多样性和准确性直接影响到生成音频的质量。满足实时生成的需求意味着系统需要具备快速响应的能力，而多语言支持则要求技术能够跨越语言障碍，为不同语言的用户提供服务。

未来 AI 音频生成技术有望实现更加自然的语音合成，提供更加真实和流畅的听觉体验。情感驱动的音频生成将使合成语音能够表达更丰富的情感，增强人机交互的自然性。多模态音频生成则可能结合视觉、触觉等多种感官信息，提供更加沉浸式的体验。AI 音频生成技术的创新应用前景广阔，例如在虚拟现实领域，沉浸式音频可以提升用户的体验，使虚拟环境更加真实。在智能家居领域，语音控制将成为家庭自动化的核心，提高家居系统的易用性和智能化水平。

2. 面临的挑战

随着 AI 音频生成技术的普及，对 AI 生成音频的接受度和信任度是技术能否广泛应用的关键。同时，AI 音频生成技术的发展也可能对就业市场产生影响，一方面可能创造新的职业机会,另一方面也可能对某些职业构成挑战。此外,技术对文化的影响也值得关注,它可能改变人们创作和消费内容的方式。

随着AI音频生成技术的发展,伦理和法律问题日益凸显。隐私保护成为用户关注的焦点,需要确保在使用个人数据生成音频时充分尊重用户隐私。版权问题也不容忽视,尤其是在音频内容创作领域。合成语音的滥用可能导致误导或欺诈行为,因此需要制定相应的法规和道德准则来规范技术的使用。

本章小结

本章主要深入探讨了AI音频生成技术的发展和应用,包括语音生成、语音识别、音频生成与自动作曲、音频增强与修复、语音分析与情感识别、实时音频处理等。这些技术通过深度学习和神经网络模型,如Seq2Seq、Tacotron、WaveNet、Transformer等,实现了高质量的音频输出和处理。

AI音频生成工具的使用也越来越便捷,功能包括文字转语音、语音识别、音频生成与自动作曲、音频增强与修复、语音分析与情感识别、实时音频处理等。这些工具不仅提高了音频内容创作的效率,也为音频专业人士和爱好者提供了便捷的创作途径。

AI音频生成技术的应用前景广阔,已在虚拟助手、教育、娱乐、辅助技术和无障碍服务等领域展现出巨大潜力。然而,技术的发展也伴随着挑战,如计算复杂性、数据集质量、实时生成需求、多语言支持、用户接受度、就业市场影响、文化影响、隐私保护、版权问题和合成语音滥用等。

随着技术的不断进步,未来AI音频生成技术有望实现更自然的语音合成,提供更真实的听觉体验,并可能结合多模态信息提供沉浸式体验。这将推动AI音频生成技术在更多领域的应用,如虚拟现实和智能家居领域,同时也需要面对伦理和法律的挑战。

练习与思考

练习题

① 描述AI音频生成技术的基础,包括语音合成、语音识别与转录、语音情感分析的基本原理,并给出各自的一个应用实例。

② 访问并比较至少两个AI音频生成工具或平台,分析它们的功能特点和适用场景。

③ 使用网易天音平台尝试创作一首歌曲,再根据音乐内容用SD设计一个封面。

④ 使用文字转语音工具创作诗歌,并生成配音,自己设定音色等相关参数。

⑤ 通过豆包App语音通话功能对话,使用苏格拉底提问法,让AI辅导自己感兴趣的某一方面的专业内容,并通过反复的交流获得一些专业性知识。

思考题

① 讨论AI音频生成技术在提高内容生产效率方面的作用,以及它是如何改变传统音频制作流程的。

② 分析AI音频生成技术在教育、娱乐和医疗等领域的潜在应用,并讨论其对行业的影响。

③ 预测 AI 音频生成技术在未来可能的发展趋势,包括新的功能、应用场景和对内容创作行业的影响。

④ 探讨 AI 音频生成技术在提升用户体验方面的作用,例如在个性化推荐系统中的应用及其可能带来的信息茧房问题。

⑤ 分析 AI 音频生成技术在多语言内容制作中的应用,以及它是如何帮助跨文化交流和国际市场拓展的。

扫码观看使用 AI 创作一首歌曲的实践训练

第 12 章 AIGC 文生视频

> **教学目标**

① 理解 AIGC 视频生成的基本概念、基本原理和技术。
② 掌握 AIGC 视频生成的完整流程,包括关键步骤和决策点。
③ 了解 AIGC 视频生成技术在不同行业和领域的应用实例。
④ 熟悉 AIGC 视频生成工具的主要功能。
⑤ 掌握市场上主要的 AIGC 视频生成工具的使用方法和应用技巧。

在第 11 章中,我们对 AIGC 文生音频的技术基础和应用方法进行了全面的探索。在对 AI 音频生成技术有了深刻理解的基础上,我们进入第 12 章的学习,本章将全面介绍 AIGC 文生视频。在数字化时代,视频作为信息传播和娱乐的重要媒介,扮演着至关重要的角色。从社交媒体上的短视频到影视制作中的大片,用户对视频内容的需求持续增长。然而,传统的视频制作过程通常需要大量的人力、时间和资金投入,限制了内容创作的效率和创新性。AI 文生视频技术,即通过文本或指令生成视频内容,将极大地提升内容创作效率和的内容的丰富性。

本章将介绍 AIGC 视频生成的概念和原理,包括视频生成的基本概念、基本原理和技术,以及视频生成的完整流程。还将介绍 AIGC 视频生成的应用场景,展示该技术在不同领域的实际应用,以及它是如何改变我们的工作和娱乐方式的。本章还将探讨 AIGC 视频生成的功能与工具,这些功能和工具将使得视频内容的创作变得更加便捷和高效。

12.1 AIGC 视频生成概述

在当今数字化时代,视频作为信息传播和娱乐的主要媒介,具有举足轻重的地位。从社交平台上的短视频到影视制作中的大片,用户对视频内容的需求持续攀升。然而,传统的视频制作往往需要耗费大量的人力、时间和资金,这在一定程度上制约了内容创作的效率与创新。随着人工智能技术的不断进步,尤其是深度学习和生成模型的突破,AI 视频生成技术应运而生,为视频制作领域带来了深刻的变革。

1. AIGC 视频生成的概念

AIGC 视频生成指的是利用人工智能技术自动生成视频内容的过程。这一过程包括从零开始创建视频,或基于现有素材进行编辑和增强。AIGC 不仅可以生成逼真的图像和动画,还能处理复杂的时序信息,使得生成的视频在视觉效果和动态表现上达到真实感。AI 视频生成的优势在于能够大幅降低视频制作的成本和时间,同时为内容创作者提供更大的创作自由度和灵活性。

2. AIGC视频发展历程

(1) 早期研究

早期的视频生成研究主要依赖于基于规则和简单算法的方法。这些方法通常包括手工编写的规则、图像处理技术和基础的动画制作工具。例如,帧动画技术通过逐帧绘制来创建动画效果,但这种方法既耗时又缺乏灵活性。此外,早期的计算机生成图像(Computer-Generated Imagery,CGI)技术在复杂场景和逼真效果上存在显著局限。

(2) 深度学习的引入

随着深度学习的兴起,特别是卷积神经网络(CNN)和生成式对抗网络(GAN)的发展,视频生成技术迎来了突破性进展。深度学习模型能够自动学习复杂的图像和时序特征,从而生成更为逼真和多样化的视频内容。生成式对抗网络由生成器和判别器组成,通过对抗训练的方式提高生成内容的质量,成为视频生成的重要工具。此阶段的代表性成果包括基于GAN的图像生成和简单视频片段的生成,奠定了现代AI视频生成技术的基础。

(3) 近些年进展

近年来,AI视频生成技术在多个方向取得了显著进展。扩散模型(Diffusion Models)和变分自编码器(Variational Autoencoders,VAEs)等新型生成模型的引入,进一步提升了视频生成的质量和稳定性。同时,基于Transformer的架构在时序数据处理上的优势,使得生成的视频在动作和场景切换上更加流畅自然。多模态学习和自监督学习等技术的融合,增强了AI视频生成系统在处理复杂输入和生成多样化内容上的能力。最新的研究成果表明,AI视频生成技术已能够生成高分辨率、长时段的视频,其应用范围进一步扩展。

12.2 AIGC视频生成的流程

为了更好地理解AIGC视频生成的具体过程,我们可以将其分解为几个关键步骤。这些步骤展示了从初始输入到最终视频生成的整个流程,帮助我们更清晰地把握AIGC视频生成的工作机制。

(1) 输入数据准备

如果是文本到视频生成(Text-to-Video),用户首先需要提供详细的文本描述,包含场景、角色、动作等关键信息,例如"一只鸟在森林中飞翔,阳光透过树叶洒下"。如果是基于已有的视频或图像生成新视频,用户可以提供一个或多个视频片段,作为生成器的初始参考数据。比如,输入一个短视频,AI根据这个片段生成一个长度更长、内容更丰富的完整视频。在某些复杂的应用场景下,AIGC可以接收多模态数据输入,如图像、音频和文本的结合。比如,输入一段音频,AI可以生成与之匹配的动态视频内容。

(2) 数据预处理

在输入数据进入生成模型之前,AI系统需要对数据进行预处理,以确保其格式与模型的要求相匹配。AI系统使用自然语言处理(NLP)技术对文本进行解析,提取关键信息,如场景的描述、动作细节和情感表达。AI需要理解句子的语义结构,确保生成的内容与文本保持一致。对于输入的视频或图像,AI使用计算机视觉技术,如卷积神经网络(CNN),对图像或视频帧进行特征提取。这一步有助于AI理解图像中的物体、场景布局和动态信息,为后续生成打下基础。

(3) 模型训练与推理、优化

这是 AIGC 视频生成的核心步骤。基于之前处理好的输入数据，生成模型开始工作：

如果是全新的数据集，AI 可能需要进行训练。通过 GAN、VAE 等深度学习模型，AI 学习输入数据的特征模式。生成器会根据这些模式生成视频，而判别器则会评估生成内容的质量，不断优化生成器的表现。

在已经训练好的模型中，AI 可以直接通过推理生成内容。推理过程中，AI 根据输入数据快速生成与之匹配的完整视频。比如，通过解析输入文本，AI 生成一个包含具体场景、动作和动态元素的视觉序列。由于视频包含时间维度，AI 必须确保帧与帧之间的连贯性和一致性，因此可以通过 LSTM、Transformer 等时序模型，确保视频帧之间的连贯性和自然过渡。同时，通过场景理解技术，分析视频中的背景、角色和物体，生成复杂互动和动态变化的场景，提升视频的整体表现力和真实感。

(4) 后期处理与优化

生成的视频可能在某些细节上需要进一步优化，AI 会对初始生成的视频进行后期处理。通过计算机视觉技术，AI 可以对生成的视频进行细节增强，补充更精细的纹理、光影效果或微小动作。例如，在森林场景中增强树叶的摆动、光影的变化等。如果生成的视频帧率较低，AI 可以使用视频帧插值技术生成更多的中间帧，提升视频的平滑度，确保观看时不出现卡顿感。AI 可以根据需求对生成的视频进行色彩调整，使之更符合预期的风格和情感表达。比如，为了生成更加温暖的场景，可以调整视频的色调，使其整体呈现出温暖的色彩。

(5) 输出与部署

最终生成的视频经过优化处理后，AI 会将其输出为符合要求的格式。根据不同平台和应用场景的需求，生成的视频可以以不同的格式输出，如 mp4、avi 等。输出的视频质量可以根据需求设置为高清（HD）或超高清（4K）。对于某些应用场景，如直播或在线互动，AIGC 视频生成系统还可以进行实时生成和输出，将生成的视频实时传输到用户的设备上，提供流畅的交互体验。

AIGC 视频生成的流程分解展示了从输入到生成、优化、输出的完整链条。通过这一流程，AI 不仅能够实现自动化的视频生成，还能通过不断优化的模型和用户反馈，提升生成效率与视频质量。未来，随着算法的进步和硬件性能的提升，AIGC 视频生成的流程将更加高效与智能，进一步推动各行业内容创作的创新。

12.3 AIGC 视频生成应用场景

随着人工智能技术的迅猛发展，AIGC 逐渐成为各行业的创新热点，尤其是在视频生成领域。AIGC 凭借其高效的生产能力和个性化的内容输出，在短时间内改变了传统的视频制作流程。通过大规模数据训练和深度学习模型，AIGC 不仅能够实现自动化的视频生成，还能针对不同用户需求提供量身定制的解决方案。这项技术已经在多个领域展现出巨大的潜力，成为推动数字化创新和内容创作的新引擎。下面将详细介绍 AIGC 视频生成的六大主要应用场景，展示其如何在各行业发挥关键作用。

1. 内容创作与娱乐

AIGC 在内容创作与娱乐领域中具有广泛的应用场景，它能够有效提升创作效率，并减少人力成本。结合虚拟现实(VR)与增强现实(AR)技术,AI可以生成虚拟角色,如虚拟主播、电影中的NPC角色或游戏内的虚拟人物。这些角色可以基于AI技术进行自动控制,具备逼真的动作和互动能力。比如,虚拟主播可以进行实时互动,支持直播平台的持续内容输出。AIGC能根据特定的主题、用户偏好或大数据分析,自动生成各种视频内容。这对于短视频平台如抖音、快手等尤为重要,可以通过AIGC帮助用户快速生成个性化的创意短视频,实现自动剪辑、字幕生成和配乐,使得内容创作门槛大幅降低。

2. 教育与培训

在教育与培训中,AIGC技术可以带来更加沉浸式和个性化的学习体验。通过AIGC生成虚拟场景和教学视频,可以使复杂的抽象概念变得直观。例如,在医学或工程领域中,AIGC生成的仿真手术视频或模拟工程操作视频能够帮助学生更好地理解实践操作,增强学习效果。AIGC能够将课件、PPT、文本材料等转换为讲解视频,利用AI语音进行自动配音和字幕生成。这大幅提升了教育内容的传播效率,让讲师可以更专注于课程设计和互动教学。

3. 广告与营销

AIGC在广告与营销领域极大地提升了企业的创意迭代效率。AIGC可以根据用户的画像、行为数据自动生成个性化广告。比如,在电商领域,系统会根据每个用户的浏览历史、兴趣偏好生成专属的产品广告视频,提升转化率。通过AI的学习与反馈机制,调整控制参数可以快速生成多个不同风格的视频广告方案,企业可以根据观众反应对内容进行快速调整和优化。创意团队不再需要耗费大量时间和精力手动制作多个版本的广告,而是借助AI进行多方案快速生成和测试。

4. 影视与游戏

影视与游戏制作的流程烦琐且耗时,而AIGC的引入能够极大简化这些流程。电影预告片、游戏宣传片等通常需要大量的后期制作时间,AIGC通过学习以往的影片或游戏内容,能够自动生成高质量的预告片,节省制作时间。对于影片的特效处理,AIGC也可以自动生成CGI效果,特别是在大规模CG场景的制作中,能显著提高效率。在游戏开发中,大量对话内容和复杂的剧情线往往需要耗费大量人力,AIGC可以自动生成NPC的对话和互动剧情,甚至根据玩家的决策动态调整剧情走向,增加游戏的多样性和可玩性。

5. 新闻与信息传播

新闻行业要求信息传播的时效性与精准性,AIGC能帮助媒体机构更快、更高效地生产新闻内容。当重大事件发生时,AIGC能够迅速根据新闻稿或实时数据生成新闻视频,并通过AI生成语音播报,自动配上相关的图像或视频片段,提升新闻报道的速度和覆盖范围。复杂的数据通常难以通过文字或图表直接传达给观众,AIGC可以将这些数据转化为动态的视频,使用3D动画、图形转换等形式,将信息以更直观、生动的方式展示出来,帮助用户更好地理解内容。

6. 商业与零售

AIGC也被广泛应用于商业与零售行业,通过生成视觉内容来提升用户体验。AIGC能够为电商平台自动生成产品展示视频,动态展示产品的各个角度和功能。比如,某服装电商网站可以通过AIGC生成虚拟试穿视频,帮助消费者在线上试穿衣物,提升购物体验,增加转化率。在零售环境中,AIGC可以创建智能虚拟导购,生成个性化的视频介绍,帮助用户选择合适的产品。通过这种方式,商家能够为每位顾客提供量身定制的推荐与服务。

AIGC在视频生成领域的广泛应用正推动着多个行业的数字化变革。从内容创作、教育到广告营销，再到影视、游戏和商业零售，AIGC大幅提升了效率，丰富了创意表现形式，同时为用户带来了更加个性化的体验。随着技术的不断成熟，AIGC在视频生成中的应用前景将会更加广阔。

12.4　AIGC视频生成功能与工具

12.4.1　AIGC视频生成的功能

根据目前对于AIGC视频生成功能的实践分析，AIGC视频生成操作流程可以归纳为以下4个类别。

1. 文生视频

（1）文字直接生成视频

这一功能允许用户直接输入文字，然后AI会根据这些文字内容生成相应的视频。该过程涉及动画、场景渲染、角色建模等多个方面的合成效果，以呈现出与文字内容相匹配的视觉效果，文生视频界面如图12.1所示。

图12.1　文生视频界面

（2）脚本生成+视频匹配

用户首先编写一个视频脚本，描述视频的内容、场景、对话等，然后AI会根据这个脚本从已有的视频素材库中匹配出最符合脚本要求的视频片段，并将它们组合成一个完整的视频，界面如图12.2所示。

2. 图生视频

（1）图生长/短视频

用户提供一系列图片，AI会根据这些图片生成一个短视频。这些图片可以是连续的帧，也可以是不连续的，但AI需要理解它们之间的逻辑关系，并据此生成流畅的视频。

（2）关键帧+补帧

用户只提供视频的几个关键帧，AI需要分析这些关键帧之间的内容变化，然后自动生成中间帧，以补全整个视频。这种方法可以减少用户的工作量，同时保持视频的流畅性，帧融合过程如图12.3所示。

图 12.2　通过脚本生成视频界面

图 12.3　帧融合过程

3. 视频生视频

（1）长视频生短视频

AI能够从一个长视频中提取出精华部分，或者根据用户的指定要求，将长视频剪辑成一个短视频。这通常涉及对视频内容的理解和分析，以及对视频结构的重新组织。

（2）视频重绘

用户提供一个视频，AI会重新绘制这个视频的视觉效果，可能包括改变颜色、风格、动画效果等。这可以用于制作各种艺术效果的视频，或者用于视频的修复和增强，效果如图 12.4 所示。

（3）视频剔除

用户指定要剔除的视频部分（如广告、水印等），AI会自动识别并删除这些部分，生成一个新的、更干净的视频。

（4）视频替换

用户可以指定视频中的某个部分（如人物、背景等），并用新的内容替换它。AI需要准确地识别和定位要替换的部分，并确保新内容与原有视频的其他部分无缝衔接。

图 12.4 视频重绘

4. 视频修复

(1) 修复和增强

对于有损坏或质量不高的视频,AI 可以通过修复和增强的方式提高其质量,其中包括修复像素损坏、去除噪声、提高分辨率等,效果如图 12.5 所示。

图 12.5 视频修复

(2) 降噪、补帧

对于含有噪声的视频,AI 可以自动去除噪声,使视频更加清晰。同时,AI 也可以对视频的帧率进行补全,使其更加流畅。

(3) 无损放大

对于分辨率较低的视频,AI 可以通过无损放大的方式提高其分辨率,同时保持视频的清晰度和细节。

12.4.2 AIGC 视频生成工具

根据客户端生成工具平台划分,AIGC 视频生成工具可以分为以下几个类别。

1. 移动客户端

(1) 美图秀秀

美图秀秀是一款流行的移动端图片处理软件,虽然其主打功能是图片美化,但是其增加了视频编辑和 AI 生成视频的功能。用户可以在应用中利用 AI 技术来生成或编辑视频,如添加滤镜、动画效果等,界面如图 12.6 所示。

（2）通义千问

通义千问是一个集成了多种 AI 功能的移动端应用，其中包括视频生成，它提供了基于文本的视频生成、视频风格转换、视频修复等互动类功能，界面如图 12.7 所示。

图 12.6　美图秀秀 AI 界面

图 12.7　通义千问界面

2. 网站平台

（1）Runway

Runway 是一个在线的 AI 创作平台，它提供了丰富的 AIGC 工具，包括视频生成。用户可以在平台上直接上传图片或文本，然后使用 AI 来生成或编辑视频，界面如图 12.8 所示。

（2）pika

pika 是一个专注于艺术创作的在线平台，提供视频生成的功能。用户能够利用 AI 技术来生成具有独特艺术风格的视频，并且可以生成音频，界面如图 12.9 所示。

（3）Stable Video Diffusion

Stable Video Diffusion 是 Stability AI 公司开发的一款强大的视频生成模型，它基于文生图模型 Stable Diffusion 的技术积累，实现了从文本到视频的生成能力。Stable Video Diffusion 采用了多阶段的训练策略，包括文本到图像的预训练、视频预训练以及高质量视频微调，使模型能够逐步学习到从文本到图像的复杂映射关系，并进一步扩展到视频领域。该模型能够生成高质量、动作连贯且时间一致的视频内容，具有广泛的应用前景，包括文本到视频的生成、图像到视频的转换以及适应摄像机运动等场景，界面如图 12.10 所示。Stable Video Dif-

图 12.8　Runway 界面

图 12.9　pika 界面

fusion 的发布标志着视频生成技术取得了重要进展,为未来的视频创作和编辑提供了更多可能性。

(4) Dreamina

Dreamina 是字节跳动推出的基于 AI 图像、视频生成功能的在线平台。该平台不仅可以实现中文的图片生成,还能实现文生视频、图生视频、首尾帧融合、视频放大,以及通过预设和自由定义运镜,对于人物角色还支持唇形同步等功能,界面如图 12.11 所示。

3. PC 端本地部署视频生成插件

(1) Stable Diffusion

Stable Diffusion 是一种基于深度学习的文本到图像的生成模型,利用插件可以生成视频,如 AnimateDiff 动画插件、Deforum 插件等可以通过连续生成图像帧的方式间接生成视

图 12.10　Stable Video Diffusion 界面

图 12.11　Dreamina 界面

频。用户可以在本地部署这个模型,并根据需要进行定制。以 Deforum 插件为例,可以通过输入文本描述画面内容,并设置模型及运镜方等信息,即可生成连续的画面序列,最后再转换为视频文件。Deforum 插件界面如图 12.12 所示。

(2) SVD 功能的部署包

SVD 是基于 Stable Diffusion 端生成视频的部署包,部署包包含了用户在本地部署这个模型所需的所有文件和配置,使得用户可以在自己的计算机上运行 AI 短视频生成任务,界面如图 12.13 所示。

4. 传统制作软件

人工智能插件 NeonMind AI(Win/Mac)融合了 AI 绘画 Stable Diffusion,可以一键生成动漫效果,还可以与 Stable Diffusion 无缝连接,使得用户可以在熟悉的软件环境中使用 AI 技

图 12.12　PC 端本地部署视频生成插件界面

图 12.13　SVD 本地部署包界面

术来处理视频,界面如图 12.14 所示。

图 12.14　NeonMind AI 界面

总体来说,这些AIGC视频生成工具覆盖了从移动端到PC端,从在线平台到本地部署的广泛领域。它们利用AI技术提供视频生成、编辑、修复等多种功能,为用户提供了更多样化和高效化的视频制作方式。

本章小结

本章系统地介绍了AIGC文生视频的基本概念、技术原理、完整流程、应用场景、未来的挑战及发展趋势。可以帮助读者全面理解AI视频生成的现状及其潜在的应用价值,为进一步的研究和应用提供坚实的基础。

AI视频生成技术通过深度学习框架、先进的生成算法、分布式训练与云计算、数据增强与合成、多模态学习、时序生成与场景理解以及生成式对抗网络与自监督学习等多种方法的协同作用,实现了高质量、高效率的视频内容生成。这些技术在整个视频生成流程中各司其职,共同推动了AIGC在影视、广告、教育、虚拟现实等多个领域的广泛应用。

随着技术的不断进步和硬件计算能力的提升,AI视频生成将在未来继续革新视频制作产业,带来更多创新和可能性。新型生成模型和专用硬件的应用,将进一步提升生成视频的质量和效率。个性化与定制化的需求,将推动AI视频生成技术朝着更加灵活和用户友好的方向发展。同时,跨领域应用的拓展和伦理规范的完善,将确保AI视频生成技术在合法和道德的框架内持续发展。总之,AI视频生成技术的发展前景广阔,将在未来的数字化时代中发挥越来越重要的作用,改变视频制作的产业格局,提升内容创作的智能化和高效化水平。

练习与思考

练习题

① 描述AIGC视频生成的基本概念和原理,包括它是如何利用AI技术从文本或图像生成视频内容的。

② 访问AIGC工具网站,列出至少三个AIGC视频生成工具,并简述它们的功能特点。

③ 选择一个AIGC视频生成工具,并尝试使用它生成一段简单的视频,记录下你的操作步骤和体验。

④ 阅读有关AIGC视频生成技术基础的文章,解释扩散模型在视频生成中的作用,并讨论其优势和局限性。

⑤ 探索AIGC视频生成在特定行业(如教育、娱乐或广告)的应用案例,并分析其对行业的影响。

思考题

① 讨论AIGC视频生成技术是如何改变传统的视频制作流程的,以及它为视频创作者带来的机遇和挑战有哪些。

② 分析AIGC视频生成技术在提升内容生产效率方面的作用,并探讨其在商业应用中的潜力。

③ 思考 AIGC 视频生成技术在伦理和版权方面可能遇到的问题，例如在生成与现有视频作品风格相似的内容时所面临的法律和道德挑战。

④ 预测 AIGC 视频生成技术在未来可能的发展趋势，包括新的功能、应用场景和对内容创作行业的影响。

⑤ 探讨 AIGC 视频生成技术在多语言内容制作中的应用，以及它是如何帮助跨文化交流和国际市场拓展的。

扫码观看太空
移民计划视频

扫码观看文生
视频实践训练

扫码观看文生视频综合应用案例制作讲解

第 13 章　AIGC 生成 3D 模型

> **教学目标**
>
> ① 掌握 AI 生成 3D 模型的基本概念,包括定义、重要性、发展历程和 3D 模型基础知识。
> ② 了解 AIGC 在 3D 建模中的角色,以及如何利用 AI 技术提高 3D 建模的效率和质量。
> ③ 熟悉常用的 AI 3D 建模工具和云端平台,学会使用这些工具进行 3D 模型的创建和编辑。
> ④ 探索 AI 生成 3D 模型在游戏、动画、虚拟现实、增强现实和工业设计与制造等领域的实际应用。
> ⑤ 讨论 AI 在 3D 建模中的挑战、社会伦理问题以及未来发展趋势和潜在机遇。

在第 12 章中,我们介绍了 AIGC 文生视频,包括其概念、原理和技术。探讨了 AIGC 视频生成的应用场景,如教育、娱乐、营销等,并介绍了视频生成的功能和工具,这些工具使得视频制作变得更加高效。第 13 章是关于 AI 生成 3D 模型的介绍,3D 模型生成是 AIGC 领域中的一个前沿分支,可以通过 AI 技术快速生成复杂的 3D 模型。本章将从 AI 生成 3D 模型的基础概念入手,介绍 AIGC 生成 3D 模型的定义、重要性和发展历程,以及 3D 模型的基础知识。通过本章的学习读者将了解 AIGC 在 3D 建模中的角色,以及它是如何改变传统 3D 建模流程的。

第 13 章还将介绍 AI 生成 3D 模型的工具与平台,包括常用的 AI 3D 建模工具和云端平台。最后,我们将讨论 AI 生成 3D 模型的实际应用,包括游戏与动画、虚拟现实与增强现实、工业设计与制造等领域。这些应用案例将展示 AIGC 在 3D 建模中的广泛潜力和实际价值。

13.1　AIGC 生成 3D 模型概述

在数字化和智能化高速发展的时代,3D 模型作为虚拟现实(VR)、增强现实(AR)、影视制作、游戏开发、工业设计等多个领域的重要基础,发挥着至关重要的作用。传统的 3D 模型创建过程通常依赖于专业的设计师使用复杂的软件进行手工建模,这不仅耗时耗力,而且对设计师的技能要求较高。在影视制作中,手工创建一个高质量的角色模型可能需要数周甚至数月的时间,并且设计师需要具备熟练的建模和渲染技能才能完成这一任务。

随着人工智能(AI)技术的进步,特别是深度学习和生成模型的发展,AI 生成 3D 模型技术应运而生。这一技术不仅显著提升了 3D 模型生成的效率和质量,还拓宽了 3D 内容创作的应用范围。通过自动化的生成流程,AI 能够根据输入的指令或数据,快速生成复杂的 3D 结构,极大地降低了内容创作的时间和成本,同时为设计师和创作者提供了更多的创作工具和可能性。

1. AI 生成 3D 模型的定义

AI 生成 3D 模型指的是利用人工智能技术自动生成三维结构和形状的过程。这一过程包括从零开始创建 3D 模型,或基于现有的 2D 图像、点云数据、文本描述等进行 3D 模型的生成和优化。AI 生成 3D 模型不仅涉及几何结构的生成,还涵盖了纹理、颜色和材质等多方面的细节处理,确保生成的 3D 模型在视觉效果和功能表现上达到高水平。

AI 生成 3D 模型的优势在于能够大幅降低 3D 模型创建的成本和时间,同时为内容创作者提供更大的创作自由度和灵活性。通过 AI 技术,3D 模型生成过程可以更加智能化和自动化,实现快速、高效的内容创作和迭代。这不仅提升了生产效率,还推动了 3D 内容在更多领域的应用和创新。

2. AI 生成 3D 模型的历程

(1) 早期方法

早期的 3D 模型创建主要依赖于手工建模技术,设计师通过使用软件如 3ds Max、Maya、Blender 等,逐步构建复杂的 3D 结构。这一过程既费时又依赖于设计师的专业技能。计算机图形学的发展推动了 3D 模型技术的进步,如多边形建模、曲面建模和基于体素的建模等方法逐渐成熟:如通过连接顶点、边和面来创建 3D 对象的多边形建模,广泛应用于游戏和影视制作中;使用曲线和曲面生成复杂的有机形状的曲面建模,适用于角色和生物的建模;将 3D 空间划分为体素(类似于 3D 像素),适用于工程设计、医学等领域中需要高细节和复杂结构的模型。

(2) 计算机视觉与机器学习的引入

随着计算机视觉和机器学习技术的进步,人们开始探索自动化 3D 模型生成的方法。早期的尝试包括基于图像的 3D 重建,通过多视角图像推断出 3D 结构。然而,这些方法在处理复杂场景和细节时仍存在显著局限。想要达到使用要求,还须经过人工的修复,实践证明基于立体视觉的 3D 重建在光照变化和遮挡情况下表现不佳,难以生成高质量的 3D 模型。

(3) 深度学习与生成模型的发展

近年来,深度学习,特别是生成式对抗网络(GAN)、变分自编码器(VAE)和自回归模型等生成模型的兴起为 AI 生成 3D 模型技术带来了突破性进展。这些模型能够从大量数据中学习复杂的 3D 结构和细节,通过提供文字输入和图像,即可实现高质量、逼真的 3D 模型生成。通过生成器和判别器的对抗训练,GAN 能够生成逼真的 3D 结构,广泛应用于影视特效和游戏角色生成中;通过编码器和解码器的结构,VAE 能够学习数据的潜在分布,实现多样化的 3D 模型生成;通过逐步生成 3D 数据,自回归模型能够捕捉复杂的空间关系和结构细节。相信随着 AI 的进步,生成更高质量的 3D 模型会逐渐成为现实。

13.2 AIGC 生成 3D 模型操作流程

在 AI 生成 3D 模型的操作流程中,AI 技术结合了不同的数据输入和处理方法,可以大大提高传统建模的效率。本节将详细介绍几种常用的 AI 生成 3D 模型的方法,并探讨这些方法的特点、适用场景和优势。

1. 文本描述生成模型

首先输入关于目标模型的详细文本描述,如"发饰精巧别致,身披华服的全身像"。AI 系统将自然语言翻译为可操作的 3D 模型参数,并生成初始模型。用户可以不断修改和补充描述,AI 系统则根据最新的文本输入生成新的模型,不需要具备专业的 3D 建模技能。该方法适

第 13 章 AIGC 生成 3D 模型

用于概念设计、快速原型制作,以及非专业用户对 3D 内容的创作,如图 13.1 所示。

图 13.1 文本描述生成模型

2. 图像控制生成模型

用户提供 2D 图像(如照片或草图),AI 系统根据图像的特征,提取物体的轮廓和细节,先行生成细节较丰富的图像,再由图像生成 3D 模型。图像越清晰、细节越丰富,生成的模型也越接近实际物体。该方法尤其适合需要将平面设计转换为三维模型的场景,减少了用户从零开始建模的工作量,并能通过调整图像中的细节来控制生成效果,广泛应用于工业设计、建筑设计、艺术创作等领域,特别是在需要将图纸、设计图转化为 3D 模型时,如图 13.2 所示。

图 13.2 图像控制生成模型

3. 基于拍摄视频建模

基于神经辐射场(NeRF)、点云技术,Luma App 可借助拍摄视频作为参考资料来建模。拍摄期间,务必留意捕获速度、场景覆盖范围、对象尺寸、物体间距、物体材质特性、环境光照强度、移动物体的动态以及相机各项设置等诸多因素,如此方能实现最佳的 3D 重建效果。待拍摄完成后,将视频上传,经过一段时间等待,即可获得类似于图 13.3 所示的效果。

图 13.3 基于拍摄视频建模

  AI生成的3D模型可以采用多种文件格式,如 FBX、GLB、OBJ、Blend、STL 和 USD,每种格式都有其特定的用途和特点。FBX 适用于复杂的 3D 数据交换,GLB 适合网络传输,OBJ 广泛用于基本模型交换,Blend 是 Blender 的专有格式,STL 常用于 3D 打印,而 USD 用于描述复杂的 3D 场景。在使用这些格式时,需要注意保留必要的模型信息,如动画和材质,同时确保软件兼容性。AI生成的模型可能需要后期调整以提高细节和准确性,并且要确保使用的文本或图像提示不侵犯版权,以及生成的内容用于合法用途。此外,还须考虑数据隐私、伦理和道德问题,避免生成争议性内容。在 3D 打印或实时应用中使用时,还须关注渲染性能和优化。了解这些格式的特点和限制,以及 AI 生成过程中可能遇到的问题,对于有效管理和利用 3D 内容至关重要。输出格式的详细介绍如表 13-1 所列。

表 13-1 AI 生成 3D 模型的输出格式

序号	专有格式	详细内容
1	FBX	FBX 是由 Autodesk 开发的一种 3D 文件格式,广泛用于 3D 建模、动画和仿真软件之间进行数据交换。支持复杂的模型、动画、纹理和场景信息。它是多平台兼容的,支持多种 3D 软件,如 Autodesk Maya、3ds Max、Cinema 4D 等。能够保持模型的层级结构和动画信息,适合复杂的 3D 项目
2	GLB	GLB 是 GL Transmission Format(GLTF)的二进制版本,用于在 Web 和移动应用中高效传输 3D 模型。GLB 格式压缩了模型数据,使得文件更小、加载更快,同时支持现代 WebGL 和 VR/AR 技术。适合网络传输和实时渲染,广泛用于游戏、虚拟现实和增强现实应用
3	OBJ	OBJ 是由 Wavefront Technologies 开发的 3D 模型格式,常用于 3D 建模和渲染软件。OBJ 格式简单,只包含模型的顶点、边和面信息,以及关联的材质和纹理信息。易于理解和编辑,广泛支持各种 3D 软件,但不支持动画和复杂的场景结构
4	Blend	Blender 的原生文件格式,保存了完整的场景数据,包括模型、材质、动画、灯光和摄像机等。适合在 Blender 内部使用,可以高效地保存和恢复整个项目的复杂状态
5	UFDZ	UFDZ 是 UFO Capture 软件的文件格式,用于保存 3D 扫描数据。通常包含从 3D 扫描设备捕获的点云数据,可能包含颜色信息。适合 3D 扫描和逆向工程领域,可以用于创建高精度的 3D 模型

续表 13-1

序号	专有格式	详细内容
6	STL	STL 是立体光刻文件格式,常用于 3D 打印和快速原型制作。STL 文件包含三角形面的信息,用于定义 3D 模型的表面。它通常不包含颜色或纹理信息。文件大小相对较小,广泛用于 3D 打印行业,是最常见的 3D 打印文件格式之一

13.3 AIGC 生成 3D 模型的工具与平台

13.3.1 传统制作软件 AI 3D 建模

传统三维制作软件主要以从无到有的方式进行模型创建,对于 AI 的应用主要集中在图生模型,或通过深度信息转场 3D 网格,并且生成材质贴图。以 Blender 为例,它是一款开源的 3D 建模、渲染和动画工具,其丰富的功能和扩展性使其成为 AI 驱动的 3D 建模应用的重要平台。AutoDepth AI 插件虽然不是 Blender 的官方插件,但它可以与 Blender 结合使用,从 2D 图像生成深度图,进而创建 3D 模型,效果如图 13.4 所示。

图 13.4 AutoDepth AI 生成 3D 模型

13.3.2 云端 AI 3D 建模平台

(1) Tripo AI

Tripo AI 是一个通过使用人工智能技术,能够根据文本描述或图片快速生成高质量且可直接使用的 3D 模型的建模平台,其生成界面十分简洁,如图 13.5 所示。并且支持拓扑模型和输出标准的骨骼动画,如图 13.6 所示。

(2) Skybox AI

Skybox AI 是一个基于人工智能的 3D 内容创建平台,它旨在通过自动化和简化流程来加速 3D 模型的生成。Skybox AI 利用深度学习技术,特别是生成式对抗网络(GAN)和神经辐射场(NeRF),从而实现从 2D 图像或视频到 3D 模型的转换,目前模型生成在测试阶段,如图 13.7 所示。

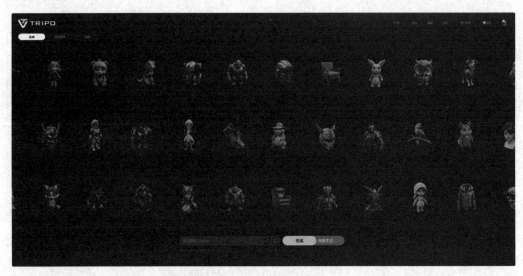

图 13.5　Tripo AI 生成界面

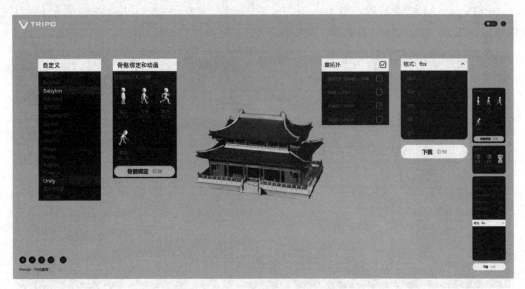

图 13.6　Tripo AI 生成 3D 模型输出

图 13.7　Skybox AI 生成 3D 模型输出

13.4 AIGC 生成 3D 模型的应用

AI 生成 3D 模型在游戏、动画、工业设计以及建筑可视化等领域中都有着广泛的应用场景和实际价值。

(1) 游戏与影视

利用 AI 技术可以生成游戏与影视中各种风格和特点的角色,包括外观、服装和动作。通过 AI 生成复杂的场景,包括地形、建筑和自然景观,可以提升游戏环境的真实感和丰富度。AI 还可以分析和生成适合需求的地形和场景,包括城市、森林和山脉等。开发人员利用 AI 工具可以快速设计和调整游戏元素,如关卡布局、物体放置和光照效果。

(2) 虚拟现实与增强现实

在虚拟现实(VR)与增强现实(AR)应用中,AI 技术发挥着关键作用,它能够助力生成高度逼真的虚拟世界与场景,极大地增强用户的沉浸感和交互体验。例如,实时生成可交互的 3D 对象(像虚拟家具放置以及实景叠加等功能),不仅改善了增强现实的视觉效果,还提升了其实用性。同时,AI 生成的虚拟角色与物体可作为虚拟导游、教育工具或虚拟商店的组成部分,有效增加用户的参与感与互动性。在 VR 和 AR 场景中,AI 还能依据用户的动态反馈,实时调整并优化所生成的 3D 内容。此外,AI 技术能够支持增强现实平台上实时 3D 对象的生成与渲染,涵盖模型的动态变化以及逼真物理效果的模拟,为用户带来更加生动、真实的体验。

(3) 工业设计、制造与建筑可视化

在工业设计领域,AI 可以帮助设计师快速生成产品的 3D 概念模型,包括外形、结构和功能特征。生成的 3D 模型可以直接用于快速原型制造,包括 3D 打印和数控加工,缩短产品开发周期和降低成本。AI 技术还支持根据客户需求和反馈生成定制化的产品设计,提升设计的灵活性和响应速度。通过生成真实尺寸和比例的 3D 模型,设计团队可以更准确地验证和优化产品设计,减少设计错误和重复工作。在建筑设计领域中,AI 可以生成复杂的建筑结构和布局设计,包括室内外场景的模拟和优化,生成的 3D 模型可以用于建筑项目的可视化和沟通,帮助客户更好地理解设计意图和预期效果。

本章小结

本章深入探讨了 AIGC 在生成 3D 模型领域的基础概念、工具平台、实际应用及其前景。AI 利用深度学习、计算机视觉等技术,通过学习大量数据自动生成 3D 内容,包括模型、场景、人物角色等,具有高效率、低成本、强创新性和可定制性等优势。

在 AI 生成 3D 模型的工具与平台的介绍中,介绍了常用的 AI 3D 建模工具和云端平台。这些工具提供了用户友好的界面和强大的生成能力,使得非专业用户也能轻松创作出专业的 3D 作品。随着未来 AI 技术的发展,将复杂的图像简单高效地生成高精度模型成为可能,尤其是在角色模型创建领域。目前,AI 已经可以生成完整的角色模型,例如数字人。尽管传统建模和扫描建模还是主流的创建方式,但 AI 在动作捕捉方面已经取得了较大突破。下一章,我们将转入对数字人在 AI 领域应用的学习。

练习与思考

练习题

① 定义 AIGC 生成 3D 模型,并讨论它在 3D 建模中的重要性和可能的应用前景。

② 列出至少三种 AIGC 在 3D 建模中使用的技术,并解释它们是如何促进 3D 内容的创建的。

③ 研究 AIGC 3D 模型在游戏与动画中的应用,并探讨它是如何改变传统的内容创作流程的。

④ 分析 AIGC 3D 模型在工业设计和制造中的应用,讨论它是如何提升产品设计和制造的效率的。

⑤ 探索 AIGC 3D 模型在虚拟现实与增强现实中的应用,并讨论它是如何增强用户体验的。

思考题

① 讨论 AIGC 3D 模型的生成流程,包括从概念设计到最终模型的整个过程。

② 分析 AIGC 3D 建模技术面临的技术挑战,例如如何确保生成模型的准确性和真实性。

③ 预测 AIGC 3D 建模技术在未来可能的发展趋势,包括新的功能、应用场景和对行业的影响。

④ 探讨 AIGC 3D 建模技术在教育领域的应用,例如如何利用它来辅助教学和学习。

⑤ 思考如何通过 AIGC 3D 建模技术的优化来提高特定领域的应用效果,如医学成像或卫星图像分析。

扫码观看 3D 模型生成技术深度解析与实践操作

第 14 章　AI 数字人

> **教学目标**
> ① 掌握数字人的定义、发展历史以及关键技术。
> ② 了解数字人与现实人物的优势对比,以及数字人在不同领域的应用。
> ③ 熟悉 AIGC 数字人视频生成工具,并按技术平台、应用场景进行分类。
> ④ 分析基于 AI 图像生成、视频采集与 AI 处理、AI 建模与实时交互、3D 扫描与实时动捕的数字人解决方案的特点和优势。
> ⑤ 探讨数字人技术的未来发展趋势、面临的挑战以及潜在的创新应用和机遇。

第 13 章深入探讨了 AIGC 在 3D 模型生成中的应用,包括 AIGC 在 3D 建模中的角色,以及如何利用各种工具和平台来实现 3D 模型的生成。同时我们还讨论了 AI 生成 3D 模型在游戏、动画、虚拟现实、增强现实以及工业设计与制造等领域的广泛应用。

本章我们将聚焦于 AI 数字人的发展与应用。数字人技术是 AIGC 领域的一个新前沿,它结合了多种技术,如 3D 建模、动作捕捉和实时渲染,以创造出逼真的虚拟人物。本章将介绍数字人的定义、发展历史,以及数字人的关键技术。通过分析数字人物与现实人物的优势对比,探讨 AIGC 数字人视频生成工具在不同技术平台、应用场景下的分类。

本章将提供一个全面的视角,以理解数字人技术的现状和未来潜力。通过分析基于 AI 图像生成、视频采集与 AI 处理、AI 建模与实时交互,以及 3D 扫描与实时动捕的数字人解决方案,揭示这些技术是如何推动数字人在多个行业中应用的。这些内容将帮助读者理解数字人技术的多样性和复杂性,以及它们是如何为创意表达和互动体验开辟新的可能性的。

14.1　数字人的概述

1. 数字人的定义

数字人是指利用计算机技术、人工智能、图形学以及传感器技术等多种技术手段创造出来的,具有高度逼真或特定风格化外观,能够进行交互的虚拟人物。它们可以以三维模型形式存在,并能够在各种数字平台(如电脑、手机、VR/AR 设备等)上进行展示和应用。数字人不仅具有视觉效果,还包含声音、动作、表情等多种交互元素,能够模拟或超越真实人类的交互体验。

采用 AIGC 技术生成数字人,是指通过先进的人工智能技术,特别是深度学习、计算机视觉、自然语言处理以及多模态技术,自动或半自动地创建具有高度逼真外观、复杂行为能力和智能交互特性的虚拟人物形象。

2. 数字人发展历史

数字人作为人工智能与计算机图形技术的结晶,正逐步渗透到我们生活的方方面面。从早期的简单 CG(Computer Graphics)虚拟形象到如今拥有情感交互能力的 AIGC 数字人,其发展历程伴随着技术的不断革新与突破。

(1) 早期CG虚拟形象（初步探索期）

20世纪80年代至90年代初，虚拟人概念最早以虚拟歌姬、虚拟演员等形式出现，如日本的林明美和英国的Max Headroom，如图14.1所示。虚拟人的制作方式以手绘和化妆为主，呈现形式多为2D、3D动画。但由于技术限制，故形象较为粗糙，应用场景有限。

图14.1 虚拟歌姬林明美

(2) 真人驱动数字形象（技术突破期）

20世纪90年代中后期至21世纪初，随着CG技术和动作捕捉技术的发展，虚拟人开始加速应用到影视行业，用于呈现超现实角色和场景。代表性虚拟偶像如初音未来、洛天依等（见图14.2），逐渐受到公众关注。制作虚拟人的关键技术包括动作捕捉技术（使虚拟人的动作更加自然流畅）和面部捕捉技术（提升虚拟人的表情表现力）。

图14.2 虚拟偶像初音未来

(3) 真人穿戴动捕设备驱动，声音实时采集（实时互动期）

21世纪初至近十年，真人穿戴全身动捕及面捕设备、实时驱动虚拟数字人技术实现了虚拟人的即兴表演和实时互动。这些技术应用于演唱会、晚会等现场活动，为观众提供沉浸式体验，如图14.3所示。其中的关键技术包括动作捕捉技术（使虚拟人的动作更加自然流畅）和面部捕捉技术（提升虚拟人的表情表现力）。

第14章　AI数字人

图14.3　演唱会虚拟形象

(4) 基于AI采集视频，训练生成2D/3D数字人(智能生成期)

近十年，通过AI采集、训练生成的2D/3D数字人被广泛应用于自媒体营销、传统媒体主持人等领域，以提供智能化服务，如图14.4所示。其中的关键技术包含深度学习、机器学习等，这些技术主要用于训练生成数字人的外观、动作、表情等。除此之外，还包括语音合成技术(能够让数字人输出逼真的语音)和自然语言处理技术(实现智能问答和对话交互)。

图14.4　3D数字人

(5) 有情绪、情感的数字人(情感交互期)

未来数字人将具备更高级的情感识别和表达能力，实现与人类的深度情感交互。通过情感计算和情感模拟技术，数字人能够精准感知和理解人类的情感状态，并作出相应的情感反应。其中的关键技术为情感计算技术，即通过分析人类面部表情、声音语调等情感信号来解读人类的情感，如图14.5所示。

数字人的发展历史是一个不断创新和进步的过程。从早期的简单CG虚拟形象到如今的AIGC数字人，技术的每一次突破都极大地推动了数字人应用领域的拓展和深化。未来，随着AI、计算机图形学等技术的进一步发展，数字人将在更多领域发挥重要作用，成为人类生活和工作的重要助手。

图 14.5 未来的数字人

14.2 数字人应用的关键技术

数字人技术融合了多个领域的关键技术,以实现高度逼真的虚拟人物形象及其交互能力。以下是数字人技术中关键技术的概述:

(1) 计算机图形学

计算机图形学(Computer Graphics,CG)通过 3D 建模技术或 AI 辅助生成数字人的几何模型,包括面部、身体、四肢及服装等细节,注重比例和解剖结构的准确性。细致的模型制作使得数字人具备符合真实人物的外观结构,为后续动画、渲染提供基础。使用光线追踪、全局光照、环境遮蔽等技术,模拟真实光影效果。使用渲染技术提高数字人的逼真度,光线的反射、折射和阴影细节赋予数字人一种"真实感"。通过纹理映射技术,为数字人添加皮肤、衣物、发丝等多层次的视觉细节,增强表面细节质感,使数字人在视觉上更具层次感和真实度。

(2) 动作捕捉技术

动作捕捉(Motion Capture,MoCap)技术通过使用各种传感器(如标记点、惯性传感器等)捕捉演员的运动数据,并将这些数据实时映射到数字人模型上,使其动作自然流畅。动作捕捉技术的精度直接决定了数字人肢体运动的真实性和表达的自然程度。动作捕捉还可以结合 AI 生成适合特定场景和动作逻辑的自动化动画,为虚拟角色赋予复杂、智能的行为模式。

(3) 面部捕捉技术

面部捕捉(Facial Capture)技术通过对面部表情的微观捕捉,记录肌肉运动、眼神变化等细节,生成高度逼真的面部动画。借助计算机视觉技术,系统能捕捉和表达微表情,生成与演员情感变化一致的数字表情。面部捕捉技术广泛应用于虚拟主播、数字偶像等场景,通过细腻的面部表现增强观众与虚拟角色的情感连接。

(4) 语音合成技术

语音合成(Speech Synthesis)技术使用深度学习技术将文本转化为语音,使数字人能够"说话"并具备语调、情感等更丰富的表达方式。语音合成不仅能实现基础语音输出,并可以根据需要设置不同的音色,还能通过风格迁移和情感表达技术赋予数字人更自然的语音交互功能。

(5) 自然语言处理技术

自然语言处理(Natural Language Processing，NLP)技术使数字人具备理解、分析并生成自然语言的能力。通过语义理解、意图识别等技术，NLP帮助数字人理解对话内容并做出合适的回应，成为与用户互动的"语言桥梁"。

(6) 人工智能技术

作为数字人技术的核心，人工智能(Artificial Intelligence，AI)技术通过机器学习、深度学习等手段，使数字人能够自适应地学习和优化其行为方式，逐渐具备智能决策能力。AI赋予数字人一定的自主性和逻辑推理能力，使其能够完成更加复杂的交互任务。

(7) 情感计算技术

情感计算(Emotion Computing)技术通过分析人类表情、语调等特征，帮助数字人识别并回应人类情感。数字人基于情感计算可以生成合适的表情或动作回应用户，从而带来更深层次的情感交流，进一步提升交互体验。

(8) 实时渲染与交互技术

实时渲染与交互技术是实现数字人实时互动的关键技术。通过高效的实时渲染和低延迟的交互，数字人在游戏、直播、虚拟现实等场景中能够即时响应用户操作，保持画面的流畅度和稳定性。目前新媒体领域主要应用的数字人视频生成方式是先一次性构建好数字人形象，再根据文字内容生成相应的数字人视频。

(9) 虚拟现实与增强现实技术

虚拟现实(Virtual Reality，VR)技术为用户提供了一个沉浸式的虚拟环境，用户可与数字人一起"进入"虚拟世界，感受数字人带来的交互体验。增强现实(Augmented Reality，AR)技术则将数字人叠加到现实世界，创造虚实结合的效果，使数字人能与现实世界的场景和用户产生互动。

以上这些技术相互协作，共同推动数字人技术的发展，使其在娱乐、教育、医疗、服务等多个领域展现出广泛的应用前景。随着技术的不断进步，数字人将为用户带来更加逼真、智能和富有情感的互动体验，极大地丰富人类的数字生活。

14.3　AIGC数字人视频生成工具

目前AIGC数字人视频生成工具应用较广泛，适用于不同的领域。这些工具能够通过AI技术快速生成高质量的3D数字人形象，并支持多种输入形式，如文本、语音和视频，极大地简化了内容创作过程。并且AIGC数字人具备高度逼真的渲染能力和实时交互功能，能够实现自然的面部表情和动作同步，提供沉浸式的用户体验。这些工具通常集成了语音合成、自然语言处理和情感识别等AI技术，使数字人能够进行智能对话和情感表达。工具还支持个性化定制，用户可以根据需求调整数字人的外貌、声音和行为，满足多样化的应用场景，如虚拟主播、智能客服和教育培训。AIGC数字人视频生成工具通过高效、智能和个性化的内容生成，显著提升了创作效率和用户体验。

14.3.1　AIGC 数字人视频生成工具按技术平台分类

1. 网页版

① 特点：无须下载安装，直接通过浏览器访问使用，方便快捷，平台提供算力解决方案。

② 代表工具：HeyGen（目前仅提供网页版，且为英文界面），如图 14.6 所示；腾讯智影（云端智能视频创作工具，支持网页访问）等，如图 14.7 所示。

图 14.6　HeyGen 数字人视频生成工具

图 14.7　腾讯智影数字人视频生成工具

2. 桌面应用（Windows/MacOS）

① 特点：安装在本地计算机上，提供更为丰富的功能和更高的处理性能，同时带来的问题是需要本地装载高算力的显卡。

② 代表工具：万兴播爆、闪剪等，如图 14.8 所示。

图 14.8　万兴播爆数字人视频生成工具

3. 移动应用(iOS/Android)

① 特点：便于在手机或平板等移动设备上使用，支持随时随地进行智能体视频创作。主要面向自媒体领域，方便随时上传作品或直播使用。

② 代表工具：闪剪部分 AIGC 数字人视频生成工具也提供 iOS 和 Android 版本的应用；百度文心一言、通义千问都支持智能体的创作，即可实时与智能体进行交互对话，如图 14.9 所示。

图 14.9　移动端数字人视频生成工具

14.3.2 AIGC数字人视频生成工具按应用场景分类

1. 商业营销

专注于生成商业广告和营销视频,帮助企业和品牌提升宣传效果。代表工具如HeyGen、万兴播爆等,这些工具提供了丰富的商业模板和配音资源,支持快速生成高质量的营销视频。

2. 媒体播报

适用于新闻播报、天气预报等媒体场景,提供准确、流畅的播报服务。一些数字人视频生成工具内置了播报型数字人模板和专业的语音合成技术,可以模拟真实主持人的播报效果。

3. 教育培训

借助数字人技术,可将教师形象或虚拟角色转化为数字人,并与PPT相结合来制作课件视频,从而有效提升教学效果与吸引力。目前,部分数字人视频生成工具具备数字人PPT讲解功能,能够实现数字人形象与PPT内容的深度融合,进而生成生动有趣的课件视频。

需要注意的是,以上分类并非绝对严格,不同工具之间可能存在交叉和重叠。未来随着技术的不断发展和市场的不断变化,新的工具和分类方式也可能不断涌现。因此在选择AIGC数字人视频生成工具时,建议根据实际需求、预算和技术门槛等因素进行综合考虑。

14.4 数字人应用解决方案

1. 基于AI图像生成的数字人

利用现有图像和AI技术快速生成数字人,可以降低制作成本,适合自媒体和个人创作者。可以在AI生成图像阶段调整数字人的外貌特征,实现个性化定制。声音部分可通过训练真人语音或AI语音合成技术实现,增加真实感和互动性。结合文本输入,AI能生成与文本内容相匹配的视频,适合知识分享、教育等场景。利用数字人进行内容讲解和演示,适合知识分享类自媒体,如科技、教育、健康等领域的博主。为网络红人、艺术家等创建虚拟形象,有助于打造虚拟IP,从而进行线上互动和品牌推广。

2. 基于视频采集与AI处理的数字人

通过视频采集真实人的动作和表情,可以使数字人具备更自然的动态效果,一般在抠像环境中采集即可,便于后期叠加背景场景。声音训练需要根据要求读取相应字数的文本或使用声音库,确保与视频中的动作和表情同步,提升沉浸感。训练完成后即可输入设定文本,AI根据文本内容自动匹配视频内容,适合自媒体营销、直播带货等场景,如数字人作为主播,24小时不间断介绍产品,提升销售效率。或者为品牌打造专属的数字代言人,进行线上宣传和互动。

3. 基于AI建模与实时交互的数字人

通过AI建模或扫描生成的三维模型数字人,具有更强的真实感和立体感。丰富的预设动作和表情库,让数字人能够灵活表达各种情感和行为。与大语言模型实时连接,根据用户输入进行智能对话和反馈,可以提升互动体验。比如在电商平台、银行、医疗机构等提供24小时在线服务。互动展览时在博物馆、科技馆等场所作为导览员或讲解员与参观者进行互动。

4. 基于3D扫描与实时动捕的数字人

通过3D扫描设备获取高精度的真实人体模型,可以确保模型细节丰富。实时捕捉真人的动作和表情,使数字人的动作和表情更加自然流畅。实时抓取声音或使用变声软件,可以增加声音的多样性和趣味性。如在各类展会中,作为展示产品或技术的虚拟演示员。在演唱会与虚拟演出中与真实艺人结合,打造虚实结合的演出效果,提升观众的观赏体验。

本章小结

本章深入探讨了数字人的概念、发展历程以及其在各个领域中的应用。数字人是通过计算机技术、人工智能、图形学和传感器技术等多种手段创建的高度逼真或特定风格化的虚拟人物,能够在计算机、手机、VR/AR设备等数字平台上进行展示和交互。数字人的发展经历了从早期的2D/3D动画虚拟形象,到利用动作捕捉技术实现更自然动作的虚拟人,再到基于AIGC技术自动生成智能互动的2D/3D数字人,未来将出现具备高级情感交互能力的数字人。每个发展阶段都体现了技术的不断革新和应用场景的不断扩展。

在实现高度逼真和智能化的数字人过程中,多个关键技术相互融合,包括计算机图形学、动作捕捉、面部捕捉、语音合成、自然语言处理、人工智能、情感计算、实时渲染与交互技术,以及虚拟现实与增强现实技术等。这些技术支撑了数字人在娱乐、教育、医疗、商业等领域的广泛应用。AIGC数字人视频生成工具在网页版、桌面应用和移动应用中的分类应用,满足了商业营销、媒体播报和教育培训等多样化需求。此外,本章还介绍了基于AI图像生成、视频采集与AI处理、AI建模与实时交互,以及3D扫描与实时动捕等不同的数字人应用解决方案。展望未来,随着AI和相关技术的进一步发展,数字人将具备更强的情感识别与表达能力,实现更加自然和深度的互动,推动数字经济和智能社会的全面发展。

练习与思考

练习题

① 定义数字人,并讨论数字人在现代社会中的潜在应用。

② 描述数字人发展历史中的关键里程碑,并分析这些发展如何塑造了今天的数字人技术。

③ 选择一个AIGC数字人视频生成工具(如剪映),并尝试使用它生成一段视频,记录你的操作步骤和体验。

④ 研究数字人在游戏与动画中的应用,并探讨它是如何改变传统的内容创作流程的。

⑤ 分析数字人在虚拟现实与增强现实中的应用,讨论它是如何增强用户体验的。

思考题

① 讨论数字人生成的关键技术,包括AI图像生成、视频采集与AI处理、AI建模与实时交互、3D扫描与实时动捕等,并探讨它们是如何共同推动数字人生成技术的发展的。

② 分析基于AI图像生成的数字人与基于视频采集与AI处理的数字人在应用上的差异,以及它们各自的优势。

③ 思考基于AI建模与实时交互的数字人是如何改变在线教育和远程工作的互动方

式的。

④ 考虑数字人在伦理和版权方面可能遇到的问题,例如在生成与现有人物形象相似的数字人时所面临的法律和道德挑战。

⑤ 预测数字人生成技术在未来可能的发展趋势,包括新的功能、应用场景和对行业的影响。

扫码观看使用剪映数字人功能生成视频

参考文献

[1] 日立东大实验室. 社会 5.0：以人为中心的超级智能社会[M]. 北京：机械工业出版社，2020.

[2] 范煜. 人工智能与 ChatGPT[M]. 北京：清华大学出版社，2023.

[3] 刘垚瑶. 飞天梦想与工匠精神：中国木鸟型科学幻想故事研究[J]. 贵州民族大学学报（哲学社会科学版），2018(05)：76-95.

[4] 谭铁牛. 人工智能的历史、现状和未来[J]. 网信军民融合，2019，2：10-15.

[5] 中国信息通信研究院和京东探索研究院. 人工智能生成内容白皮书（2022 年）[R]. 中国信息通信研究院和京东探索研究院，2022.

[6] 王冲鹣. 人工智能技术与产业发展态势分析[J]. 电信网技术，2017(07)：46-51.

[7] 方兴东，严峰，钟祥铭. 大众传播的终结与数字传播的崛起——从大教堂到大集市的传播范式转变历程考察[J]. 现代传播（中国传媒大学学报），2020，42(07)：132-146.

[8] 谢天，于灵云，罗常伟，等. 深度人脸伪造与检测技术综述[J]. 清华大学学报（自然科学版），2023，63(09)：1350-1365.

[9] 翟振明，彭晓芸. "强人工智能"将如何改变世界——人工智能的技术飞跃与应用伦理前瞻[J]. 人民论坛·学术前沿，2016(07)：22-33.

[10] Goodfellow I, Bengio Y, Courville A. Deep Learning[M]. Cambridge：MIT Press，2016.

[11] Nielsen M. Neural Networks and Deep Learning[M]. [S. l.]：Determination Press，2015.

[12] Haykin S. Neural Networks：A Comprehensive Foundation[M]. [S. l.]：Prentice Hall，1998.

[13] Dosovitskiy A, Beyer L, Kolesnikov A, et al. An image is worth 16×16 words：transformers for image recognition at scale[C]// International Conference on Learning Representations，2021.

[14] 孙茂松，周建设. 从机器翻译历程看自然语言处理研究的发展策略[J]. 语言战略研究，2016，1(06)：12-18.

[15] Zhang L M, Rao A Y, Agrawala M. Adding conditional control to text-to-image diffusion models[C]//In Proceedings of the IEEE/CVF International Conference on Computer Vision (ICCV)，2023.

[16] Guo Y W, Yang C Y, Rao A Y, et al. SparseCtrl：adding sparse controls to text-to-video diffusion models[C]//European Conference on Computer Vision，2025.